雷达装备工业设计

胡长明　主编

张梁娟　程丹　毛栌浠　江帅　副主编

电子工业出版社

Publishing House of Electronics Industry

北京·BEIJING

内 容 简 介

本书基于作者团队在雷达装备工业设计、结构设计、工艺设计领域的长期探索与实践，概述了国内外工业设计发展现状，总结了雷达装备工业设计的特点及研究思路，阐述了造型原理、色彩原理、人机工程学原理等雷达装备工业设计基础理论，系统论述了产品形象、人机工程和 CMF 三方面雷达装备工业设计要素，分享了典型机动式地面雷达和固定式地面雷达的详细设计案例，赏析了国外优秀雷达案例，并对未来雷达装备工业设计的新思路、新方向做出了展望。

本书可供从事雷达装备工业设计、结构设计、工艺设计的工程技术人员使用，还可供高等院校的本科生、研究生参考。

图书在版编目(CIP)数据

雷达装备工业设计 / 胡长明主编. -- 北京：电子工业出版社，2023.12
ISBN 978-7-121-46797-4

Ⅰ. ①雷… Ⅱ. ①胡… Ⅲ. ①雷达 – 设备 – 工业设计 – 研究 Ⅳ. ①TN957

中国国家版本馆CIP数据核字(2023)第230779号

责任编辑：雷洪勤　　特约编辑：武瑞敏
印　　刷：北京建宏印刷有限公司
装　　订：北京建宏印刷有限公司
出版发行：电子工业出版社
　　　　　北京市海淀区万寿路 173 信箱　　邮编　100036
开　　本：787×1 092　1/16　印张：17.75　字数：454.4 千字
版　　次：2023 年 12 月第 1 版
印　　次：2024 年 12 月第 4 次印刷
定　　价：128.00 元

凡所购买电子工业出版社图书有缺损问题，请向购买书店调换。若书店售缺，请与本社发行部联系，联系及邮购电话：（010）88254888，88258888。
质量投诉请发邮件至 zlts@phei.com.cn，盗版侵权举报请发邮件至 dbqq@phei.com.cn。
本书咨询联系方式：leihq@phei.com.cn。

序言
PREFACE

　　工业设计是一门古老而年轻的学科。作为人类设计活动的延续和发展，它有悠久的历史渊源；作为一门独立完整的现代学科，它经历了长期的酝酿阶段，直到 20 世纪 20 年代才开始确立。中国工业设计的起点可以追溯到 20 世纪 50 年代，国内个别院校已经开始有设计教育，但是正式成立工业设计专业，开展工业设计教育是改革开放以后的事情，发展至今仅几十年时间。在这期间，中国工业设计经历了巨大的发展变化。如今随着后工业时代的到来，大数据、人工智能、物联网、虚拟现实及新材料等关键技术开始广泛应用，新的经济业态出现，传统的工业设计方法及工具面临被颠覆的挑战。今天，当国家将制造业升级转型、创新软实力提升、文化自信重建等重要使命寄于工业设计时，工业设计的核心价值也日益凸显。

　　当前国家发展正处于从"中国制造"向"中国创造"转型的关键时期，工业设计要面向世界科技前沿，面向经济主战场，面向国家重大需求，面向人民生命健康，不断朝着高质量发展的广度和深度进军。

　　雷达装备是卫国重器，国之后盾，中国雷达人从修配仿制到自力更生，通过在技术领域的不断探索和攀升，一步步实现强国强军之路。从中华人民共和国第一部自行设计的雷达——314 甲中程警戒雷达诞生起，就开启了我国雷达研制的发展篇章，孕育了"预警机精神""海之星精神"等一批批雷达人的优秀文化，锻造了一支支敢打硬仗、勇于担当的人才队伍，铸造了一个又一个"大国重器"，我为我们国家雷达装备工业取得的辉煌成就感到光荣和自豪。

　　当我看到由南京电子技术研究所工业设计团队编著的《雷达装备工业设计》一书时，我的内心是欣喜的，我们工业设计教育的目标，就是培养"以文化为体，以科技为用"的中国设计师，能够紧跟世界科技发展的潮流，用设计驱动创新和可持续发展。我也很高兴地看到，我国雷达装备工业设计已经迈向了数字化发展的进程，并开始有意识地尝试由以产品为核心转向构建以数字平台为基础的"硬件＋软件＋服务（内容）"一体化的设计生态，如此，我们高校与企业才能联合培养出不同学科的、不同领域的优秀人才。

　　《雷达装备工业设计》是一部从工业设计角度展开论述雷达装备系统的专著。作者均为从事雷达结构设计、工艺设计、工业设计及相关专业的科研人员，他们通过辛勤劳动把多年积累的设计经验分享给同行。全书系统、全面地论述了工业设计内涵、发展与现状，介绍了雷达装备工业设计的特点与方法，梳理了包括雷达造型原理、色彩原理、人机工程学原理等在内的雷达装备工业设计基础理论，提供了雷达产品形象设计的方法、策略与案例实操，分析了雷达人机工程与 CMF 设计，介绍了雷达研发过程中的关键人机环节、典型材质与加工工艺，为广大读者提供了国内外优秀雷达设计案例，对未来雷达装备工业设计的发展方向提出了展望。

　　面对新时代的历史使命，雷达装备工业设计的重要程度也在不断凸显，本书阐述深入浅出、结构科学合理、内容翔实新颖，对于从事雷达装备工业设计的人员具有较强的指导性，对其他领域的雷达研发人员也有很好的借鉴作用。相信本书的出版能够有力促进我国雷达装备工业设计能力的提升。

2023 年 9 月

前言
INTRODUCTION

雷达是利用电磁波探测目标的复杂电子设备，集成了电子科学技术领域的先进成果，对推动国家经济发展、增强综合国力具有重要作用。自 20 世纪 80 年代以来，随着微电子、电子器件等领域技术的迅猛发展及数字化技术的不断推进，雷达性能得以显著提高，其应用范围也不断扩大。在军事领域，雷达已成为"三军之眼"，是获取陆、海、空、天战场全天候战略情报的重要手段之一；在民用方面，雷达也被广泛应用在空中或海上导航、气象监测、地下探测、交通监测等领域。

工业设计作为一种综合社会、人文、经济、技术、艺术、生理及心理等各种因素的创造性活动，与时代的演进、技术的革新、社会的发展息息相关。雷达的技术性能体现一个国家科学技术的综合实力，雷达的工业设计水平也体现了一个国家雷达行业的形象及设计水平。针对雷达特殊的产品属性，其工业设计应综合考虑复杂的设计因素和多样的环境条件，以用户的良好体验为核心，提供美观、高效的产品系统解决方案。雷达的工业设计方法除了要运用造型设计、色彩设计、人体工学设计等一般性设计方法，还应结合雷达产品的形象定位，提炼不同领域雷达的产品语义特点；充分考虑雷达使用、维护的高效和舒适，构建良好的人机交互环境；针对振动、冲击、高低温等严苛环境条件，应用先进的设计方法和制造工艺。雷达装备工业设计呈现出技术主导性、系统复杂性、稳定延续性、人机协同性、环境多样性等特点，是工业设计理论在雷达工程学科中的应用和拓展，是科学原理、技术手段、艺术规律三者交融所创造的雷达创新设计实践。

全书共 7 章，内容覆盖雷达装备工业设计的基础理论、设计方法、典型案例及发展方向。第 1 章是绪论，第 2 章系统介绍雷达装备工业设计基础理论，第 3 章论述雷达装备产品形象设计，第 4 章论述雷达装备人机工程设计，第 5 章论述雷达装备 CMF 设计，第 6 章介绍雷达装备工业设计典型案例，第 7 章展望雷达装备工业设计的未来发展。

本书作者具有多年雷达装备结构、工艺和工业设计从业经验。全书由南京电子技术研究所胡长明担任主编，张梁娟、程丹、毛栌浠、江帅担任副主编，研究所的国家级工业设计中心技术人员参与编写。各章编写分工如下：第 1 章由张梁娟、江帅、姜雨编写，第 2

章由魏琳、郭家言、欧阳啸编写，第 3 章由毛栌浠、姜雨编写，第 4 章由梅启元、陈世荣、江帅、欧阳啸、田胜编写，第 5 章由程丹、严战非、贾雪、雷新鹏、郭昕璐编写，第 6 章由李阳、欧阳啸编写，第 7 章由罗仕鉴、张梁娟、江帅编写。全书由张梁娟整理成稿，浙江大学罗仕鉴教授阅读后对全书提出改进意见。

本书的编写得到了南京电子技术研究所相关领导和专家的大力支持与帮助，感谢赵新舟、陈旭研究员的支持和帮助。在本书的撰写过程中，作者团队学习、借鉴了国内外工业设计领域一大批德高望重的权威学者和行业专家的学术成果及学术观点，在此向他们表示敬意和谢意！

由于作者在工作领域及专业领域上的局限，书中难免存在不足之处，恳请各位专家、行业人士及读者朋友们提出批评和建议。

胡长明

江苏·南京

2023 年 10 月

目录
CONTENTS

第1章

绪　论

本章导读

　　工业设计是以工业产品为主要对象，综合运用科技成果和工学、美学、心理学、经济学等知识，对产品的功能、结构、形态及包装等进行整合优化的创新活动。雷达作为典型的复杂电子装备，具有科技含量高、知识技术密集的特点，体现了信息科学、自动控制、电气技术、机械设计制造和工业设计等多学科和多领域高精尖技术的集成，且因功能用途、研制成本和服役时间等方面的约束，对其工业设计提出了更高的要求。本章首先介绍了工业设计的内涵与发展，简要梳理了工业设计现状，并在此基础上以雷达为研究对象，简述了雷达的工作原理及组成、演进和发展以及结构基本形态等，分析并提炼了雷达装备工业设计呈现出的技术主导性、系统复杂性、稳定延续性、人机协同性及环境多样性的特点，并对雷达装备工业设计研究内容和思路进行分析。

本章知识要点

- 工业设计概述
- 国外工业设计概况
- 中国工业设计概况
- 雷达装备工业设计介绍

1.1 工业设计概述

1.1.1 工业设计的定义

工业设计是机械化生产和工业发展的衍生物，是一门汇集社会、人文、经济、技术、艺术、生理及心理等学科产生的新兴交叉学科。"工业设计"一词在 1919 年由美国艺术家约瑟夫·西奈尔提出，其定义一直在随着时代的发展而变化。

1. 国际工业设计协会的定义

国际工业设计协会（The International Council of Societies of Industrial Design，ICSID）成立于 1957 年，旨在提升全球工业设计品质，曾分别在 1959 年、1969 年、2002 年、2015 年公布或修订了对"工业设计"的定义。

1959 年定义内容：就批量生产的工业产品而言，凭借训练、经验及视觉感受而赋予材料、结构、形态、色彩、表面加工以及装饰以新的品质和规格，称为工业设计。根据具体情况，工业设计师应在上述工业产品的整体或者局部进行工作，当需要工业设计师对包装、宣传、展示、市场开发等问题付出自己的技术知识和经验以及视觉评价能力时，也属于工业设计的范畴。1959 年的定义描述了工业设计师的工作内容，强调了工业设计与大批量生产之间的关联，此时工业设计主要关注产品的视觉美感。

1969 年定义内容：工业设计是一种根据产业状况以决定制作物品之适应特质的创造活动。适应物品特质，不仅指物品的结构，还兼顾使用者和生产者双方的观点，使抽象的概念系统化，完成统一而具体化的物品形象，意在着眼于根本结构和功能的关系，其根据工业生产的条件扩大了人类环境的局面。1969 年的定义将设计关注转向"用户"和"生产商"之间的联系，强调了工业设计关注的是一种相互关联的系统。

2002 年定义内容：设计是一种创造性的活动，其目的是为物品、过程、服务及它们在整个生命周期中构成的系统建立起多方面的品质。因此，设计既是创新技术人性化的重要因素，又是经济文化交流的关键因素。设计的任务在于发现和评估与下列 5 种项目在结构、组织、功能、表现及经济上的关系。

①增强全球可持续性发展和环境保护（全球道德规范）。

②给全人类社会、集体和个人带来利益和自由。

③最终用户、制造者和市场经营者（社会道德规范）。

④在世界全球化的背景下支持文化的多样性（文化道德规范）。

⑤赋予产品、服务和系统以表现性的形式（语义学）并与它们的内涵相协调（美学）。

2002 年的定义从"设计目的"与"设计任务"两个角度对工业设计进行了定位，表明设计是一项广泛的专业活动，设计对象会随着社会科学技术的发展而不断变化。从任务来看，设计由"以用户为中心"转向"人的物质和精神等多方面的需求"，由此出现了"无障碍设计""绿色设计""可持续设计"等新的设计理念。

最新的定义是国际工业设计协会在 2015 年 10 月召开的第 29 届年度代表大会上提出的：

设计旨在引导创新、促进商业成功及提供更好质量的生活，是一种将策略性解决问题的过程应用于产品、系统、服务及体验的设计活动。它是一种跨学科的专业，将创新、技术、商业、研究及消费者紧密联系在一起，共同进行创造性活动，将需解决的问题、提出的解决方案进行可视化，重新解构问题，并将其作为建立更好的产品、系统、服务、体验或商业网络的机会，提供新的价值及竞争优势。设计是通过其输出物对社会、经济、环境及伦理方面问题的回应，旨在创造一个更好的世界。2015 年的定义明确设计从重视产品延伸到构建网络环境的和谐，开始向并行设计、协同设计发展，向跨学科全生命周期解决方案、技术融合形式发展。

2. 中国工业设计的定义

2010 年中华人民共和国工业和信息化部在《关于促进工业设计发展的若干指导意见》中提出：工业设计是以工业产品为主要对象，综合运用科技成果和工学、美学、心理学、经济学等知识，对产品的功能、结构、形态及包装等进行整合优化的创新活动。工业设计的核心是产品设计，广泛应用于轻工、纺织、机械、电子信息等行业。工业设计产业是生产性服务业的重要组成部分，其发展水平是工业竞争力的重要标志之一。

1.1.2　工业设计研究的内容与方法

工业设计研究的对象是"人—事—物"这一大系统。工业设计的出发点是人，目的是使人的生存环境更加"合乎人性"，因此工业设计不仅是对于产品的设计，还是对人类生活方式的设计，其研究内容已经从仅仅关注功能扩展到整个系统，开始将系统作为一个整体来规划设计。

人："以人为本"是工业设计的宗旨，"人"是工业设计的服务目标，所以"人"这一要素是工业设计的基础。工业设计中涉及"人"的内容主要为人机工程设计，研究如何使产品满足人的生理、心理、生活习惯、价值观等需求。

物："物"是运用科学技术创造的人们工作生活所需的设计对象，所以"物"这一要素是工业设计的外化表现。工业设计中涉及"物"的内容主要有产品形象设计、造型设计、机械设计、CMF（Color，Material，Finishing）设计、包装设计等，研究如何使产品实现其技术要素、审美要素等。

事："事"泛指除人以外的外部因素，即环境，是指对人和机发生影响的环境条件，包括物理、化学环境因素（如温度、照明、噪声、空气质量等）和社会环境因素（如协同作业、工作制度等）。工业设计中涉及"事"的内容主要有环境设计、服务设计等，研究如何塑造一种新的人类生活环境。

目前与工业设计紧密相关的设计方法多达几十种，依据流程维度、属性维度、要素维度梳理工业设计方法，可以得到如下分类。

1. 流程维度

工业设计方法按流程维度可分为探索、定义、开发、交付四类。开发阶段的方法包括头脑风暴、联想法、仿生法、故事板等；探索阶段的方法包括焦点小组、用户访谈、SET系列因素、问卷调查等；定义阶段的方法包括 KANO 模型、客户旅程图、5W1H 分析法等；

交付阶段的方法包括层次分析法、人机工程分析、产品可用性评估等。在以产品为研究对象的工业设计中，设计师依然将解决问题作为设计的关键，随着人们对设计本质的认知加深，提出问题与解决问题的设计方法在数量上的差距已经缩小。

2. 属性维度

工业设计方法按属性维度可分为定性、定量及混合研究三类。定性研究是决策者依据已知情况和现有资料直接利用个人的知识经验对问题做出主观的判断与分析；定量研究是利用数学的工具，对研究对象的数量特征、数量关系与数量变化进行分析的方法；混合研究主要从定性研究中发掘定量研究的机会点，依据定量分析与归纳，修正定性结论，并交替迭代。定性方法包括定位图、KANO 模型、用户角色、投影法等；定量方法包括语义差异法、目标加权法、层次分析、定量结构变化法等；混合方法包括目标树法、FBS 模型、哈里斯图标、产品可用性评估等。

3. 要素维度

工业设计方法按要素维度可分为"人""物""事"三类。针对"人"的方法包括用户角色、产品设计愿景、客户旅程图等，主要研究用户相关内容，包括用户的目的、行为、态度、生活习惯、价值观等特征；针对"物"的方法包括任务分析、情景法、案例研究等，主要研究材料、肌理、形状等外在的特征与结构、功能等内在品质在产品中的应用；针对"事"的方法包括并行设计、渔网模型、提喻法、目标树法等，主要研究除人之外的外部因素，如经济、环境、资源、文化、地域、时间等。

1.1.3　工业设计的价值

自工业革命开始，全世界范围内的科学技术、社会经济迈入了一个新的台阶，人的物质生活得到了"量"的满足之后，开始寻求"质"的充实与多样化，工业设计从此便开始崭露头角。如今随着数字化、网络化、智能化时代的到来，工业设计的价值更加凸显。

1. 工业设计的企业价值

对企业而言，工业设计是企业提升竞争力的助推器，也是企业塑造品牌文化的实现途径。设计师可以根据对市场的准确把握、对顾客的了解、对美的认识、对加工工艺的熟知，运用点、线、面、色彩、材质等视觉要素，把企业文化、产品战略等最深层的东西在产品中展现出来。工业设计秉承着以人为本的设计思维，为产品或者服务带来更多的溢出价值或效应，以此来创造出更高附加值的产品，满足消费者的多元化需求。

2. 工业设计的产品价值

工业设计包含产品形象设计、人机工程设计、CMF 设计等内容，可以在塑造品牌价值、提升用户体验与品质感方面起到极为重要的作用。

（1）通过产品形象设计，工业设计师可以基于品牌文化的内涵，对产品进行系统设计，形成风格统一、特点鲜明的系列化产品。这种通过打造差异化产品、提升品牌特性的产品形象设计方法，可以使产品从同质化竞争中挣脱出来，已成为创造品牌价值、制造设计差异、赢得核心市场竞争的重要手段。

（2）产品的设计并不局限于外观的改良与优化，其交互性和体验性也不容忽视。通过人机工程设计，工业设计师可以通过调研，搭建合理的信息架构，减少因为注重功能与技术实现而造成的交互操控方式重点不突出、反馈不充分等问题，做到"以人为本"。

（3）CMF是赋予产品外表"美"品质的重要手段，它们紧密联系着内部功能结构与用户使用体验。通过CMF设计，工业设计师可以统筹工程结构、协调装备功能与工艺、融合企业文化与产品语义，从而打造能够紧密结合用户需求、追求卓越质量的高品质产品。

1.2 国外工业设计概况

1.2.1 国外工业设计发展概述

人类设计活动的历史可划分为3个阶段，即设计的萌芽阶段、手工艺设计阶段和工业设计阶段。

设计萌芽阶段可以追溯到旧石器时代，早期人类制作使用的石器是向一定目标或价值进行的造型活动，这些石器已体现了功能与形式的有机统一，其形式感中的曲直、比例、尺度等因素尽管尚在萌芽阶段，但是已经孕育了人类的造型观念与方法，即设计目的与标准化的思想开始出现，人类设计开始萌芽。

手工艺设计阶段可以追溯到新石器时期，此时人类开始通过化学变化将一种物质改变为另一种物质，新材料与新工艺的出现导致设计产生了质的飞跃——功能与形式的辩证统一在手工艺作品中开始体现，标志着手工艺设计阶段的开始。

工业设计阶段是工业革命后，大批量生产特征引发设计活动进入的时期。就工业设计发展过程来看，工业设计阶段大体上可划分为4个时期。

19世纪中叶至20世纪初是酝酿与探索时期，面对急剧变化的社会、文化、经济、技术等环境，生活在工业化国家的建筑师、设计师们急于探索一种符合新时代要求的设计道路。此时德国"德意志制造同盟"的成立，开创了设计的思想体系，成为现代设计发展的理念基础。

20世纪20年代至50年代是形成与发展时期，尤其是两次世界大战之间的短暂时期，是现代设计的真正发展时期。期间相继涌现出如荷兰"风格派"、俄国"构成主义"，以及影响至今的"包豪斯"等设计运动及理念。在美国，工业设计师开始出现，工业设计开始成为一门独立的学科。这一时期工业设计已经有了系统的理论并在世界范围内得到传播，但尚未能真正与大工业、批量化生产、国际范围内的消费市场联系起来。

20世纪50年代至60年代是工业设计的成熟阶段，第二次世界大战后工业的复兴推动了设计活动和理论的发展，各国都形成自己的设计理论。这一时期工业设计与工业生产、科学技术紧密结合，工业设计走向成熟。

20世纪60年代至今，后工业社会的出现与科技的发展使得工业设计开始与先进的技术结合起来，如高技术风格、绿色设计等流派应运而生，工业设计开始走向多元化。

1. 工业设计的酝酿与探索阶段

在19世纪末20世纪初这一阶段，工业化生产的崛起使得新旧设计思想开始交锋，设计改革运动使传统的手工艺设计向工业设计过渡，工艺美术运动、新艺术运动及德意志制造同盟等机构都在为现代工业设计的发展探索道路。

工业革命之后，工业化产品难以沿用手工业产品上的古典装饰来满足用户传统的审美习惯和需要，尤其在1951年伦敦"水晶宫"国际工业博览会之后，工业化生产与产品的审美属性之间产生了巨大鸿沟。此时拉斯金提出设计革命，强调设计的重要性与功能主义立场，认为设计应该区别于艺术；莫里斯倡导并掀起了"工艺美术运动"，提出了"美与技术结合"的原则，作品强调"师承自然"，向人们提出了工业产品必须重视研究和解决在工业化生产方式下的工业设计问题，如图1-1所示。19世纪末在欧洲兴起的新艺术运动从自然界中抽象出来的形式替代古典装饰，作品多以象征有机形态的抽象曲线作为装饰纹样，这种打破古典装饰传统的思维为20世纪现代工业设计的兴起开辟了道路。新兴艺术作品如图1-2所示。

（a）沃塞1895年设计的座钟　　　　　　　　（b）莫里斯的住宅——红屋

（c）阿什比设计的银质果酱盅　　　　　（d）斯各特1897年设计的钢琴

图1-1　工艺美术运动作品

工业设计在理论和实践中真正的突破，源于德国设计理论家、建筑师穆迪修斯于1907

年10月倡议并组成的德意志制造联盟。该联盟旨在探索如何提高工业产品的质量，并按照物质的深层本质来获取产品的形式。联盟中心人物贝伦斯的代表作品如图1-3所示。制造联盟的设计师为工业设计进行了大量的设计，并希望将标准化与批量生产引入工业设计中。继德意志制造同盟之后，奥地利、英国、瑞士、瑞典等国也相继成立了类似的组织，开启了技术与艺术相结合的活动，为工业设计的研究应用奠定了基础。

（a）安东尼·高迪所设计的一系列家具

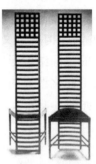

（b）麦金托什设计的高靠背椅子

（c）威尔德于1902—1904年设计的银质刀叉和瓷盘

（d）塔赛旅馆（霍塔旅馆）

图1-2 新艺术运动作品

（a）贝伦斯于1909年为通用电气公司
设计的透平机制造车间与机械车间

（b）贝伦斯于1908年设计的台扇与电水壶

图1-3 德意志制造同盟的中心人物贝伦斯代表作品

2. 工业设计的形成与发展阶段

20世纪以来，随着科学技术的发展，新产品不断涌现，传统的概念和形式已无法适应新的功能要求，而新技术和新材料则为实现新的功能提供了可能性。在此阶段，代表性的流派主要有俄国构成主义运动、荷兰"风格派"运动，代表性的组织为包豪斯学校。在第一次世界大战与第二次世界大战期间，工业设计已经有了系统的理论并在世界范围内得到传播，并确定成为一门独立的现代学科。

（1）俄国构成主义运动：1917—1931年，构成主义在俄国兴起，它力图表现新材料本身特点的空间结构形式，热衷于科学技术，认为技术是商业社会中的基本因素，这种强调设计与工业化世界的关系的思维，让设计开始走向实用的范畴，其代表作品是第三国际纪念塔，如图1-4所示。

图1-4 俄国第三国际纪念塔

（2）荷兰"风格派"运动：1917—1931年，以蒙德里安、里特维尔德为首的"风格派"运动聚焦于新的美学原则探索，希望能够找到更加简单、更具国际性的术语来建立国际风格的基础。"风格派"运动追求机器产品中完美与简洁的物质形态，为现代主义的产生奠定了一定的思想基础。其代表作品有蒙德里安的作品《红、黄、蓝的构成》、里特维尔德设计的红蓝椅等，如图1-5所示。

（3）包豪斯学校：以柯布西埃、格罗皮乌斯等为首的包豪斯学校在设计风格上深受构成主义和风格派的影响，极度追求几何图形的结构完整与平衡感，崇尚色彩的单纯、明快，同时主张功能第一、形式第二，其风格对欧美影响深远，该时期的代表作品如图1-6所示。包豪斯实现了艺术与技术的统一，打破了纯艺术与使用艺术的界限，在艺术和工业结合的思想指导下，特别重视机械化生产和设计工作的密切关系。包豪斯形成了现代工业设计的风格，提出了现代设计的基本要求，为现代工业设计提供了历史范例。

（a）蒙德里安的作品
《红、黄、蓝的构成》

（b）里特维尔德于1917—1918年
设计的红蓝椅

（c）里特维尔德于1934年设计的折弯椅

（d）荷兰乌德勒支市郊的吊灯

图1-5 荷兰风格派代表作品

（a）格罗披乌斯设计的包豪斯校舍

（b）布兰德设计的菜壶

图1-6 包豪斯学校代表作品

（c）布劳耶设计的钢管椅　　　（d）米斯于1929年设计的　　　（e）米斯于1927年设计的
　　　　　　　　　　　　　　　　　　巴塞罗那椅　　　　　　　　　著名的魏森霍夫椅

图1-6　包豪斯学校代表作品（续）

3. 工业设计的成熟阶段

第二次世界大战后初期，工业的复兴推动了设计活动和理论的发展，此时设计的主要任务是满足现实和重建的需要，这种任务分为两种方式，一种是技术性的，一种是艺术性的。美国、德国、日本等国家将全部精力投入工业生产中，并发展了一种强调机器效率的工业设计风格；英国、意大利等国家试图从家用产品中着手创造一种大众认同的生活环境。

美国工业设计在第二次世界大战后是从商业性设计与"优良设计"的竞争中发展起来的，其代表作品如图1-7所示。工业设计与人机工程学、生态学、经济学等现代学科结合，开始逐步形成了一门独立完整的学科。

德国的工业设计在第二次世界大战前就有着坚实的基础，在第二次世界大战后依旧受到德意志制造联盟促进艺术与工业相结合的思维和包豪斯的机器美学的影响，在日常生活中贯彻功能主义。如图1-8所示，布劳恩公司生产的收音机和唱机组合采用典雅纯粹、理性诗意的简约形态，通过融入系统化的设计理念，完美体现了德国工业设计功能主义的基调。

日本第二次世界大战后的工业设计在处理传统与现代的关系中采用了"双轨制"。一方面在服装、家具、室内、手工艺品等设计领域系统地研究传统，以求保持传统风格的延续性；另一方面在高技术的设计领域则引进先进的科学技术，大量使用计算机辅助设计，按照现代设计的需求进行设计，如图1-9所示。

（a）厄尔设计的凯迪拉克"艾尔多拉多"型小汽车（商业性设计）

图1-7　美国第二次世界大战后代表作品

（b）沙里宁设计的"胎"椅（优良设计）与"郁金香"椅（优良设计）

图1-7 美国第二次世界大战后代表作品（续）

图1-8 布劳恩公司生产的收音机和唱机组合"白雪公主之匣"

（a）世界上第一台随身听 （b）柳宗理设计"蝴蝶"凳

图1-9 日本第二次世界大战后设计的代表产品

英国的工业设计在第二次世界大战后逐渐形成了以轻巧、灵活和多功能设计为特征的"当代主义"风格。但在20世纪50年代，这种追求"优良设计"的设计机构理想与追求流行风尚的大众趣味之间开始出现冲突，于是开始各自发展。最终，英国形成了由企业带动的主流现代、功能性、市场性比较强的设计风格与由独立设计师们带动的个性、颠覆、艺术性、展示型突出的设计风格同时出现的现象，如戴森设计的 DC36 吸尘器与雷斯于 1951 年设计的"安德罗普"椅，如图 1-10 所示。

图 1-10　戴森设计的 DC36 吸尘器与雷斯于 1951 年设计的"安德罗普"椅

意大利的工业设计在第二次世界大战后初期深受美国"优良设计"的功能主义与商业性设计两方面的影响，通过与传统相结合，创造出了意大利式的设计，其通过形式上的创新而产生特有的风格与个性，对整个设计界产生了巨大冲击。随着新技术的应用，意大利设计与新的金属、塑料生产技术相结合，创造出了独特的美学，如"拉克西康 80"型打字机与尼佐里设计的"米里拉"缝纫机模型，如图 1-11 所示。

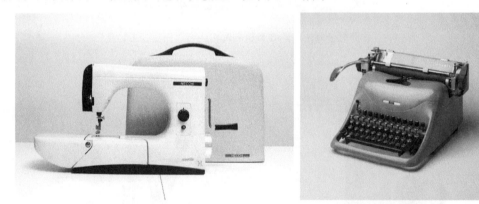

图 1-11　"拉克西康 80"型打字机与尼佐里设计的"米里拉"缝纫机模型

4. 工业设计走向多元化阶段

20 世纪 50 年代中期，随着资本主义从国家垄断进入跨国公司垄断，国际交往频繁，市场的国界逐渐消失，国际标准的出现与技术的同质化产生了一种国际化的设计趋势。但是到了 20 世纪 60 年代后期，后现代主义、绿色设计、高技术风格等流派席卷全球，创造出了设计上的多元化局面。

（1）高技术风格。高技术风格源于 20 世纪 20—30 年代的机器美学，这种美学直接反映了当时以机械为代表的技术特点，尤其是在家具电器上，主要强调技术信息的密集，面板上密布繁多的控制键和显示仪表，造型上多采用方块和直线，色彩仅用黑色和白色，看上去像一台高度专业水准的科技仪器，如图1-12所示。

（a）理查德·罗杰斯设计的英国劳埃德大厦

（b）巴黎蓬皮艺术中心

图1-12 高技术风格代表作品

（2）后现代主义。"后现代"是针对艺术风格的发展演变而言的，后现代主义提出"少就是乏味"的口号，即喜欢以简化、变形、夸张的手法借鉴历史，并与艳丽色彩与玩世不恭的手法主义结合起来。它强调设计的隐喻意义，通过借用历史风格来增加设计的文化内涵，同时又反映一种幽默与风趣之感。如图 1-13 所示，设计大师索特萨斯为奥利维蒂公司设计的便携式打字机，外壳为鲜艳的红色塑料，其雕塑感与人性化的设计风格充分体现了后现代主义特征。

图 1-13　奥利维蒂公司设计的便携式打字机

（3）绿色设计。绿色设计又称为生态设计，是 20 世纪 90 年代开始新起的一种新的设计方式，源于人们对于现代技术文化所引起的环境及生态破坏的反思，体现了设计师道德和社会责任心的回归。绿色设计着眼于人与自然的生态平衡关系，在设计过程中的每个决策都充分考虑到环境效益，不仅要尽量减少物质和能量的消耗、减少有害物质的排放，而且要使产品和零部件能够方便地分类回收并再生循环。3R（Reduce、Reuse、Recycle）原则也是绿色设计的核心。

1.2.2　国外工业设计现状

工业设计是引领企业发展的重要驱动力，尤其在数字化、网络化、智能化时代到来之后，工业设计已然成为提升企业产品价值最有效、最直接的手段。工业设计在企业中的应用主要有 3 种形式，分别是通过企业内部的工业设计部门提升企业产品价值、通过工业设计公司为产品提供系统性的设计方案，以及独立设计师为企业提供设计方案。

1. 企业工业设计部门

企业工业设计部门较为成熟的行业主要集中在电子产品行业、家居用品办公用品行业、汽车行业等。

在电子产品行业主要有德国的博朗、戴森、西门子，意大利的奥利维蒂，荷兰的飞利浦，美国的惠普、苹果、摩托罗拉、柯达照相机，日本的松下、索尼，韩国的三星集团等公司。其中，苹果在电子产品的发展中塑造众多的里程碑，对推动世界范围内工业设计发展起到关键性的作用，其代表作品如图 1-14 所示。苹果注重设计的作用，致力于让每件产品都赏心悦目，追求极致的用户体验，采用高度统一的设计语言，塑造简洁、一体化的设计风格，通过精准、极致的细节和质量把控，有效地营造出高水平的产品面貌。

（a）2007 年 1 月 9 日，第一代 iPhone

（b）iPhone 12

（c）1998 年的 iMac

（d）iPad Air

图 1-14　苹果公司代表作品

　　在家居与办公用品行业主要有法国的 Habitat，德国的米勒、好运达，日本的无印良品，瑞典的宜家家居，美国的 OXO 公司等。其中，宜家在理念上力求将简洁、美观而价格合理的产品带到全球市场，同时将北欧式的生活态度与价值格调传达给用户。宜家在设计上尊崇"以人为本"，通过功能主义的设计方法，结合传统工艺与现代技术，塑造宁静自然的现代生活方式，其代表作品如图 1-15 所示。

（a）罗贝肯边桌

（b）Poem 扶手椅

图 1-15　宜家代表作品

（c）丹斯克椅子	（d）斯佳蒙沙发	（e）斯帕克门厅长凳

图 1-15　宜家代表作品（续）

在汽车行业主要有英国的阿斯顿·马丁、捷豹、路虎、Mini Cooper 等，美国的通用，日本的本田、马自达等，德国的奥迪、保时捷、大众、宝马，意大利的法拉利等。其中，宝马通过比例、外观和细节的和谐来追求令人深刻的技术表现以及动人的情感体验，以此成功塑造了宝马富有动感、矫健、活力、精致的品牌形象，其代表作品如图 1-16 所示。

图 1-16　宝马代表作品

2. 工业设计公司

国际上知名的设计公司有 Fitch、IDEO、Pentagram、Seymour&Powell、Frog Design、Fusproject、ZIBA Design、Nendo 等。

IDEO 设计事务所是美国影响力最大的著名综合型设计事务所之一，该事务所提供品牌设计服务、商业环境设计服务、商业模式设计服务、营销策略咨询服务，以及包括玩具、游戏、健身设备、残疾人住宅等在内的产品设计服务。IDEO 公司强调设计的优劣与否在于产品给人带来的体验，而不仅仅限于设计出来的产品本身，其代表作品如图 1-17 所示。

（a）Fender 音箱

（b）人造智能相机

（c）宜家概念厨房 2025

（d）为方太厨具开发设计语言
和系列产品

（e）汽车的未来

（f）在线药房

图 1-17　IDEO 公司设计作品

ZIBA Design 公司成立于 1984 年，是一家全方位产品开发设计顾问公司，被美国商业周刊及德国北威州设计中心称为国际最成功的设计公司之一。奇葩设计公司通过融合使用者（用户）的洞察力、客户的品牌和当前市场趋势，以移情的方法为用户提供解决方案，其代表作品如图 1-18 所示。奇葩设计公司的设计理念如下。

（a）Xstat

（b）TDK

（c）Sirius

（d）Modal

（e）REI

图 1-18　ZIBA 公司设计作品

（1）目的：设计必须具有明确的目的，所做的一切必须有一个高标准、好结果。

（2）简洁：简洁是设计理念的核心，即化繁为简、以少胜多。

（3）和谐：设计是关于一件事物与其他事物的关系，和谐就是事物各因素之间的协调关系。

（4）均衡：包含在和谐之中，设计中的各种因素如形态、细节等都应均衡，使设计感觉合理，一个要素过于突出就会弄巧成拙。

（5）语义：优良的设计就是"适合的设计""恰当的设计"，应当有创造性、有分析性和有价值性地表达使用者和客户的真正需求。

（6）细节："上帝存在于细节之中"。每个细节的设计都是对设计者自身的挑战。对待细节应当精益求精。

（7）趣味：通过色彩、造型、细节和平面设计使产品亲切宜人、幽默可爱。

Nendo 公司以建筑领域为主，同时涉足室内设计、家居设计、产品设计、视觉包装等不同领域。其设计的作品是基于对日常生活的观察和对生活中关于美和实用故事的提炼，因此其作品纯粹明了，具有颠覆感，体现出浪漫温情，又饱含缜密的思维，其代表作品如图 1-19 所示。

（a）nautilus paper-knife   （b）straddle   （c）cave

（d）soft brick   （e）sumu fumu terrace

图 1-19　Nendo 公司设计作品

3. 工业设计大师

工业设计的发展离不开工业设计师的推动，随着工业设计水平的不断提升，国际社会上涌现了一大批优秀的工业设计师。以下为目前世界上认可度较高的几位设计大师的设计理念及作品。

在电子产品行业，艾斯林格、迪特·拉姆斯等设计大师的作品引领了时代潮流。艾斯林格追求将以人为主的理念和人性化的设计根植于复杂软硬件科技世界，其代表作品如图1-20所示。

（a）Yamaha Frog 750

（b）Wega 3000

（c）Sony Consumer Electronics

（d）Sky Set Top Box

（e）Aspect Imaging

图1-20　艾斯林格代表作品

迪特·拉姆斯认为单纯的风格只不过是解决系统问题的结果，最好的设计是最少的设计，其代表作品如图1-21所示。

在家居、室内设计领域，凯瑞姆·瑞席、马克·纽森、飞利浦·斯塔克登等设计大师对设计界产生了重要的影响。凯瑞姆·瑞席是美国工业设计的新星，其作品涉及室内外空间设计、家居设计、照明设备设计等领域，他热衷于创造浪漫、诗意和充满灵感的设计，其代表作品如图1-22所示。

（a）TP3 收音机 / 唱机组合

（b）MPZ 21 榨汁机

（c）RT 20 Tischsuper 收音机

图1-21　迪特·拉姆斯代表作品

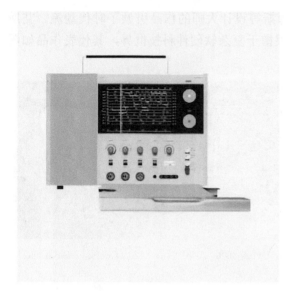
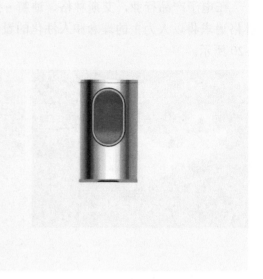

（d）T1000 收音机　　　　　　　（e）Cylindric T2 打火机

图 1-21　迪特·拉姆斯代表作品（续）

图 1-22　凯瑞姆·瑞席代表作品

　　马克·纽森被誉为"一个为世界制造梦幻曲线的人"，倡导"柔和的极简主义"，被评为当代最受欢迎的工业设计大师之一，其代表作品如图 1-23 所示。

　　飞利浦·斯塔克倡导设计上的极简主义、民主设计，是世界上最负盛名的设计师之一，其代表作品如图 1-24 所示。

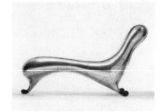

（a）Lockheed 躺椅　　（b）ZVEZDOCHKM　　（c）Felt 椅　　（d）Embryo Chair 胚胎椅

图 1-23　马克·纽森代表作品

20

（e）Kelvin40　　　　　　（f）Louis Vuitton 旅行箱　　　　（g）Newson Aluminum

图 1-23　马克·纽森代表作品（续）

（a）Juicy Salit　　　　　　（b）Flos Ara　　　　　　　（c）幽灵椅

（d）Starck Bike　　（e）杜拉维特闪烁系列浴室电子冲洗座厕产品　　（f）W.W. Stool 884 椅

图 1-24　飞利浦·斯塔克代表作品

在产品形象设计领域，原研哉是其中的典型代表，他的设计中流露出的是人对文化、记忆、情感的本质追求，从而在受众的情感里自然地营造出一种认同感，形成独特的审美体验，其代表作品如图 1-25 所示。

（a）银座6号　　　　　　（b）御木本　　　　　　　（c）松屋银座

图 1-25　原研哉代表作品

（d）茑尾书店

图 1-25　原研哉代表作品（续）

1.3　中国工业设计概况

1.3.1　中国工业设计发展概述

我国工业设计起步相对较晚，20 世纪 50 年代，无锡轻工学院、中央工艺美术学院开始有设计教育出现，改革开放之后，各院校才开始成立工业设计专业，开展工业设计教育。

在 20 世纪的 80 年代，主要是学习引进国外先进的工业设计和设计教育。以家电行业为典型代表，采用技术引进、合资的形式参与市场竞争，在引进国外先进生产线和畅销产品的同时，积累了工业设计经验，此时开始认识到工业设计对于企业竞争的重要性。

1979 年，中国工业设计协会（原中国工业美术协会）成立，标志着中国工业设计教育开始兴起。湖南大学、无锡轻工学院、清华大学、北京理工大学也在这一时期设立了工业设计专业。

20 世纪 90 年代，中国消费者的选择渠道日趋丰富，为了保持产品优势，家电行业已经将工业设计作为市场竞争的重要手段，中国工业设计的第一个浪潮到来。1995 年，美的创办了自己的工业设计中心，并在 3 年后改制成工业设计公司，这是中国第一家设计事务所，标志着中国工业设计的职业化进程取得了突破。由此，中国家电企业开始着力打造国际性品牌，许多企业的品牌设计都经历了去地域化、去行业化的特征，工业设计从服务产品向服务品牌转化，中国工业设计开始在国际市场上初步崭露头角。

随着国际化的发展，具备优良设计、技术与品质的外国产品进入中国，对本土制造业构成了空前挑战。越来越多的企业将工业设计纳入中长期的发展战略，设计中心逐渐从企业技术中心独立出来。同时，出口产品科技含量的提升，强化了国内技术性企业对工业设计的依赖，如联想集团、中国南车集团公司、迈瑞医疗等均借助工业设计巩固了自己的品牌优势。此外，随着互联网、移动通信和智能产品的普及，人们生活多样化和需求细分化为工业设计的繁荣增添了有利条件。

1.3.2　中国工业设计政策

1. 中国工业设计国家政策

从 2004 年开始，随着"十二五""十三五"规划的发展，我国政府层面对设计产业已开始重视,中央制定了一系列促进政策和振兴措施,国家设计创新政策体系得到了不断完善,设计政策对于国家和产业竞争力的重要性已经得到全社会的认同。中国工业设计发展政策如表 1-1 所示。

表 1-1　中国工业设计发展政策

时间	来源	政策	意义
2004 年		开始制定《工业设计产业政策》	
2010 年	工业和信息化部联合 11 部委签发的《关于促进工业设计发展的若干指导意见》		首次以公文的形式明确了工业设计的定义,并从工业设计产业发展的角度,在企业发展、人才培养、设计交流、市场环境、政策支持等多方面对工业设计产业进行了宏观指导
2011 年	中国工业设计协会	开展了"中国工业设计十佳"评选活动,积极推广设计产业化的先进模式和经验	首个着眼于产业环节进行评估评定的奖项
2012 年	工业和信息化部	正式启动"国家级工业设计中心"的认定工作	
		举办了中国优秀工业设计奖评奖活动	中国工业设计领域的首个国家政府奖项
		开展中小企业为主体的"中小企业经营管理领军人物工业设计高级研修班"	
	工业和信息化部人才交流中心和中国工业设计协会联合制定"中国工业设计人才培训计划"	启动"中国工业设计人才培训基地"建设	
2013 年		《国务院关于推进文化创意和设计服务与相关产业融合发展的若干意见》(国发〔2014〕10 号)出台	首次提出"要重点支持基于新技术、新工艺、新装备、新材料、新需求的设计应用技巧,促进工业设计向高端综合设计服务转变,推动工业设计服务领域延伸和服务模式升级"。这一意见正式将工业设计服务促进转型升级这一举措上升到国家层面
2015 年	《中国制造 2025》	明确指出提高制造业创新设计能力	
2016 年	《"十三五"规划纲要》	明确提出实施制造业创新中心建设工程	
	《"十三五"国家科技创新规划》	明确提出"提升我国重点产业的创新设计能力"	

2. 中国工业设计地方政策

在国家政策的指引下,我国基本形成了环渤海(以北京为中心,向辽宁、山东等地延伸)、长三角(以上海为中心,向浙江、江苏等地延伸)、珠三角(以广东为中心,向福建、香港等地延伸)三大产业空间分布。北京、上海、广东等城市相继带头出台各项政策推动工业设计发展,初步形成工业设计地方产业政策体系。

（1）北京市。北京市将工业设计产业纳入现代服务业体系中，并作为重点领域进行科学规划。近年来北京推出了规划引导型、专项扶持型、协调推进型、监督管理型4种类型的政策，初步形成了明确且系统的政策体系（表1-2）。

表1-2　北京市工业设计相关政策

政策类型	主要政策名称	主要作用
规划引导政策	《北京市促进产业发展的指导意见》（2010年）、《北京"设计之都"建设发展规划纲要》（2013年）、《背景技术创新行动计划》（2014年）	从宏观层面引导了背景设计产业在未来的发展
专项扶持政策	《关于金融促进首都文化创意产业发展的意见》（2012年）、《北京市文化创意产业功能区建设发展规划》	从财政、金融、聚集区建设、人才等方面给予文化创意产业的发展优惠政策
协调推进政策	《北京市推进文化创意和设计服务与相关产业融合发展行动计划（2015—2020年）》	协调北京市政府各部门之间的关系，优化资源配置，进而提升北京设计产业的综合竞争力
监督管理政策	《进一步推动首都知识产权金融服务工作的意见》《加快发展首都知识产权服务业的实施意见》《北京市人民政府关于加快知识产权首善之区建设的实施意见》	确保北京市工业设计产业的健康发展

（2）上海市。随着经济发展及制造业的转型升级，设计产业作为知识密集型产业越来越受到国家和各级政府的重视。上海市政府及下属单位从财政、税收、土地、人才、金融等角度制定实施了一系列设计产业相关政策，为上海设计产业的发展提供了良好的政策与法律保障（表1-3）。

表1-3　上海市工业设计相关政策

政策类型	主要政策名称	主要作用
规划引导政策	《上海市加快创意产业发展的指导意见》（2010年）、《上海市促进中小企业发展条例》（2011年）、《关于促进上海市创意设计产业发展的若干意见》（2011年）、《上海市文化创意产业发展"十二五"规划》《上海市设计之都建设三年计划》（2014年）、《关于本市加强品牌建设的若干意见》等	为上海设计产业在未来一段时间内的发展指明了方向，从宏观层面引导了上海设计产业在未来的发展
专项扶持政策	《上海市金融支持文化产业发展繁荣的实施意见》（2010年）、《上海市促进文化创意产业发展财政扶持资金实施办法（试行）》（2012年）、《上海市文化创意产业紧缺人才开发目录》等	从财政、税收、金融、土地、人才等方面出台扶植产业发展的优惠政策，为上海设计产业发展营造了良好的环境
协调推进政策	《上海市推进文化与科技融合发展三年行动计划》、《国务院关于推进文化创意和设计服务与相关产业融合发展的若干意见》等	协调上海市政府各部门之间的关系，优化资源配置，进而提升设计产业的综合竞争力
监督管理政策	《上海市知识产权战略纲要》等	通过知识产权等法规打击侵犯知识是产权的违法行为，促进上海产业的健康发展

（3）广东省。广东省工业设计产业的公共政策体系是自上而下的垂直型的政策体系。广东省提出要通过促进工业设计产业的发展带动"广东制造"向"广东创造"的转变，实施并颁布了《促进广东省工业设计发展的意见》，并先后制定出台了《关于促进我省设计

产业发展的若干意见》《广东省工业设计能力提升专项行动计划（2020—2022 年）》《广东省培育数字创意战略性新型产业集群行动计划（2021—2025 年）》等政策，提出"以产业设计化、设计产业化、人才职业化、发展国际化"的发展思路，大力提升创新设计能力，探索工业设计服务企业的创新模式，强化工业设计对产业的支撑。

1.3.3 中国工业设计标准现状

标准是标准化活动的产物，标准的研究、制定、发布、实施组成标准化活动的过程，工业设计标准是指在工业设计条件下，先进、有效，同时适合工业化生产方式，可以理解并可能检测实行、体现环保原则与市场价值的人性化指标及性能指标的设计规范及评价准则。工业设计标准化对规范工业设计活动、推动制造业实现高端化、提升工业设计水平、促进工业设计产业快速发展有重要作用。

国际标准组织（ISO）的技术组织中与"设计"相关的技术委员会、分委员会及工作组有 20 余个，我国与工业产品相关的有 30 余个，主要针对具体专业产物、工程建筑、机械安全、软件系统、环境等方面设计。

在我国现行的国家标准中，包含"设计"的标准共 400 余项。其中，有具体名称中包含"工业设计"的，如《家用和类似用途电器工业设计评价规则》（GB/T 35455—2017）；也有针对某些行业的，如《电子电器产品环境意识设计》（GB/T 23686—2018）等，也有针对产品设计的，如《在产品设计中应用人体尺寸百分位数的通则》（GB/T 12985—1991）等。然而，目前还没有针对"工业设计"的基础型、通用性、综合性的国家标准。

中国标准化研究院正在积极筹备工业设计基础标准体系的构建，以充分发挥标准化在技术推广和创新中的桥梁作用，并带动我国工业设计整体水平的提升。未来工业设计基础标准体系由通用基础、设计原则、设计评价和设计管理四部分组成。其中，通用基础包括术语定义与方法工具等内容；设计原则包括通用原则、针对性原则等（针对特殊人群、针对重点行业、针对战略新型产业）；设计评价则包括工业设计评价指标与评价方法等内容；设计管理则包括工业设计流程控制与设计人员的资质要求等。通过这些标准，将从全方位使工业设计更加规范化、标准化。

1.3.4 中国工业设计机构现状

随着工业设计在我国的发展，我国工业设计行业组织体系也逐渐完善，目前已经覆盖我国大多数省份。全国工业设计行业组织数量近年来不断增加，逐渐覆盖全国各个省份并趋于成熟。目前，中国工业设计行业组织共有约 130 个，其中国家级工业设计组织 1 个，即中国工业设计协会；省级工业设计行业组织 30 余个，主要集中在东部沿海地区的经济发达省份，如广东、江苏等省份。

目前，全国工业设计类公司已经有 12000 多个，国家级工业设计中心约 300 家。我国工业设计类公司虽然数量众多，但是与国际设计公司相比，产业整体竞争力较弱，行业内有品牌竞争力的工业设计仍然占少数。

近年来，全国设计类奖项数量日益增加，各地区也在逐步通过工业设计奖项营造地工业设计氛围，带动各产业的发展。已开设工业设计类奖项赛事大约 200 个，其中国家级设计类奖项赛事 1 个、国家行业协会级工业设计奖项赛事 7 个、省市级工业设计类奖项赛事 80 余个，另有高校类社会机构及企业类工业设计奖项赛事大约 100 个。

现阶段，中国已经初步形成了体系较为全面的工业设计人才培养模式。包括湖南大学、同济大学、清华大学、中央美术学院、北京大学、上海交通大学、浙江大学、北京理工大学等在内的 600 多所高校已经开设了工业设计专业，设计类在校生总数超过 150 万人。其中工业设计专业涉及产品设计、交互设计、用户体验设计、人机工程、平面设计、服务设计、设计管理等内容。

总体来说，工业设计在我国发展非常迅速，并且已在经济社会发展和自主创新中起到引领性的作用。近些年来国家和地方高度重视工业设计，工业和信息化部通过组织开展中国优秀工业设计奖评奖、国家级工业设计中心和国家级工业设计院认定等举措，初步形成了国家引领、各地共建共促的工业设计新生态。

1.4　雷达装备工业设计介绍

1.4.1　雷达的工作原理及组成

雷达是英文 Radar 的音译，源于 Radio Detection and Ranging 的缩写，原意是"无线电探测和测距"，即用无线电方法发现目标并测定它们在空间的位置。随着雷达技术的发展，雷达的任务不仅是测量目标的距离、方位和仰角，还包括测量目标的速度，以及从目标回波中获取更多有关目标的信息，如目标的尺寸和形状等。飞机、导弹、人造卫星、各种舰艇、车辆、兵器、炮弹及建筑物、山川、云雨等，都可能作为雷达的探测目标。按装载平台，雷达主要分为地面雷达、舰载雷达、机载雷达和星载雷达。

典型的雷达主要由天线、发射机、接收机、信号处理机和终端设备等组成。雷达工作时，发射机产生辐射所需强度的脉冲功率，馈送到天线后经天线向空间辐射电磁波。在天线控制设备的作用下，天线波束按照指定的方式在空间扫描。当电磁波照射到目标时，二次散射电磁波的一部分到达雷达天线，再通过接收机进行放大、混频等处理以后，送到雷达终端设备，以便对回波进行处理后，得到所需的观测波形和数据，如图 1-26 所示。

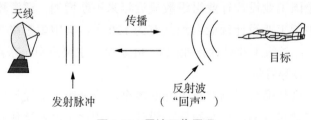

图 1-26　雷达工作原理

1.4.2　雷达的演进和发展

1. 世界雷达发展情况

1）早期雷达的发展

19 世纪后期，电磁学理论的建立和相关试验为雷达的诞生奠定了科学基础。1922 年，美国海军研究实验室利用双基地连续波雷达检测到在其间通过的木船，开启了雷达的初步尝试。第二次世界大战期间，作为情报侦察的重要手段，雷达得以快速发展。1935 年，英国的罗伯特·沃森·瓦特研制出世界上第一台实用雷达。1936 年，美国海军研究实验室研制了 T/R（收发）开关，使一副天线兼具接收和发射功能，简化了雷达系统结构，并在同年研制出作用距离达 40km、分辨力为 457m 的探测飞机的脉冲雷达，进一步推动了早期雷达的发展。1938 年，英国为防德军空中突袭在邻近法国的本土海岸线上布设的报警雷达链 Chain Home 是早期雷达中最典型的案例。该型雷达设备尺寸庞大、结构笨重，被称为"房间里的巨大设备"，发射和接收天线安装在桁架结构的高塔上，如图 1-27 所示。

图 1-27　Chain Home 雷达（英国）

1939 年，英国成功研制了大功率磁控管，克服了甚高频雷达波束和频带窄的缺点，使实用雷达步入了微波频段。20 世纪 40 年代，美国辐射研究室把雷达微波新技术应用于军用机载、地面和舰载领域，其代表产品是 SCR-270 警戒雷达（图 1-28）、SCR-584 炮瞄雷达（图 1-29）和 AN/APQ 机载轰炸瞄准相控阵雷达。在此期间，俄罗斯、法国、德国、意大利、日本等国都独立发展了雷达技术，但除美国、英国外，雷达频率都不超过 600MHz，雷达发展仍处于起步阶段。该阶段的国外雷达已初具现代雷达结构的基本雏形。

2）20 世纪 50—60 年代的雷达发展

20 世纪 50 年代，雷达理论进一步发展，形成了匹配滤波理论、统计检测理论、雷达模糊图理论和动目标显示技术等一系列成果。20 世纪 60 年代，由于航空航天技术的飞速发展，出现了诸如脉冲多普勒雷达、合成孔径雷达、相控阵雷达（如图 1-30 所示的 AN/FPS-85 相控阵雷达）等新体制雷达，雷达应用领域拓展到导弹、人造卫星及宇宙飞船等。由于采用了脉冲压缩技术、抑制地物杂波干扰技术、低噪声器件研制技术等，雷达的工作性能、测角精度和作用距离大幅提高，工作波长从短波扩展至毫米波、红外线和紫外线领域。

图 1-28　SCR-270 雷达（美国）

图 1-29　SCR-584 雷达（美国）

图 1-30　AN/FPS-85 相控阵雷达（美国）

3）20 世纪 70—90 年代的雷达发展

20 世纪 70 年代，随着数字化技术和超高速集成电路技术的快速发展，雷达信号处理能力取得重大突破，雷达信号处理机更为精巧、灵活，体积缩小到原来的 1/10。20 世纪 80 年代，无源相控阵雷达（如图 1-31 所示的"宙斯盾"雷达）研制成功，毫米波雷达开始研制、试验，同时雷达进行模块化、多功能化和软件工程化设计，使雷达可靠性大幅提升。

图 1-31　"宙斯盾"雷达（美国）

20 世纪 90 年代，随着有源相控阵体制雷达技术成熟、毫米波雷达研制成功，以及机载雷达与多传感器的数据融合（如图 1-32 所示的 AN/APG-77 雷达）等，雷达逐渐具有多功能、综合化、高可靠、抗干扰、远距离、多目标和高精度等先进特性。

4）21 世纪的雷达发展

进入 21 世纪，相控阵雷达、合成孔径雷达、脉冲多普勒雷达这三种主流体制的雷达不断演变和完善，并逐渐向网络化、智能化发展。同时，高频超视距雷达、逆合成孔径雷达、干涉仪合成孔径雷达、双 / 多基地雷达、毫米波雷达等新技术新体制日趋成熟，成为未来雷达技术的发展趋势。如图 1-33 ～图 1-35 所示，以美国 3DELRR 软件化雷达、法国 GM 400 雷达、俄罗斯 S400 防空系统 91N6E 目指雷达为例，可以看出新时期的雷达已针对整机外观进行了造型设计，呈现出形态整合度高、特征辨识度高等特点。

图 1-32　AN/APG-77 雷达（美国）　　　　　图 1-33　3DELRR 雷达（美国）

图 1-34　Thales 集团 GM400 雷达（法国）　　图 1-35　S400 雷达（俄罗斯）

2. 我国雷达发展情况

我国雷达技术和产品的发展历程可分为修配、仿制、自行设计、发展提高和全面发展 5 个阶段。

1）修配阶段（1949—1953 年）

该阶段以修配美国、日本旧雷达为主要标志。1949 年，我国第一个雷达研究所（南京电子技术研究所）的成立标志着中国雷达工业的起步。20 世纪 50 年代初，面对朝鲜战争和东南沿海防空警戒对于雷达装备的需要，国家大力支持雷达研究所工作，利用缴获的雷达器材，以及美国、日本在第二次世界大战中留下的旧雷达进行维修和补缺配件，装备部队使用，如图 1-36 所示。该时期修复的雷达主要为警戒雷达、炮瞄雷达、单目标跟踪雷达，以及舰艇上搜索海面活动的目标雷达，后期也对少量苏式雷达进行过修理，如图 1-37 所示。

图 1-36　SCR-602 雷达（美国）　　　　图 1-37　π-3 雷达（苏联）

2）以仿制为主的发展阶段（1954 年至 20 世纪 60 年代初）

该阶段以建立雷达生产基地和仿制苏式雷达产品为主要标志。20 世纪 50 年代初，在苏联的援助下，我国新建雷达生产厂，开始仿制苏式雷达产品，涉及警戒雷达、炮瞄雷达、舰用雷达、机载雷达、制导雷达等。与此同时，我国同步开展地面防空雷达的自行设计，1954 年研制成功的中程警戒 314 甲雷达是我国第一批装备部队的国产雷达，如图 1-38 所示。1956 年，我国设计成功第一部微波对海远程警戒雷达，如图 1-39 所示。雷达的成功仿制扩展了我国装备部队雷达产品的门类系列，形成了雷达为陆军、海军、空军部队服务的雏形。通过多部雷达的引进仿制，我国掌握了雷达试制生产的全过程。

3）以自行设计为主的发展阶段（20 世纪 60 年代初期至 70 年代中期）

该阶段以雷达自主研制、新技术大量采用和科研队伍成长壮大为主要标志。20 世纪 60 年代，根据中央军委的要求，该阶段围绕着"两弹一星"等战略武器和陆军、海军、空军常规武器装备的现代化配套，开展了多型雷达的自主研究、试制和生产。在军用领域，单脉冲精密测量雷达（图 1-40）、大型预警相控阵雷达（图 1-41）、机载火控雷达、导弹制导雷达（图 1-42）等多型雷达的研制成功推动了我国雷达技术的快速发展。其中，单脉冲精密测量雷达圆满完成我国第一颗人造卫星"东方红"发射的测控任务。在民用领域，自行设计的气象雷达、空中交通管制雷达等也陆续投入使用。该阶段我国开启自行研制雷达的新时代，从材料、结构、加工工艺等方面全面掌握雷达设计能力。

图 1-38 314 甲雷达

图 1-39 微波对海远程警戒雷达　　　　图 1-40 单脉冲精密测量雷达

图 1-41 大型预警相控阵雷达　　　　　图 1-42 红旗 2 号制导雷达

4）发展提高阶段（20 世纪 70 年代中期至 90 年代）

该阶段以雷达新技术不断被突破、品种增多为主要标志。改革开放以来，我国雷达技术不断发展，实现了雷达设计集成化、数字化、自动化、固态化。机载雷达方面，研制成功了具有全方位、全高度、全天候的脉冲多普勒机载火控雷达（图 1-43）及机载多功能轰炸雷达。船载雷达方面，研制成功了船载精密测量雷达（图 1-44）。还研制成功了如炮位侦察校射雷达、敌我识别雷达、天气雷达、近程远程交通管制雷达、着陆雷达、成像雷达等一批新型雷达。

图 1-43　脉冲多普勒机载火控雷达

图 1-44　精密测量雷达

5）全面发展阶段（20 世纪 90 年代以后）

该阶段研制的雷达在技术上实现了全面发展，雷达本身融合了单脉冲跟踪体制技术、脉冲压缩体制技术、多普勒体制技术、相控阵体制技术和成像体制技术等于一体，雷达具备了作用距离远、抗干扰性能好、分辨率高、高可靠的性能。21 世纪以来，我国通过陆、海、空、天多领域的雷达装备，建立了国土防空雷达情报网、航天测量控制网、对海雷达情报网及气象雷达探测网等，保障了导弹、卫星、飞机、舰艇等尖端装备。在国庆 60 周年阅兵式中，我国预警雷达方队首次亮相接受检阅，如图 1-45 所示。之后我国预警雷达方队陆续参加了纪念抗战胜利 70 周年阅兵式（图 1-46）、建军 90 周年阅兵式（图 1-47）和国庆 70 周年阅兵式（图 1-48、图 1-49），次次都有新型雷达装备登场。此外，我国研制的各类雷达产品也频频在珠海航展、世界雷达博览会中亮相，展示了我国的科技实力和大国风采（图 1-50～图 1-52）。

图 1-45 国庆 60 周年阅兵式雷达

图 1-46 纪念抗战胜利 70 周年阅兵式雷达

图 1-47 建军 90 周年阅兵式雷达

图 1-48　国庆 70 周年阅兵式雷达

图 1-49　某预警机雷达

图 1-50　"灵动系列"某雷达（1）

图 1-51　"警戒塔"雷达

图 1-52　"灵动系列"某雷达（2）

1.4.3 雷达结构的基本形态

1. 地面雷达

1）固定式地面雷达

固定式地面雷达多采用相控阵体制，整体结构庞大、组装密度高，通常为多层建筑，整体风格方正，棱角分明。天线阵面通过其过渡骨架与天线楼的支撑点连接。该类型的典型雷达为美国"铺路爪"远程预警雷达（图1-53），该雷达采用双面阵天线，所有设备安装在一座32m高的多层建筑物内，两个圆形天线阵面彼此成60°，每个阵面后倾20°，直径约30m，由2000个阵元组成。

图1-53 "铺路爪"AN/FPS-115雷达（美国）

2）机动式地面雷达

机动式地面雷达一般安装在专用车辆上，天线阵面与车辆一体化设计，具有机动性强、集成度高的特点。该类型的典型雷达如瑞典Giraffe系列雷达（图1-54），该系列雷达遵循单元模块化、形象完整化的设计思想，具有明显的产品家族化特征。"Giraffe"系列先后发展有多种型号，包括Giraffe 40、Giraffe 50AT、Giraffe 75、Giraffe 100、Giraffe AMB（图1-55）、Giraffe CD、Giraffe S等型号。

图1-54 SAAB公司Giraffe系列雷达（瑞典）

图 1-55 SAAB 公司 Giraffe AMB 雷达（瑞典）

2. 舰载雷达

舰载雷达呈塔式结构，整体布局紧凑、精巧，具有协调性和均衡感，其天线通常安装在舰船的桅杆区或专设的平台上，天线阵面呈现规整的方形或圆形结构，如图 1-56 所示。该类型的典型雷达为装载于法国 FDI 护卫舰的"海火"多功能雷达（图 1-57），此雷达阵面由 12 个子阵列模组构成，每子阵列模组有 64 个单元（8×8 排列），每单元有 4 个 T/R 组件。

图 1-56 I-MAST 综合射频系统（荷兰）

图 1-57 Thales 集团"海火"雷达（法国）

3. 机载雷达

机载雷达主要分为火控雷达和预警雷达，机载火控雷达体积小巧，通常布置于机头位置，预警雷达外观一般为"蘑菇"形（图1-58）和"平衡木"形（图1-59）。为满足载机上有限的容纳空间，机载雷达设备通常尺寸较小，与机头处共形设计，与圆润柔和的飞机形象相呼应，具有科技感和精致感。该类型的典型雷达为装载于F-22战斗机的AN/APG-77雷达，如图1-60所示。该雷达的天线为椭圆形，采用不同类型的电子扫描相控阵，有2000组独立的发射和接收模块，位于每个阵元后面。天线由数千个手指大小的辐射阵元组成，每个阵元都有一个单独的发射机和接收机。发射/接收模块、循环器、辐射器等组装成子阵，然后集成为一个完整的阵列。

图1-58 A-100预警机（俄罗斯）　　　图1-59 "爱立眼"雷达（瑞典）

图1-60 AN/APG-77雷达（美国）

4. 星载雷达

星载雷达体积小、质量轻，结构与卫星共形设计，多为矩形结构，表面贴有隔热的聚酰亚胺薄膜，具有较强的光泽感。该类型的典型雷达如欧洲航天局研制的ENVISAT雷达卫星（图1-61），该卫星重8211kg，是欧洲迄今建造的最大的环境卫星。卫星上所载最大设备是先进的合成孔径雷达（ASAR），可生成海洋、海岸、极地冰冠和陆地的高质量图像，为科学家提供更高分辨率的图像来研究海洋的变化。

图 1-61　ENVISAT 雷达卫星（欧洲）

1.4.4　雷达装备工业设计的特点

工业产品总是以一定的形象呈现在使用者面前，雷达也不例外。我国雷达装备因其复杂的功能要求、特殊的使命任务，其产品形象不仅蕴涵了其在整个生命周期中呈现出的视觉特征、功能品质，还承载了作为"大国重器"所传递的装备文化、民族自信的精神价值。雷达装备工业设计水平不仅能体现雷达以及整个行业的形象，更能体现我国科学技术的综合实力。作为典型的复杂电子装备，雷达研制成本高，技术难度大，服役时间长，这对其工业设计提出了更高的要求，雷达装备工业设计的技术特点也更为复杂。

1. 技术主导性：雷达形态受技术指标、装载平台的强约束性明显

雷达形态受技术指标、装载平台的强约束性影响明显。雷达通过电磁信号进行目标探测感知，是以电讯功能为主导的复杂电子装备。雷达的形态应遵循技术指标、功能需求对整体构型的要求。雷达形态的变化与技术原理的进步息息相关，如早期抛物面型的机械式扫描雷达和现阶段平板型的相控阵机电扫雷达差异很大。工作频段和威力大小决定了雷达的整体规模，如在相同频段下，威力需求越大，则雷达规模越大；不同频段下，频段越高，则雷达阵面单元的排布越紧凑。

雷达装载平台覆盖了陆、海、空、天各类领域，不同装载平台的雷达整体形态与规模也会有巨大的差异。如车载平台要求雷达具备优良的机动性与战场适应能力，这就限制了雷达运输单元的形式与规模，对雷达的模块装配和架设撤收提出了较高的要求。机载平台受限于载机外形与装备重量，因此需要雷达设备随形设计与轻量化、小型化设计。舰载平台工作环境恶劣，对雷达提出了严苛的环境控制、耐腐蚀以及抗冲击要求。对于星载平台，每增加一克质量都带来更多的发射燃料需求，同时在轨工作需要克服维修困难的问题，要求星载雷达具备极致的轻量化和高度的可靠性设计。大型固定式雷达，其空间和重量限制较小，形式较为多样，可依托建筑进行一体设计。

2. 系统复杂性：雷达装备工业设计多因素混合特征显著

雷达装备工业设计中的多因素混合特征显著。在传统工业设计领域，往往遵循密斯的"少即是多"原则，但是雷达作为复杂的电子装备，其功能、性能的要求以及关联的软硬件的耦合很复杂。同时，为了确保维修性、环境适应性、长期服役可靠性以及在各种故障模式下的应急操作等，复杂性必然是雷达工业设计的一部分，是不可避免的。从雷达产品本身来看，其系统组成复杂，零部件众多，需要考虑传力、散热、屏蔽、密封、互联等多维度因素。而对于雷达用户来说，一方面雷达的采购者和使用者可能是分开的，另一方面雷达的功能还直接与系统效能的贡献率息息相关，具有产品组成复杂、客户需求复杂、产品功能复杂的特点。因此，雷达工业设计不仅要表现外在形式的美，还需要通过实现雷达产品内在的和谐与有序，呈现出结构自身的技术美。

3. 稳定延续性：雷达装备工业设计更注重风格的长期稳定性

雷达装备工业设计对其风格的长期稳定性要求更高。相较于消费类电子产品，雷达作为"大国重器"，使用和服役时间长，要求装备具备极高的稳定性和可靠性，造型风格在短时间内不会出现明显代际变换。对于雷达装备工业设计来说，一方面要求雷达的风格设计要能够经得起时间的沉淀和设计趋势变化的考验；另一方面还需要提升雷达装备模块化、标准化和系列化的水平，在接口关系、外形包络等方面使用统一标准，按照功能需求进行模块化设计，保持装备研制的延续性。同时从绿色设计角度来说，雷达装备的稳定延续性也能最大程度地减少维护成本。

4. 人机协同性：雷达使用效能与"人—机—环境"设计关联紧密

雷达使用效能与"人—机—环境"设计关联紧密。雷达装备是复杂的人机系统，具有人机协同关系复杂、系统交互操作繁多、工作环境相对恶劣等特点。在信息化发展趋势下，雷达接收和处理的信息量大幅增加，给使用人员带来繁重的工作负荷，因此，雷达设备的布局、结构尺寸、交互界面与人员的效率和舒适密切相关。方舱作为雷达使用人员日常活动的作业空间，其内部环境设计（如色彩、光照、吸声、隔热等）也是雷达用户体验的重要体现。此外，雷达架设流程的合理性、整机及设备维护保障的便捷性与雷达使用效能密切相关，因此，雷达人机工程设计已经成为雷达工业设计中非常重要的内容。

5. 环境多样性：雷达服役环境多样性对 CMF 提出更高要求

雷达服役环境多样性对 CMF 提出了更高要求。雷达因其特殊的任务和使命，产品分布在各个经度、纬度、海拔地区，从地球、临近空间到太空，面临各种极端的低温、高温、高湿、高盐、低气压、沙尘、辐射等严酷环境。普通消费类电子产品的材料选择、涂覆标准和加工工艺已远远不能满足雷达装备的设计、制造和使用要求。此外，雷达装备种类多，形态各异，组成复杂，涉及的色彩、材料和工艺要素更是多种多样，雷达的涂装往往也有其特有的伪装要求，因此雷达工业设计在细节的构型设计以及 CMF 上需要充分考虑使用场景和环境要求。

1.4.5 雷达装备工业设计研究的内容与思路

针对雷达装备工业设计技术主导性、系统复杂性、稳定延续性、人机协同性和环境多样性的特点，雷达装备工业设计应在满足技术性能指标的基础上，综合考虑复杂的设计因素和多样的环境条件，以用户的良好体验为核心，提供美观、高效、经济的产品系统解决方案。

雷达装备工业设计的过程可以看成是人机交互、产品形象为主的设计要素在各个产品研制阶段之间的流动过程，如图 1-62 所示。一方面，雷达装备工业设计从用户需求出发，通过用户研究和策略研究输出用户体验和产品形象需求报告，以此开展人机工程设计和产品形象设计，最终结合物理实体样机和数字化样机进行对比设计验证和结构工艺迭代优化，助力产品的顺利定型交付。另一方面，雷达装备工业设计在生命周期、技术指标、成本控制、装载平台等设计条件的约束下，依托产品形象策略、人机设计规范、数字化档案馆等基础积累，形成行业趋势分析、人机交互分析、典型设计案例、材料色彩形态样本等知识成果，最终应用于产品研制各个环节中。

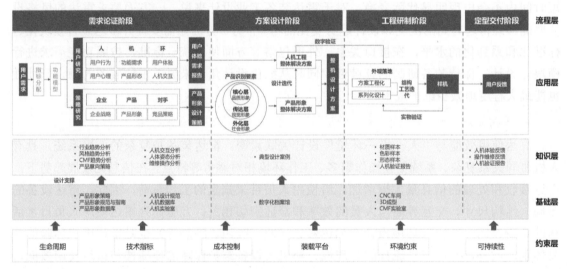

图 1-62　雷达装备工业设计研究思路框架图

从系统架构的角度，提出工业设计与雷达产品研制的全流程融合，约束层、基础层、知识层紧密结合支持应用层，实现雷达产品研制的各阶段优化。通过掌握运用工业设计关键技术，为雷达装备工业的高质量发展赋能，实现结构工艺与工业设计的有机结合，建立系统化、全面化、精炼化的雷达装备工业设计体系，为雷达装备向整体感、科技感、品质感发展提供理论参考。

第2章

雷达装备工业设计基础理论

本章导读

本章重点介绍在雷达研制全流程中应用较多、与雷达装备工业设计关联度较大的工业设计基础理论，主要包括造型原理、色彩原理、人机工程学、设计心理学、产品语义学、产品族设计 DNA、设计评价和工业设计工具等，并以雷达装备设计为例展示其在雷达产品设计过程中的应用，为雷达装备工业设计实践和发展奠定基础。

本章知识要点

- 造型原理
- 色彩原理
- 人机工程学
- 设计心理学
- 产品语义学
- 产品族设计 DNA
- 设计评价
- 工业设计工具

2.1 造型原理

产品造型及风格是产品创新设计成功的关键要素之一,它是设计师与用户之间交流的桥梁,承担着信息交流与传递的重要职能。造型原理是阐述物体造型规律的美学基础理论,即将形态和构成的造型要素,通过组织和变化规律连接成物体形象。通过对造型形式美法则的研究和学习,能够培养设计师对造型形式美的敏感度,指导设计师更好地去创造美的事物,更自觉地运用形式美的法则表现美的内容,以达到美的形式与美的内容的高度统一。

2.1.1 比例与尺度

1. 比例

比例表示局部与局部之间、局部与整体之间的数值关系,当对比的数值关系达到美的统一和协调时,被称为比例美。比例是构成各种节奏和韵律的基础,广泛应用于建筑、艺术和产品设计中。合理地确定比例,能够形成协调的体系,同时良好的比例是体现形式美最基本也是最主要的手段。

在工程和艺术中常用的比例形式有黄金分割、黄金矩形、黄金三角形等,它们已逐渐成为设计师创造和谐的思维方法及工具手段,了解比例构成规律和随之产生的审美意义对产品造型设计有重要的作用。

黄金分割又称为黄金律,如图 2-1 所示,是指事物各部分间一定的数学比例关系,即将整体一分为二,较大部分与较小部分之比等于整体与较大部分之比,其比值为 1:0.618 或 1.618:1,即长段为全段的 0.618 被公认为最具有审美意义的比例数字,具有严密的比例性、艺术性、和谐性,蕴藏着丰富的美学价值,因此也被称为黄金比例。

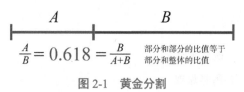

$$\frac{A}{B} = 0.618 = \frac{B}{A+B} \quad \text{部分和部分的比值等于} \atop \text{部分和整体的比值}$$

图 2-1　黄金分割

如果一个矩形两边的边长比符合黄金比例,就称为"黄金矩形"。黄金矩形可以在分割出一个正方形后,使其余下部分仍是一个黄金矩形,这个黄金矩形可以再分割出另一个正方形及更小的黄金矩形,这样的过程可以无穷尽地分割下去。黄金矩形是唯一可以在分割出正方形后,让余下部分和原先矩形具有相似特性的矩形,如图 2-2 所示。如果画一条串联所有黄金矩形顶点的曲线,那么可以形成一条对数螺线。所有大自然(如海螺、动物的耳蜗等)需要规律并且充分利用空间的地方,都有对数螺线的踪迹,自然界的这些数学奇迹并不是偶然的巧合,而是在亿万年的长期进化过程中选择的适应自身生长的最佳方案。

如图 2-3 所示,作一个正五边形 *ABCDE*,把 *A*、*C*、*D* 三点相连,会得到一个底角为 72°、顶角为 36° 的等腰三角形,其腰和底的比为黄金比例,因此被称为黄金分割三角形,被认为是符合大多数人审美认知的黄金三角形。

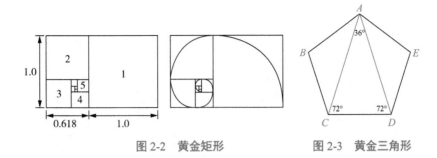

图 2-2 黄金矩形   图 2-3 黄金三角形

2. 尺度

尺度是以人的身体及某些特定关系衡量物体大小的一种要素。尺度不但与比例密切相关，而且与造型产品的功效密切相关。尺度反映人与物之间的关系，它不是借助测量工具进行度量以获得尺度的感觉，而是通过对比形成人对物体的尺度印象。

人类往往通过与习惯物体（特别是人体本身）的尺寸比较而建立对某一物体的大小感知，即尺度概念，并据此进行尺寸的选择。以人体来建立尺度体系，使尺寸与人的关系明了，尺度感明确，易于产生亲切感并富有人情味。尺度与功能不可分，设计时必须充分考虑人的生理、心理特点，而不是单纯以比例美来确定尺度，否则会影响操作的准确性、及时性和舒适性。

3. 比例与尺度的应用

协调的比例是为了满足人的审美心理，即在满足功能要求的前提下追求美观，而合理的尺度则是协调人与设计对象之间的关系，即为了实用。

雷达各部分的比例和尺度的选取与其技术指标和结构性能密切相关，同时与人的心理习惯有某种联系。追求协调、合理的比例与尺度应该在技术允许的范围内进行。此外，部分雷达装备由于操作空间的需要，其造型比例与尺度应适应用户的操作习惯和需求，确保人机尺度的统一。

比例与尺度在雷达整机造型设计中，主要体现在以下几点。

（1）获取和谐美观的雷达整机及设备外观形态。

（2）获取满足人的生理和心理特点的空间布局及比例尺度。

（3）合理布局整机及设备造型的视觉中心。

图 2-4 为某地面雷达天线系统，其主要结构由天线阵面、转台支臂、塔基三部分组成。其中天线阵面的尺寸比例较大，易在视觉上造成上大下小、头重脚轻的感觉。在实际设计中，为提高整体协调性，在满足原结构功能等设计约束的基础上，通过"比例与尺度"法则的运用，改变塔基形态并在底部采用过渡阶梯的方式增加整个塔基的体量感，平衡了天线的视觉重心，将人的视线引向转台支臂，获得了协调的外观形态和均衡的视觉中心，从而给人带来良好的视觉感受。

在具体设计中，天线阵面和转台支臂造型已经由结构功能及约束尺寸基本确定，因此将设计重点放在塔基造型和整体比例调整上。在图 2-5（a）中，由天线的整体高度做黄金矩形 ABCD，以此确定整机造型的视觉重心。在图 2-5（b）中，作天线阵面的垂直中轴线并取其黄金分割点 A，以 A 为顶点做黄金三角形 ABC，由此确定塔基主体部分圆台的特征轮廓线。

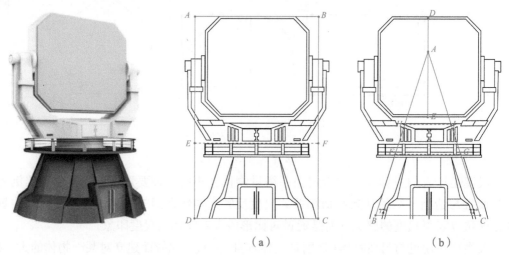

图 2-4 某地面雷达天线系统造型设计　　图 2-5 黄金分割在雷达天线系统设计中的应用

2.1.2　变化与统一

1. 变化

变化是指形式的不同、差异和多样化，其强调各要素内部的差异性，并以此引起视觉的注意。变化可以产生灵动活跃的视觉感，能够消除呆板、枯燥之感。变化包含形态变化、色彩变化、材料变化、肌理变化等。变化可以打破整体平淡的视觉效果，可使整体更具灵动性，从而创造出新的视觉中心点，更加吸引人们的注意力。

2. 统一

统一是指同一个要素在同一个物体中多次出现，或者不同的要素在同一个物体中趋向或安置在某个要素之中。它的作用可以使形体产生秩序感和稳定感，使整体趋于一致，富有条理性，从而营造宁静、安定的美感。统一能够带给人整齐、稳定、协调、安静、舒适的感觉，是产品造型与各项造型艺术中常用的法则。

3. 变化与统一的应用

变化与统一是造型设计中的一对矛盾体，变化是寻求差异，而统一是寻找其内在联系。成功的产品造型与形态设计总是将构成其内外造型的元素组织得简洁而有序，使各元素既富有变化，又融于统一。对产品造型与形态来讲，变化是寻求产品中各种元素之间的差异性，包括点、线、面、体、色彩、空间、质感、肌理及方向等元素的变化。而统一是寻找它们中间的稳定因素，以此营造和谐的美感与秩序感。产品设计形态要富有变化，但过于多变，则易杂乱无章、涣散无序，并缺乏和谐；而仅仅有统一没有变化，则会使产品形态单调、死板、乏味，缺少丰富性，更会失去长久的生命力。因此，在产品造型与形态设计中，变化与统一要相结合，互相约束与限制，才会创造出丰富多彩而又和谐的美感。

变化与统一在雷达造型中的应用主要体现在雷达产品系列设计中。图 2-6 为瑞典 SAAB 公司研制的 Giraffe 系列雷达，该系列雷达阵面尺寸、设备规模、载车形式的差异性较大，但通过将不同形态的天线阵面折叠收于载车顶部的镂空框架，将变化的结构单元统一在相近的空间要素内，同时通过支撑腿、天线及转台等系列形态设计和相同的造型处理方式，使整个系列设计在变化中因统一而产生秩序感和稳定感，避免因产品结构及形态差异性过大而导致的杂乱无序状态，形成了系列化统一的视觉特点。

图2-6　SAAB 公司 Giraffe 系列雷达（瑞典）

2.1.3　对称与均衡

1. 对称

对称是指轴线两侧图形的比例、尺寸、色彩、结构完全镜像映射，以同量同形的组合方式形成稳定而平衡的状态。对称是人类最早发现的美学规律，也是形式美学中常用的法则，对称可使无序的元素呈现出一种平稳的秩序性，如人体和各种动物的正面形象、汽车的正视图、各种建筑及生活用品造型大都遵循对称法则，它以一种静态的平衡营造出良好的视觉效果，并创造出稳重、高雅、沉静、规整的静穆之美。

2. 均衡

均衡是一种由力学平衡概念抽象出的形式构图规律，即形体的左右或上下形态并不完全相同，但两者的质和量能给人带来均衡的心理感受。与对称不同，均衡更强调的是心理感受，是一种变化中的平衡，反映的是形态总量的变化规律，即位置、体积、质量、密度等各要素间的相对平衡关系。均衡是不对称形态的一种平衡，是静中之动，能够营造轻巧、生动、富有变化和情趣的动态美。

3. 对称与均衡的应用

产品造型与形态设计大多采用对称法则，一方面是产品功能需求，另一方面是对称的产品造型与形态能给人一种稳定的心理感受。均衡主要是指产品由各种造型要素构成的量感，通过支点表示出来的秩序与平衡。这里的量感是人的视觉对形状、色彩、肌理等要素产生的物理量，如面积、质量等的综合感觉。一般而言，大的形状与小的形状对比，可产生大的量感，而同样的形状，明度低的形状则比明度高的形状显示出更大的量感。

对雷达整机设计而言，雷达天线、基座、载车等主体设备在结构形态上大多以轴线呈对称形式。图2-7为某机动式雷达，该雷达天线车外形高度精简，天线单元整齐阵列在天线阵面上，整车结构紧凑且呈整体对称形态，从而使整机形态呈现出一种平稳的秩序性，给人以稳定而平衡的视觉感受，展现了雷达产品静穆稳重的秩序之美。在如图 2-8 所示的雷达机柜设计中，机柜主体利用柜体左右的大切角形式呈现基本对称形态，在此基础上将右侧隐形把手、门锁与深色竖向装饰进行一体化设计，为平衡右侧量感，在机柜顶部增加深色梯形显示面板，并在柜门左上角点缀以醒目的铭牌，使机柜在左右两侧不完全对称形态中形成了视觉上的均衡感，营造出一种生动、富有变化的视觉美。

图 2-7 "对称"在雷达整机设计中的应用

图 2-8 "均衡"在雷达机柜设计中的应用

2.1.4 对比与协调

1. 对比

对比是指相异、相悖的元素间的对抗，对比强调二者之间的差异性，突出各自的特点。在造型设计中，可以形成对比的因素有很多，如曲直、黑白、动静、隐现、薄厚、高低、大小、方圆、粗细、亮暗、虚实、刚柔、浓淡、轻重、远近、冷暖、横竖、正斜等，运用对比可使产品充满活力和动感，或使某一部分得到强调，从而使设计个性更加鲜明。

2. 协调

协调是将产品造型与形态中各种对比因素的差异性进行缩小，并做整合处理，使产品造型与形态中各种对比因素互相接近或形成中间的逐步过渡，从而能给人以柔和的美感。协调注重形态的共性与融合，强调相互的内在联系，追求统一的效果，借助相互之间的共性以求得和谐之美。

3. 对比与协调的应用

对比与协调的美学规律是指在矛盾中寻求统一，在统一中体现对立的美。自然界本身就是一个既有对比又充满协调的美好世界，有对比才能在统一中寻求变化，对比是变化的手段，协调是统一的前提。有对比而没有协调，形态就会显得杂乱无序，只有协调而没有对比，形态就会显得平淡无奇。对比与协调运用时，要建立整体观念，明确要素间的主次关系，如大统一、小变化即在协调中求对比，大变化、小统一即在对比中求协调。

在产品造型与形态设计中，对比与协调往往更注重形态间的形状、大小、颜色、材质、结构、肌理、凹凸、虚实、照明和环境等。巧妙运用对比与协调可以使产品形成鲜明的对照，使造型主次分明，重点突出，形象生动。

在雷达设计中，雷达的功能及结构对外观有着强制约作用，这就导致产品本身结构与设计元素的差异性较大。需要通过造型设计来缩小这种差异，在矛盾中寻求统一，从而避免产生杂乱无序的拼凑感。

图 2-9 为美国萨德反导系统 AN/TPY-2 雷达，该雷达采用半挂车形式，半挂车的中部主体是雷达天线阵面，为带抛物面天线罩的长方体结构，半挂车前部"鹅头"采用锥形形态，与半挂车后部悬挂以锥形为主的异形形态前后呼应，再辅助以天线两侧的调平支腿，形成较为和谐的统一整体。

图 2-9 萨德反导系统 AN/TPY-2 雷达（美国）

图 2-10 为美国"铺路爪"AN/FPS-115 雷达，该雷达采用双面阵天线，设备安装在多层建筑物内。在外观形态上，两个圆形天线阵面与多层建筑物外观有着明显的形态差异，通过天线阵面区域的八边形设计和双面阵间的大切角设计，调和了整体造型中的对比因素，使雷达整体外观在矛盾中寻求到统一，在统一中体现出对立及和谐之美。

图 2-10 "铺路爪"AN/FPS-115 雷达（美国）

2.1.5 节奏与韵律

1. 节奏

节奏是客观事物运动的属性之一，是一种带有自身规律的、周期性变化的运动形式。节奏反映自然、社会和人的活动中的某种规律，人类就生活在一个由各种各样的节奏所构成的和谐统一的世界之中。当外界自然的运动规律与人的生理、心理功能之间构成一种和谐的对应关系，表现为人对环境节奏的适应和愉悦体验时，就形成节奏的美感。

2. 韵律

韵律是指在节奏的基础上更深层次的内容和形式抑扬顿挫的、有规律的变化与统一。韵律是以节奏为骨干的，同时也是节奏内涵的深化，它是一种周期性的律动、有组织的变化或有规律的重复。如果说节奏具有一种机械的秩序美，那么韵律具有丰富的变化美。

3. 节奏与韵律的应用

在产品造型设计中，节奏的美感主要是通过点或线条的流动、色彩深浅间断、形体的高低、光影的明暗等因素做有规律的反复、重叠，引起欣赏者的生理感受，进而引起心理感情的活动。设计中的节奏与音乐中的节奏相通，如装饰在青铜器上的纹样，有主次、有大小、有粗细的线条变化被反复排列装饰在不同的位置上，从而在视觉上给人带来有规律的节奏感。

在现代工业生产中，由于标准化、系列化、通用化的要求，产品内的基本单元或某一特征的重复、循环和连续等规律性排布，成为节奏和韵律的依据。在雷达设计中，节奏与韵律美应充分应用其自身所蕴含的美感因素，同时要符合雷达功能的目的性，而不能仅仅简单地去依靠节奏感的装饰图案去表现产品特征。在雷达产品设计中把握节奏与韵律，不仅可以加强设计中的艺术性与美观性，也有助于提升产品的艺术价值，引导用户积极的情感，从而带来更好的使用体验。

节奏与韵律在雷达造型中的应用与雷达结构本身密切相关，图2-11为某相控阵雷达天线车设计，其天线阵面规模宏大，阵面背部骨架运用"箭头"形式的支撑结构，在满足质量和刚强度要求的同时，营造出均衡而有韵律的宏伟形象，打破了传统设计方正、呆板的外观，体现了新时代奋发向上的精神面貌。

 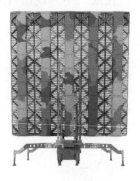 

（a）雷达工作状态　　　　　（b）天线阵面正视图　　　　　（c）天线局部放大图

图2-11　某相控阵雷达天线车设计

如图 2-12（a）所示，便携式雷达探测系统为实现 360°全方位电扫覆盖，天线阵面采用圆形阵列结构，天线单元和列馈规律性的排布简洁有序，呈现出一种韵律感和工业美感。如图 2-12（b）、（c）所示，天线阵面上的单元以竖向或点状形态进行阵列，赋予产品规则的节奏感，让人们感受到节奏与韵律之美带来的愉悦体验。

（a）天线阵面圆形阵列　　　　　　（b）天线阵面列馈　　　　　　（c）天线阵面点状阵列

图 2-12　"节奏与韵律"在雷达天线阵面设计中的应用

2.1.6 安定与轻巧

1. 安定

安定是指形体的稳定性，是造型物之间的一种轻重关系，包括客观稳定性和视觉心理的稳定感，被称为实际安定和视觉安定。实际安定是产品重心符合稳定条件下所达到的安定，是保证产品使用过程中的稳定性、可靠性、安全性的基本特征。视觉安定是从视觉上满足稳定感，由产品外观的量感重心所决定，是观察某一形体时，由视觉引起的心理反应，它带有一定的主观性，与客观的物理重心位置不一定重合。

2. 轻巧

轻巧是指造型物上下之间的大小轻重关系，是在满足实际稳定的前提下，用艺术创造的方法，使造型物给人以轻盈、灵巧的美感。轻巧是在稳定基础上赋予形式活泼运动的形式感，与稳定形成对比，如果说安定具有庄严、稳重、豪壮的美感，那么轻巧具有灵活、运动、开放的美感。

3. 安定与轻巧的应用

产品造型中的安定与轻巧，主要是指通过细节处理，利用人们心理反应的主观性，追求产品视觉上的安定感或轻巧感。从产品的功能要求来看，产品必须保证安全性，安定、稳重就成了一个前提，但过分强调安定就会显得笨重，如何使产品不因过分安定而笨拙、也不因过分轻巧而不安全，就需要恰当把握两者之间的尺度。一般而言，形体高挑、薄而质轻的产品主要强调安定感，形体厚实、质重的产品主要强调轻巧感。在具体设计中，可以通过材料、支撑面积、体块分割、色彩分割的变化来追求安定或轻巧的视觉感受。

在雷达产品设计中，安定与轻巧是设备造型美对立统一的两个方面，二者缺一不可。只有安定缺少轻巧会显得笨重和呆板，缺少安定而过于轻巧则显得轻浮，给用户带来不好的使用体验。

图 2-13 为某显控终端，该终端以"轻量化"为设计重点，运用轻质高强度材料和复合材料，大幅缩小体积，为塑造轻薄灵动的外观整体效果奠定了结构基础。在具体设计中，通过深灰色与海灰色的分色设计，以及圆角结合切角的造型形式，在视觉上给人以轻盈、灵巧的美感，在缩小柜体底部面积的同时进行体块分割，增加底部层次感，给人以轻巧又安定的视觉感觉。

图 2-13　显控终端设计

2.2　色彩原理

色彩对于人类来说是必不可少的视觉现象。在人类历史发展的过程中，色彩始终反映着真实的客观现象，帮助人们发现、观察、创造，甚至改变这个世界。色彩不仅带给人类绚丽缤纷的视觉体验，还是人类赖以生存的手段和创造生活的工具。色彩是光的一种形式，是电磁波谱的组成部分。色彩本身是没有灵魂的，它只是一种物理现象，但经过设计师的巧妙设计，使人能感受到色彩的情感，一旦这些色彩与已有的视觉经验发生呼应时，就会引起某种心理效应，从而产生不同的情感。色彩设计现在已经成为一项重要的产品设计与营销战略，无论是面对市场的竞争，还是面对用户的审美需求，色彩表现都是产品设计中相当重要的环节。

在雷达产品设计中，合适的色彩设计可以在满足雷达产品技术层面形态需求的同时，也为雷达产品建立起良好的视觉秩序与人机操作关系。具体而言，雷达产品中色彩更多地运用在方舱内饰与舱内设备的设计中，它不只影响方舱内饰的风格与外观，更对用户的操控安全和舒适起到至关重要的作用。

2.2.1　色彩的基本知识

1. 色与光的关系

色彩是以色光为主体的客观存在，对于人则是一种视象感觉，产生这种感觉基于 3 种因素：一是光；二是物体对光的反射；三是人的视觉器官——眼。不同波长的可见光投射到物体上，有的波长的光被吸收，有的波长的光被反射出来刺激人的眼睛，然后经过视神经传递到大脑，形成物体的色彩信息，从而使人产生色彩感觉。光反射到眼睛里时，波长不同决定了光的色相不同，能量决定了光的强度，波长相同能量不同，则决定了色彩明暗的不同。

2. 三原色与补色

三原色由 3 种基本原色构成。原色是指不能通过其他颜色的混合调配而得出的基本色。三原色通常分为两类，如图 2-14 所示，一类是色光三原色，另一类是颜料三原色。色光三原色是指红色、绿色、蓝色，它是人的眼睛依据所看见的光的波长来识别的，如果 3 种光以相同的比例混合，且达到一定的强度，就呈现白光。而颜料三原色分别为黄色、品红色、青色，是在打印、印刷、油漆、绘画等场合中，物体靠介质表面的反射被动发光，在光源中所呈现出的被颜料吸收后剩余部分的颜色。

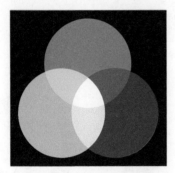 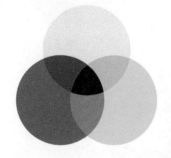

（a）色光三原色　　　　　　　　（b）颜料三原色

图 2-14　色光三原色与颜料三原色

在色光三原色中，红、绿、蓝 3 个圆形相交的地方产生了新的颜色，这些由原色融合而新产生的颜色，就称为补色，也被称为二次色、间色。如图 2-15 所示，从 RGB12 色相环中可以看出，红色、绿色、蓝色三原色的补色（二次色）分别是青色、品红色和黄色，将原色和补色相融合，会继续产生新的三次色，也称为复色。

3. 色彩的三属性

色彩的三属性是指色彩具有的色相、明度和纯度。三属性是界定色彩感官识别的基础，灵活应用三属性变化是色彩设计的基础。在设计中，色彩的色相、明度、纯度变化是综合存在的，色彩三属性的变化可以带来不同的色彩表现力。在 HSB 色彩模式中，H（Hue）为色相，S（Saturation）为纯度（又称饱和度或彩度），B（Brightness）为明度。

色相即每种色彩所具有的不同相貌，是色彩的首要特征，是区分不同色彩的基本标准，是人眼辨识度最高的色彩属性。除黑、白、灰以外的颜色都有色相的属性，根据人的视觉所能感受到的不同光的波长可对应不同的色相。在色彩理论中常用色环表示色相系列，以红色、绿色、蓝色为基础，通过与间色、复色的配置组合成色相环。图 2-16 所示分别为十二色相环、二十四色相环、四十八色相环、九十六色相环，按光谱顺序排列，呈现出微妙而柔和的色相过渡。

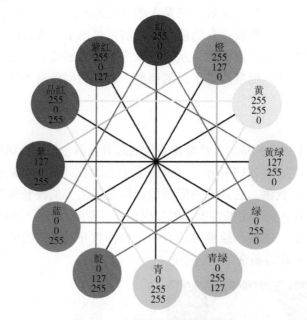

图 2-15　色相环中的原色与补色

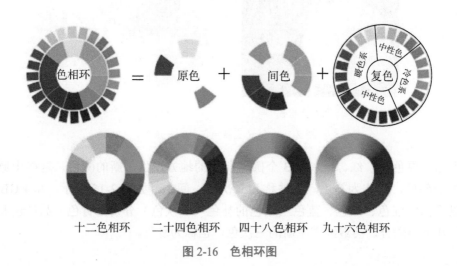

十二色相环　　二十四色相环　　四十八色相环　　九十六色相环

图 2-16　色相环图

纯度是描述色彩鲜艳程度的色彩属性，当某个颜色加入其他的颜色，它的纯度就会降低。也就是说，色彩的纯度越高，色彩越纯净；反之，色彩越浑浊，如图 2-17 所示。同一色相，纯度发生变化，色彩表现也会发生变化。高纯度色彩具有较强的视觉吸引力，但也容易引起过度的视觉刺激，不宜大面积使用，低纯度色彩则能够起到调和画面的作用。在色彩种类中，三原色的纯度最高，加入黑、白、灰色的成分越多，色彩的纯度就越低。色彩纯度的变化，丰富了景观世界中的色彩表达。

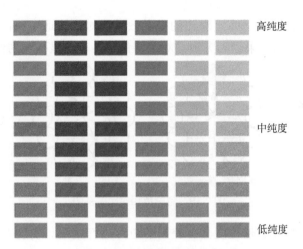

图 2-17 色相的纯度对比图

明度反映某一色彩的明暗程度，它由光波的振幅决定。将彩色去掉，仅以黑、白、灰色的概念来理解，色彩中白色的成分越多，明度越高；黑色的成分越多，明度越低。将无彩色轴按照明度的高低进行三等分，可分为低明度、中明度和高明度，如图 2-18 所示。低明度的色彩给人的感觉重，高明度的色彩给人的感觉轻。不同的色相，明度也不同，在色彩的应用设计中，色彩的明度变换能够突出立体感，扩大或缩小空间感。

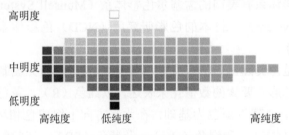

图 2-18 色彩明度和纯度变化图

4. 色彩的对比

色彩的对比是指对各种色彩之间的色相、明度、纯度、冷暖、虚实、面积等进行对比。不同的色彩关系运用，对人的心理作用是不同的。

色相的对比是指因色相之间的差别而形成的色彩对比关系，色相对比的规律主要是通过色相环来体现的。如图 2-19 所示，同类色对比，是在色相环上角度相差 45° 之内的颜色对比，多用于属性接近、面积较大的面域元素，可以产生比较和谐的效果；临近色对比，是在色相环上角度相差 90° 之内的颜色对比，多用于具有递进关系的面域元素，对比关系柔和含蓄；互补色对比，是在色相环上角度相差 180° 的两种颜色对比，两种色彩形成衬托，强调两者的对比性，可产生刺激、强烈、动感的视觉效果；对比色对比，是在色相环上角度相差 135° 的两种颜色对比，可产生欢快、明亮、华丽的对比效果。

纯度的对比也称为彩度对比，是指两种鲜艳程度不相同的色彩对比，色彩纯度的差异性具有互相烘托的作用，能够增加色彩的视觉冲击力和吸引力。在色彩的纯度对比中，低纯度对比，纯度差较小，色彩间的纯度接近，对比的视觉效果不明显；中纯度对比，色彩间的纯度相差不大，纯度差适中，对比的视觉效果相对比较适中；高纯度对比，色彩间的纯度差较大，对比的视觉效果较为突出，对某一色相具有凸显强调的作用。

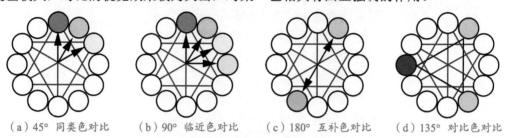

（a）45° 同类色对比　　（b）90° 临近色对比　　（c）180° 互补色对比　　（d）135° 对比色对比

图 2-19　色彩色相对比关系图

明度的对比是指两种明暗程度具有差别的色彩进行搭配。明度对比主要分为两种，分别为同一色相不同明度的对比和不同色相不同明度的对比。在同一色相不同明度对比时，其中某一颜色加白或加黑都会增强对比效果，加白明度变亮，加黑明度变暗，但颜色的纯度会降低；不同色相不同明度的对比，黄色明度最高，黑色明度最低，其中黄色明度 > 橙色明度 > 红色明度 > 紫色明度 > 黑色明度。

2.2.2　色彩的表示方法

目前世界主要色彩体系有美国的孟塞尔色彩体系（Munsell System）、德国的奥斯华德色彩体系（Ostwald System）、日本的色彩研究所（NCD）色彩体系，其中孟塞尔色彩体系为国际通用色彩体系。

孟塞尔色彩体系是由美国色彩学家孟塞尔在 1905 年最早研究编制的，如图 2-20 所示。孟塞尔色彩体系通过色彩三要素的数值化来表达，以红色（R）、黄色（Y）、绿色（G）、蓝色（B）、紫色（P）心理五原色为基础，在水平方向上组成色相环，在此基础上，加入橙色（YR）、黄绿色（GY）、蓝绿色（BG）、蓝紫色（PB）、红紫色（RP）5 个中间色相，构成顺时针方向排列的 10 个色相。再将每个色相分为 10 等份，每个色相中间的第 5 号为正色，组成总数为 100 的色相环。

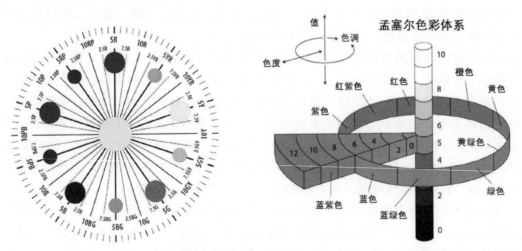

图 2-20　孟塞尔色彩体系图

孟塞尔色立体的垂直中心轴由下至上按明度级别总共分为 11 个等级,以黑色、灰色、白色表示。最高级为纯白色 10,最低级为纯黑色 0,中间灰度级数为 1~9。纯度垂直于中心轴线,各色相的纯度从中轴至最外端纯度值由 0 依次增至纯度最高的各色相的纯色。

2.2.3 色彩的心理作用

色彩会通过人的视觉接触,对人的心理和生理产生很多复杂的影响,而人的心理、生理状态也会影响人对色彩的感受和认知。色彩的联觉效应就是色彩对视觉系统产生刺激作用而触发大脑产生感觉的现象,即由视觉到感知到记忆再到思想、意志最后到象征,此过程中的反应与变化是复杂且有规律可循的。因此,色彩在一定程度上对人的心理活动及人的情绪和行为都具有调节作用,这种由色彩感觉所引起的情感和意象的联想主要包括色彩的冷暖感、距离感、轻重感和情绪感等。

1. 色彩的冷暖感

色彩本身没有冷暖的性质,但由于人从自然现象和经验中得到的联想,通过人的视觉条件反射,从而产生能够调节环境氛围,让人产生冷暖的感觉。一般来说,波长较长的红色、橙色、黄色常常使人联想到东方的太阳和燃烧的火焰,因此有温暖的感觉,被称为暖色系。暖色让人产生激动、奋发和温馨感,能够使人的精神更加饱满,增加积极性,是积极的外向型。波长短的蓝色、青色、蓝紫色常常使人联想到大海、晴空、阴影,因此有寒冷的感觉,称为冷色系。冷色能产生松弛、优柔、冷静感,是消极的内向型,能够使人情绪安定、平心静气。还有中性色调,如黑、白、灰等,让人感觉不冷不暖,可以在冷暖色调之间进行过渡、调和。

在如图 2-21 所示的雷达控制大厅暖色系设计中,通过局部背景墙运用榉木、桦木或松木等浅淡色泽的木材,以体现轻快、明亮、通透的感觉,搭配以暖色系的光源和现代化显示设备,让狭小的空间显得明亮,营造出一种家居般的亲切氛围,有助于减少人们的心理屏障,舒缓紧张的工作带来的焦虑感。

图 2-21 雷达控制大厅暖色系设计

在如图 2-22 所示的雷达控制大厅冷色系设计中,整体色系采用冷色系列,显示屏背景墙选用明度和纯度有一定差异的蓝色系组合营造变化感,同时通过这种波长较短的蓝青色等冷色系运用,给人带来安静、理性的氛围和心理感受,使人能够集中精力工作和学习。

图 2-22　雷达控制大厅冷色系设计

2. 色彩的距离感

色彩的距离感与色彩的冷暖和三属性密切相关。通常来讲，暖色调使人感到物体膨胀并拉近与物体之间的距离，因此暖色调被称为前进色，给人以前凸感和空间紧凑感；冷色调会使人有距离增加感和后退感，因此冷色调被称为后退色，同时给人以体积收缩或空间宽敞之感。明度也会改变物体的远近感觉，人们看到明度低的色彩感到远，明度高的色彩感到近，纯度低的色彩感到远，纯度高的色彩感到近。综合而言，色彩给人的远近感可归纳为以下几点：暖的近，冷的远；明的近，暗的远；纯的近，灰的远；鲜明的近，模糊的远；对比强烈的近，对比微弱的远。

在如图 2-23 所示的显控大厅空间设计中，可以看出显控大厅的空间宽敞、层高较高，在此前提下，显控终端体、背景墙和背景灯光采用暖色调，可使人感到物体膨胀并拉近与物体之间的距离，避免过于空旷的空间感受，打造出宽敞而不空旷的视觉空间，同时利用暖色木制材质，配合灯光运用，加强了整个显控大厅的温暖感和舒适感，塑造了人性化的工作环境。

图 2-23　显控大厅空间设计色彩运用

在如图 2-24 所示的雷达操控空间设计中，整体采用明度较高且纯度较低的冷色调，在视觉上增大空间宽敞感，同时舱内设备的色彩选择统一色系，避免了舱内设备较多而带来的杂乱和压抑感，营造出良好的工作环境。

图 2-24　雷达操控空间设计色彩运用

3. 色彩的轻重感

不同的色彩能够让人感觉具有不同的重量。例如，将同等面积的红色和蓝色放到一起，会使人感觉红色的面积要大于蓝色，这是因为色彩具有轻重之分，这与色彩的基本属性有关。暖色调的颜色给人膨胀感，冷色调的颜色给人收缩感，暖色调与冷色调相比，暖色调的颜色轻，冷色调的颜色重；高明度的色彩给人膨胀感，低明度的色彩给人收缩感，高明度与低明度相比，高明度的色彩轻，低明度的色彩重。

在如图 2-25 所示的某雷达天线系统及塔基设计中，因天线阵面及转台支臂体积较大，宜采用高明度的冰灰色，使其具有一定的膨胀感，给人以密度小、质量轻的直观感受，以此降低整个天线系统上半部分的体量感，同时天线塔基采用中性的低纯度暗色，使人感觉坚硬稳固而富有支撑力，从而增加了整个天线系统的视觉稳定性。

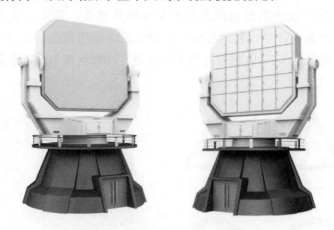

图 2-25　某雷达天线系统及塔基设计

4. 色彩的情绪感

色彩的情绪感来源于人对于色彩的视觉印象，这种视觉印象能够让人产生情感共鸣。色彩不仅能够引起人的想象和回忆，还能够调节和改善人的情绪与性格，不同的色彩会使人产生不同的情感反应。例如，红色可以让人喜悦、兴奋，蓝色可以让人内心宁静、忧郁，绿色可以让人感到安心、轻松。一般来说，根据色彩反馈的视觉感受，简洁有序的色彩搭配对人的心情具有积极的作用，而杂乱无章的色彩搭配则容易让人心烦意乱，产生负面影响。

红色、橙色、黄色等暖色调色彩一般具有积极和振奋人心的作用，强烈的红色系会使人体的机能兴奋、血压增高、脉搏加快，但也能引起人的不安和神经紧张感，因此合理地运用色彩设计，可以改善人体的生理机能和生理过程，让人精力集中，聚焦于特定的区域，从而提高工作效率。在图 2-26 所示的航管雷达设计中，其色彩设计正是利用这一特点，雷达天线和二次天线使用白色，而雷达背架和转台则大面积地使用浓烈的橘红色，白色和橘红色的搭配简练且醒目，尤其是在天线转动时，提高了对人眼的刺激性，起到了视觉聚焦和警戒作用，使飞机在远距离飞行中就能轻松准确地确定其方位，从而确保塔台和雷达的安全。

图 2-26　航管雷达设计色彩运用

即使色彩的波谱辐射功率相同，视觉器官对不同颜色亮度的主观感受仍有较大差异，因此设计中常以黄色、橙色、红色作为警告色。实验证明，若对黄色或红色配以黑色底色，会产生近旁对比效应，能提高红色或黄色的主观感觉亮度，易于辨认并引起注意。如图 2-27 所示，在雷达产品设计中，警示标牌按照国标要求使用黄色、红色与黑色的组合，方舱内部配备的灭火器和土木工具，通过红色和橙色进行功能区域划分，增强警示作用的同时，提高使用效率。

图 2-27　雷达产品警示标牌及应急设备色彩运用

2.3 人机工程学

2.3.1 人机工程学概述

1. 人机工程学的概念与定义

人机工程学是一门新兴的综合性边缘学科，它是人类生物科学与工程技术相结合的学科。目前，国际上尚无统一的术语，北美多采用"人因工程学"（Human Factors Engineering）或"人体工程学"（Human Engineering），欧洲采用"人类工效学"（Ergonomics），日本则命名为"人机工学"，我国采用"人类工效学"，而工程技术学科领域则多采用"人机工程学"。命名不同，其研究方向也有不同的侧重点，但在大多数实际应用中，可将上述术语视为同义词。

目前，对人机工程学的定义有着不同的提法，但其含义基本类似。国际人类工效学学会（IEA）的定义：研究人在某种工作环境中的解剖学、生理学和心理学等方面的各种因素，研究人和机器及环境的相互作用，研究在工作中、生活中怎样统一考虑工作效率、人的健康、安全和舒适等问题的学科。

因此，可以认为人机工程学是按照人的特性来设计和优化人、机、环境系统的科学，其主要目的是使人能安全、健康、舒适和有效地工作。其中，系统的安全可靠，尤其是人的安全与健康，应优先考虑。

2. 人机工程学研究的对象

人—机—环境系统指由相互作用、相互依赖的人、机、环境3个要素组成的复杂集合体，简称人机系统，如图2-28所示。该系统涉及人—机关系、人—环境关系、人—人关系，以及机—机关系、机—环境关系、环境—环境关系等。在上述涉及人—机—环境系统的诸多关系中，机—机关系、机—环境关系、环境—环境关系一般属于技术设计范畴；而人—机关系、人—环境关系、人—人关系则属于人机工程设计需考虑的问题。

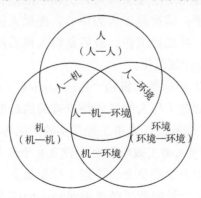

图 2-28　人—机—环境系统图

人机工程学要求运用系统科学理论和系统工程方法，正确处理人机系统中人、机、环境3个要素之间的关系，深入研究系统最优化组合。系统中的"人"是指作为工作主体的人，即系统中的作业者（如操作人员、产品使用者、维护人员、决策人员等）；"机"是指人所操纵的对象（如机器设备、生产系统等）的总称；"环境"则是指人、机共处的外部条件（如作业空间、物理和生化环境、社会环境）或特定的工作条件（如温度、噪声、振动、有害气体、气压、超重与失重等）。

雷达作为复杂的电子装备，涉及的设备众多、操作繁复、环境复杂，组合形成的人—机—环境系统也相对复杂多样，如雷达的架设与撤收、舱室设计、显控终端设计、设备维护维修等，在不同的环境下会形成不同的人—机—环境系统，以上情况均需考虑多种人机状况。

3. 人机工程学的研究内容及研究方法

人机工程学的研究范畴不仅覆盖人、机、环境3个独立的子系统，还需要对它们之间的协调性进行综合研究。据此，可将其研究范畴概括为下列几个方面：人的因素、机的因素、环境因素、人机界面，如表2-1所示。

表2-1　人机工程学研究范畴

人的因素	机的因素	环境因素	人机界面
人体尺寸、人体生物力学、人体感知、工作负荷、作业疲劳、人因可靠性和人的心理	各类机械、工器具、建筑物特性	工作环境的照明、作业空间等	人—硬件界面 人—软件界面

在人机工程学研究中应用到的主要研究方法有观察法、实测法、实验法、调查研究法、分析法、计算机数值仿真法等。人体感知、工作负荷、作业疲劳等因素的变化都会影响人因可靠性和人的心理，机械器具的使用方式也会影响人的生理和心理。在对上述因素的研究过程中，需要结合不同研究方法定性定量展开研究。

4. 人机工程标准化

人机工程标准化是指将人机工程学中带有规律性的概念和限度、参数及科研成果进行标准化处理，为人机系统设计与实际应用提供必要的参数和方法的过程。它是将人机工程学应用于工程设计、产品设计和生产实际的一个重要环节。

人机工程标准化的目的首先是通过引入人机工程学准则和方法，优化人机系统设计，进一步提高系统的可靠性水平；其次是以人为中心，提供人体生理、心理参数系列，保证人机系统中人的安全和健康，并高效工作；最后是将人机系统中参数、符号和有关零部件标准化，以利于工程和产品设计规范化。

1975年成立的国际人机工程标准化机构"Ergonomics"（人机工效学）标准化技术委员会（ISO/TC 159），分别制定了与人的基础特点有关的标准、对人有影响的环境标准、与人操作过程和系统功能有关的标准、人机工程学实验方法等。

我国于1988年成立了中国人类工效学学会，设立8个专业委员会，分别是人机工程委员会、认知工效委员会、生物力学委员会、管理工效委员会、安全与环境委员会、工效学标准委员会、交通工效学委员会及职业工效学委员会。中国人类工效学学会提出人类工效学设计管理体系，制定了一系列团体、学会等标准。

军工人机工程标准由国家军用标准（GJB）和国防科学技术工业委员会归口管理。1984年国防科工委成立了军用人—机—环境系统工程标准化技术委员会。常用的国家军用标准有《军事装备和设施的人机工程设计准则》（GJB 2873—1997）、《军事装备和设施的人机工程设计手册》（GJB/Z 131—2002）等。

2.3.2　人体测量与应用

人体测量学是人体工程学的一门重要基础学科，它通过测量人体各部分尺寸来确定个体和种群在人体尺寸上的共性与特性，用以研究人的形态特征，从而为各种工业和工程设计提供人体尺寸的数据。

1. 人体尺寸测量基本知识

人体尺寸是人机系统设计的最基本资料。人体尺寸测量分为静态人体尺寸测量、动态人体尺寸测量和人机关系尺寸测量。其中静态人体姿势 23 种，动态人体姿态多种，人机关系尺寸测量则是在人实施某特定的作业或活动（如操纵作业、维修作业、行动等）状态下进行的人体尺寸测量。国家标准《用于技术设计的人体测量基础项目》（GB/T 5703—2010）中定义了人体测量术语及测量要求。常用的人体参数标准有《中国成年人人体尺寸》（GB/T 10000—2023）、《工作空间人体尺寸》（GB/T 13547—1992）、《成年人人体惯性参数》（GB/T 17245—2004）。人体尺寸百分位数，是对各种身材的人的频数分布状态用百分数表示。正常成年人人体各部分之间存在着一定的比例关系，人体测量所需样本量很大，调查测量过程复杂、周期长，在无法直接获得具体的测量数据的情况下，可通过间接计算得到一些近似值，供产品设计所用。但其中存在一定的误差，因此将这些近似值用于设计时，必须考虑是否满足设计要求。

2. 人体尺寸数据及应用

1）常用人体尺寸数据

人体尺寸数据可用于指导工程设计、产品设计及劳动安全保护设计，也可作为评估上述各项设计的依据，以便协调人机关系。《中国成年人人体尺寸》（GB/T 10000—2023）标准提供了我国成年人人体尺寸的基础数值。《工作空间人体尺寸》（GB/T 13547—1992）标准给出了与工作空间有关的中国成年人基本静态姿势人体尺寸的数值，适用于各种与人体尺寸有关的操作、维修、安全防护等工作空间的设计及其工效学评价，包括站姿、坐姿的空间尺寸部位；跪姿、俯卧姿、爬姿的空间尺寸部位。但在人体尺寸参数选用中也存在若干问题，如测量值与实际使用值间的差异、性别原因造成的差异、不同年龄段造成的差异，不同年代造成的差异、地区之间存在的差异，以及社会条件不同导致的差异等。

如图 2-29 和表 2-2、表 2-3 所示，展示了站姿与坐姿人体主要数据。

2）人体尺寸数据应用

人体尺寸数据为工业设计提供了主要设计依据，但需要配合科学设计方法才能保证使用人员的适用性、安全性及舒适性。

（1）确定预期使用群体，不同使用人群的人体基本尺寸不同，作业范围也不同。

（2）在设计中确定与设计对象及其所在空间相关的人体尺寸，尤其是功能尺寸的考虑和选用。

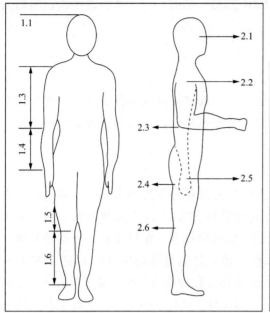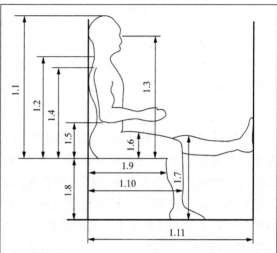

（a）人体站姿　　　　　　　　　　　（b）人体坐姿

图 2-29　人体站姿与坐姿主要尺寸

表 2-2　人体站姿主要测量数据百分位数

项目	百分位数（18～70 岁 男性）							百分位数（18～70 岁 女性）						
	P1	P5	P10	P50	P90	P95	P99	P1	P5	P10	P50	P90	P95	P99
1.1 身高 /mm	1528	1578	1604	1687	1773	1800	1860	1440	1479	1500	1572	1650	1673	1725
1.2 体重 /kg	47	52	55	68	83	88	100	41	45	47	57	70	75	84
1.3 上臂长 /mm	277	289	296	318	339	347	358	256	267	271	292	311	318	332
1.4 前臂长 /mm	199	209	216	235	256	263	274	188	195	202	219	238	245	256
1.5 大腿长 /mm	403	424	434	469	506	517	537	375	395	406	441	476	487	508
1.6 小腿长 /mm	320	336	345	374	405	415	434	297	311	318	345	375	384	401
2.1 眼高 /mm	1416	1464	1486	1566	1651	1677	1730	1328	1366	1384	1455	1531	1554	1601
2.2 肩高 /mm	1237	1279	1300	1373	1451	1474	1525	1161	1195	1212	1276	1345	1366	1411
2.3 肘高 /mm	921	957	974	1037	1102	1121	1161	867	895	910	963	1019	1035	1070
2.4 手功能高 /mm	649	681	696	750	806	823	854	617	644	658	705	753	767	797
2.5 会阴高 /mm	628	655	671	729	790	807	849	618	641	653	699	749	765	798
2.6 胫骨点高 /mm	389	405	415	445	477	488	509	358	373	381	409	440	449	468

表 2-3　人体坐姿主要测量尺寸百分位数

项目	百分位数 (18 ~ 70 岁 男性)							百分位数 (18 ~ 70 岁 女性)						
	P1	P5	P10	P50	P90	P95	P99	P1	P5	P10	P50	P90	P95	P99
1.1 坐高 /mm	827	856	870	921	968	979	1007	780	805	820	863	906	921	943
1.2 坐姿颈椎点高 /mm	599	622	635	675	715	726	747	563	581	592	628	664	675	697
1.3 坐姿眼高 /mm	711	740	755	798	845	856	881	665	690	704	745	787	798	823
1.4 坐姿肩高 /mm	534	560	571	611	653	664	686	500	521	531	570	607	617	636
1.5 坐姿肘高 /mm	199	220	231	267	303	314	336	188	209	220	253	289	296	314
1.6 坐姿大腿厚 /mm	112	123	130	148	170	177	188	108	119	123	137	155	163	173
1.7 坐姿膝高 /mm	443	462	472	504	537	547	567	418	433	440	469	501	511	531
1.8 坐姿腘高 /mm	361	378	386	413	442	450	469	341	351	356	380	408	418	439
1.9 坐姿臀 - 腘距 /mm	407	427	438	472	507	518	538	396	416	426	459	492	503	524
1.10 坐姿臀 - 膝距 /mm	509	526	535	567	601	613	635	489	506	514	544	577	588	607
1.11 坐姿下肢长 /mm	830	873	892	956	1025	1045	1086	792	833	849	904	960	977	1015

　　另外，由于人体尺寸测量值均为裸体测量所得，在产品或工程设计时，人体尺寸百分位数只是一项基准值，需要做某些修正才能成为有使用价值的功能尺寸。修正量有功能修正量和心理修正量两种。其计算公式如下：

$$最小功能尺寸 = 人体尺寸百分位数 + 功能修正量$$

$$最佳功能尺寸 = 人体尺寸百分位数 + 功能修正量 + 心理修正量$$

其中，功能修正量包括穿着修正量、姿势修正量和操作修正量；心理修正量是指达到心理舒适的余量。

　　（3）在兼顾安全和经济的基础上，合理选择人体尺寸百分位，尽可能满足大多数人的使用需求，增加舒适性。根据不同设计需要，常用的百分位数为第 1、5、50 和 95 百分位。在根据不同百分位尺寸设计的基础上，将不同使用者群体满意度纳入工程和产品设计也是非常重要的。根据不同的适用人群，主要分为以下 3 种结构：专用结构（根据各人实际身材进行设计，一般为单件式生产产品，成本高昂且通用性极低）、局部通用结构（针对某类人群身材分段，以各段人通用为原则进行设计）、通用结构（以统计学的人体测量尺寸为依据，根据设施及产品功能要求，进行通用性结构设计，如门窗桌椅、机器设备、工具等）。

　　在雷达产品设计中，操作人员使用时的工作效率将直接影响系统的效能和结果。人体尺寸数据的应用主要集中于雷达设备的人机设计以及雷达方舱作业空间的人机设计。以雷达分配作业空间为例，作业空间的设计阶段要从人体基本尺寸参数、设备人机关系、人员动静态姿势等方面进行考虑，从而实现操作人员作业的安全高效。假设在确定以坐姿人体为研究对象之后，就要进一步确定作业平面内的"可视""可达"区域。坐姿中最典型的平面作业范围就是人坐在工作台面前在水平台面上运动手臂所形成的运动轨迹范围，手臂自如地弯曲（一般弯曲成手长的 3/5）所画的圆弧范围称为舒适平面作业范围，舒适平面作业范围随工作台的高度不同而有所变化。

在坐姿人体主要尺寸基础上，还需要根据这些不同点位的坐姿人体尺寸对雷达方舱的整体空间、座席、显控终端以及其他设备进行布局和设计。其他活动人体尺寸可参考图2-30。

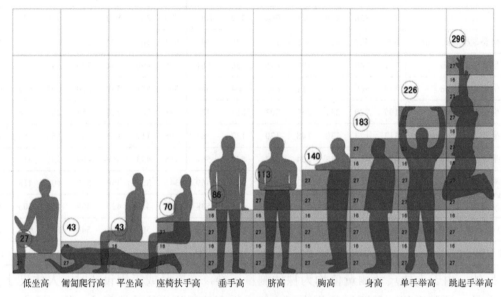

图 2-30　柯布西耶人体模数图（单位：cm）

2.3.3　人体感知

人体的感知包括感觉和知觉。人体感知系统是人—机—环境系统信息传递的重要环节。人体由九大系统组成，主要包括运动系统、消化系统、呼吸系统、泌尿系统、生殖系统、循环系统、内分泌系统、感觉系统和神经系统。人与外界直接发生联系的主要是感觉系统、神经系统和运动系统。

感觉是最简单和基本的认知过程，如视觉、听觉、触觉等，它是通过人的感觉器官对客观事物的个别属性的反应，如光亮、声音、硬度等。知觉是在感觉的基础上对客观事物的各种属性及其相互关系的整体反应，如控制器的形状、大小，显示器的类别等。感觉的基本特性包括适宜刺激、感觉阈限、适应、相互作用、对比、余觉。知觉的基本特性包括整体性、选择性、理解性、恒常性、错觉。感觉和知觉统称感知觉。

1. 视觉机能及其特征

视觉是由眼睛、视神经和视觉中枢共同活动完成的。它的适宜刺激是光。视觉相关特征有视角、视力、视野、视距、色觉、色视野等。常见的集中视觉现象有眩光、对比度感觉、视错觉等。

2. 听觉机能及其特征

听觉是仅次于视觉的重要感觉，其适宜的刺激是声音。人耳能听到的声音频率为20～20000Hz。不同年龄对频率的敏感度存在差异。

3. 其他机能及其特征

其他感觉机能包括肤觉、本体感觉、运动觉、内脏觉等。

人体感知关系到人与设备的安全、人的健康舒适和操作工效质量等，同时环境中各种条件对人体造成的生理与心理负担，都是设计者必须考虑的重要因素。在雷达舱室等狭小空间中，可以运用一些错视现象来优化空间环境的视觉效果，如在舱室内部分割中常常运用竖线分割同时减少水平分割以增加舱室内部空间感，如图 2-31 所示。

图 2-31　舱室内的线条运用

通过对用户日常接触的用品材质进行研究，如显控终端台面使用亲肤材质（如橡胶等），可以从人体触觉感知方面减轻用户的疲劳程度，提高工作效率。

2.3.4　人与环境

1. 人的行为与环境

环境的刺激会引起人的生理和心理效应，而这种人体效应会以外在行为表现出来，这种行为表现为环境行为。常见的室内空间心理现象有心理空间、领域性和个人空间、私密性与近端倾向、幽闭恐惧症、恐高症等。

常见的人的行为习性有走捷径、从众与趋光性、识途性、聚集效应等。通过将人类行为习性、特点进行总结归纳并得出行为规律，可以形成人的行为模式。对人的行为模式进行研究可以为人机工程设计及其评价提供理论指导。

2. 常见的环境类型

1）温度和湿度

环境对人体健康和精神状态以及作业和休息效率有很大影响，因此需要创造合理的室内微气候环境。对人体而言，生理舒适的温度和湿度与主观感受舒适的温度和湿度存在差异。表 2-4 是人体工程学建议的室内气候要求，旨在从热舒适的角度提供。

表 2-4　室内气候要求建议

项目	要求或标准
气温	18 ～ 27℃
相对湿度	30% ～ 70%
空气流速	不超过 30m/min
换气率	封闭场所的换气率应至少为每小时彻底换气 6 次

2）光照

室内光环境主要是指室内采光、照明和色彩环境。室内光环境的合理与否直接影响人的情绪、安全、作业效率、作业疲劳和视觉机能。

照明环境主要考虑对人的视觉影响，如照明强度和光源设置需要考虑人的视觉器官的感受，如明暗适应、眩光、视觉的向光性、人的视线运动习惯等。

（1）照明要求。照明要求主要分为作业照明要求和环境照明要求。作业照明需能够清楚识别作业对象必要细节且视野内无眩光；环境照明应满足室内功能、视觉舒适和消除眩光的需要。

（2）照度要求。不同区域作业和活动照度值规定如表 2-5 所示。一般采用每一照度范围的中间值。

表 2-5　不同区域作业和活动照度值规定（GB/T 13379—2008 年）

照度 /lx	区域、作业和活动类型
3～10	室外交通区域
10～20	室外工作区域
15～30	室内交通区域（观察、巡视）
30～75	粗作业
100～200	一般作业
200～500	一定视觉要求的作业
300～750	中等视觉要求的作业
500～1000	相当费力的视觉要求的作业
750～1500	很困难的视觉要求的作业
1000～2000	特殊视觉要求的作业
>2000	非常精密的视觉作业

3）噪声环境

环境噪声是当今社会四大环境污染之一。尤其是 1000Hz 以下的低频噪声，因其波长较长、传播距离远、难以衰减，对环境和社会造成极大影响，一定程度上也制约了设备性能。噪声会加重听力损失，妨碍语言沟通，遮挡听觉信号，分散用户的注意力。噪声控制主要从 3 个方面进行考虑：噪声源、传播途径和接收体。在传播途径上进行噪声控制是目前最常见的噪声控制技术，具体分为吸声技术和隔声技术。工厂或移动方舱等环境主要考虑吸声处理，措施包括采用吸声材料和吸声机构。

4）振动环境

当环境内存在振动源时，会产生振动环境。作业环境的振动一般分为全身振动和局部振动。不同振动对人体和设备的影响不同。

5）电磁环境

电磁环境由空间、时间和频谱 3 个要素组成，可理解成环境普遍存在的电磁感应和干扰现象。电磁辐射对人体的影响要根据其强度和频率做具体分析。从低频到高频包括无线电波、微波、红外线、可见光、紫外线、X 射线和 γ 射线等。X 射线和 γ 射线会直接或间接伤害人体细胞，而其他辐射则主要是通过热效应影响人体的。

在雷达方舱设计中，技术要求上需要明确方舱的一些性能指标，如隔热、隔振降噪、屏蔽等，这既是为了保护方舱设备不受损坏，也是为了保护方舱内的使用、维修人员的人身安全健康。例如，根据 GJB 6109 的要求，方舱应具有良好的保温隔热性能，在工作时应能承受内外 55℃ 的温差，在此条件下，方舱的总传热系数不大于 $1.5W/(m^2 \cdot ℃)$。空调进出风口以及风道采用降噪处理，方舱舱壁具有阻隔 20dB 的隔音效果。方舱对频率为 0.1MHz～18GHz 的电磁干扰抑制能力不低于 50dB。

2.4　设计心理学

　　设计心理学是以普通心理学为基础，以满足用户需求和使用心理为目标，研究现代设计活动中设计师和用户心理活动的发生、发展规律的科学，属于应用心理学的一个新分支。将设计心理学理论应用到雷达产品的创新设计上，不仅可以使产品形象更加具有人性化和内涵，还可以方便用户安全、放心、舒适地操作使用。在雷达装备设计中，设计师需要理解、运用设计心理学的知识和原则，深入了解用户的情感与情绪，根据不同需求制定设计策略，将用户的感受、需求和态度映射到装备中，给予用户正向的心理体验，提高用户的工作效率。

2.4.1　设计心理学概述

　　设计心理学是心理学精细化、细分化的发展阶段，设计心理学从心理学的基本概念和理论出发，借鉴心理学的研究方法，深入分析用户的感官体验，进而上升为思维认识、情感设计，它的主要作用在于研究设计领域中人的行为和意识之间的有关设计问题，发掘需求，创造价值。20 世纪 50 年代，美国认知心理学者唐纳德·A. 诺曼出版了《设计心理学》一书，标志着该学科的诞生，此书主要侧重于研究日用品设计如何符合使用者的需求，从色彩心理学、人体工程学等学科聚焦产品的可用性和易用性，其理念获得世界范围内设计者的认可。

　　设计心理学是一门交叉性极强的系统化工具学科，成功的心理学设计意味着在产品开发、产品营销、产品设计和使用过程中，充分考虑了使用者决策、影响使用者使用的因素。

2.4.2　设计心理学研究的内容与方法

　　设计心理学把设计师和用户作为研究对象，前者主要研究设计师在设计实践过程中的思维过程，后者则主要观察用户使用产品过程的心理活动。由于对两者的心理学研究从出发点到结果有较大的差异，本节以用户心理学研究作为典型进行介绍。

　　为准确获取用户心理需求，需要应用科学的用户调研方法，提高工作的准确性与实效性。常用的用户调研方法包括观察法、访谈法、问卷法、实验法及用户画像法等。

1. 观察法

　　观察法是在自然条件下，实验者通过自己的感官或录音、录像等辅助手段，有目的、有计划地观察被试者的表情、动作、语言、行为等，以此来研究人的心理活动规律的方法。

一个创新设计的产生，常常来自一些用户真实生活中没有被满足的需求。这就需要设计师深入用户的生活，观察用户的日常行为，从中洞察到用户的需要。图 2-32 为观察用户操纵雷达显控终端的过程，此过程中记录用户的表情、语言及动作，找到用户操作上的行为障碍、认知上的错误理解、决策上受到的影响和感性的反馈。

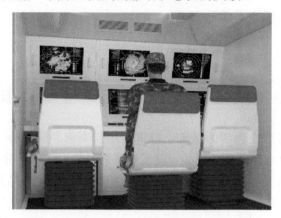

图 2-32　观察用户操纵雷达显控终端的过程

2. 访谈法

访谈法是指通过访谈者和受访者面对面的交谈来了解受访者的心理与行为的心理学基本研究方法。访谈法以口头形式，根据受访者的答复搜集客观的、不带偏见的事实材料，以准确地说明样本所代表总体的一种方式。访谈法需要研究者作为访谈者和受访者交谈，通过语言互动，了解受访者的经历、想法、观点、态度及价值观。如果说观察法获取被研究者直接表露出来的显性信息，那么访谈法更多的是帮助研究者获得被研究者的内在想法，即隐性的信息。

表 2-6 所示是某雷达显控终端人机工程设计相关的访谈记录表。

表 2-6　雷达显控终端访谈记录表

显控终端访谈记录表					
被访谈人员			人员属性		
访谈人员			时间		
访谈地点					
访谈内容					
维度		对象	问题	用户描述	重要度
工作状态	视野/视野	显示器	日常使用过程中会有眩光问题吗？		
		辅助输入/输出设备	辅助输入/输出设备排布是否便于使用？有无容易混淆的现象？		
	颈部、舒适度	显示屏	是否存在因显示屏过高/过低出现颈部不适的现象？		
	肘部、肩部、腰部舒适度	台面	台面高度是否满足您的使用要求？有没有觉得台面过高或者过低的现象？		
			台面深度是否导致肩部或肘部疲劳？		

续表

维度		对象	问题	用户描述	重要度
工作状态	手部可达性	辅助输入/输出设备	常用的输入/输出设备是否使用优先级排序？常用的输入/输出设备是否在台面便于使用的位置？		
	腿部、脚部舒适度	柜门	台体深度是否足够？腿部、脚部空间是否合适？		
		踏板	踏板是否让日常工作变得更舒适？		
清洁状态	是否容易清洁、收纳	台面	台面接缝是否容易清理？清洁要求是什么？		
		辅助输入/输出设备	鼠标线、键盘线等收纳是否影响整洁性？		
	清洁是否需要有附加工作	台体内部机箱	台体内部机箱清洁频次如何？台体内部机箱清洁是否有困难？		
调试时	调试工作难度	机箱接口	是否需要经常更换接口？内部机箱是否需要经常取出更换接口？		
			在调试的时候笔记本有无放置空间？		
	是否有调试附加工作		台面翻转使用频次如何？		
与其他设备搭配	造型风格	顶部吊柜、同排机柜	显控终端顶部、同一排需要放置哪些设备？		
			同排机柜、顶部设备尺寸是多少？形态如何？		
		接缝	接缝是否影响外观？平时关注度如何？		
	人机需求	椅子	椅子都选择什么样的型号？是否与显控终端有不搭配或使用不方便的地方？		
方舱环境	风热	机箱	机箱在台体内部，夏天使用是否会使腿部过热？		
	噪声	机箱	台体内部有机箱散热风扇，平时使用时噪声是否有影响？		

3. 问卷法

问卷法是通过严格设计的书面调研表收集心理学变量数据的一种研究方法。对于设计心理学研究来说，问卷法可以有针对性地收集需要研究、分析的信息资料，并可以进行定量分析，以获取数据。

下面是针对某雷达产品的 PI（Products Identity，产品形象）调研，问卷在内容设计上主要分为两大部分：第一部分为选择题，比例约占80%；第二部分为少量问答题。经过对收回的 75 份问卷进行数据统计之后，分析获得对企业雷达产品 PI 设计具有指示性的信息。以下选取部分具有代表性的测试内容进行深入分析，以获取 PI 设计的指导性意象信息。

（1）调研用户对雷达的认识情况，分析雷达在用户心目中的形象。

调查结果如图 2-33 所示，有 40 人（53.3%）在回答中提到了"眼"，其次出现频率较高的词为"国防"和"精密"，分别占28%（21人）和17.3%（13人）。

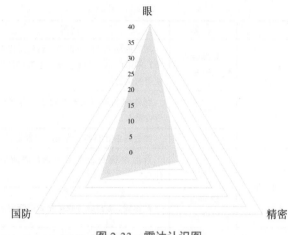

图 2-33　雷达认识图

（2）针对用户对未来雷达发展趋势进行调研，分析未来雷达的发展方向。

调查结果如图 2-34 所示，出现频率较高的词依次为集成、小型（42 人）、模块（25 人）、机动（20 人）、轻量（17 人）、智能（8 人）。

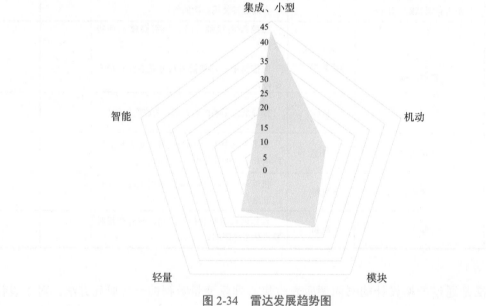

图 2-34　雷达发展趋势图

（3）就雷达造型元素和感性属性从不同角度归纳为 6 组对应词汇，从用户角度分析雷达产品形象关键词。

调查结果如图 2-35 所示，简洁、硬朗、稳重、威武、未来科技、体块更符合雷达产品在用户心目中的形象期许。

（4）以国外典型车载雷达（图 2-36）作为评测选项，获取用户青睐的造型语言。

调查结果如图 2-37 所示，图 2-36（a）与图 2-36（c）颇受好评，中意人群分别占 35% 和 29%，剩余两项为 21% 和 12%。从结果分析得出，受访人员认为车载雷达应造型简洁、形面丰富、整体协调统一。

	−2	−1	0	1	2	
简洁						丰富
圆润						硬朗
平面						体块
灵动						稳重
经典传统						未来科技
威武						亲和

图 2-35　车载雷达造型元素和感性属性关键词

（a）Raytheon 公司 PATRIOT 雷达（美国）

（b）SAAB 公司 Giraffe AMB 雷达（瑞典）

（c）Thales 集团 GM400 雷达（法国）

（d）ASELSAN 公司 KALKAN 雷达（土耳其）

图 2-36　国外典型车载雷达

（5）在受访人员中，有 **48%** 的人员认为车载平台需要在以下几个方面进行改进。

①提升车载设备整合设计。

②提升外观整体效果，关注结构设计细节和外部涂装及防护。

③提升整车家族化设计，明确外观特征，规范设计要求。

④提升可维护性与可操作性，提高大型车载产品现场拼装效率。

⑤提高车载雷达零部件通用性。

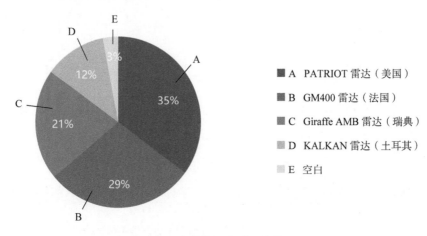

图 2-37　车载偏好造型（计数）

4. 实验法

实验法是数据收集方法的有效补充，可为设计提供准确的参考依据。通常，实验法分为实验室实验法和自然实验法。实验室实验法是指在实验室内借助专门的实验设备，在严格控制实验条件的情况下进行研究的方法。自然实验法是在日常生活等自然条件下，有目的、有计划地创设和控制一定的条件来进行研究的一种方法。实验室实验法便于严格控制各种因素，测量较为精确，一般具有较高的可信度，通常多用于研究心理过程和某些心理活动的生理机制等方面的问题，但对研究个性心理与其他较复杂的心理现场来说，这种方法有一定的局限性。自然实验法比较接近人的实际生活，易于实施，又兼有实验法和观察法的优点。

在航天领域，通过建立载人航天环境模拟器，在地面无失重条件下模拟空间的高真空、冷黑（热沉）和太阳强辐射照射环境，可训练航天员对空间环境的反应和工作能力，并进行相关试验测试，获取航天员的生理指标，为航天事业提供数据支撑。

2.4.3　雷达装备的设计心理学

有关雷达的设计心理学研究较少，本节基于设计心理学，探讨如何满足用户生理和心理需求，归纳为以下 4 个方面。

1. 满足安全性心理需求

安全性是雷达产品设计心理学的基本需求，是人类要求保障自身安全、摆脱损害健康威胁等方面的心理需求。操作人员身体健康程度关系到雷达效能的发挥，满足操作人员的安全性心理，有助于提升操作人员的专注度，提高雷达使用效能。在雷达产品中经常会通过提示性安全设计，起到警示作用，以防范风险、提高安全性。

2. 满足舒适性心理需求

舒适是人体的一种连续的主观体验感，主要涉及人体测量、生物力学特性等，不合理的设计会对人体内部生理器官和机能产生影响，通过多方面复杂因素的相互作用对人体造成消极的负荷，产生疲劳等不舒服的心理状态。以雷达设计为例，由于操作人员日常训练工作量较大，易感到身心疲乏，存在强烈的舒适性需要，因此在设计中应尽量满足操作人员的舒适性心理，减轻其工作疲劳感，提高工作效率。

为满足用户舒适性，舱室内工作空间设计以男子第 95 百分位数 (P95) 尺寸确定；同时考虑单席位及多席位时的布局关系，结合人体基本尺寸参数，为操作人员留有足够的活动空间，确保操作人员安全、高效、舒适地完成各项操作任务；结合手部操作区域和台面设备操作频率需求进行显控终端工作区间设计，保障操作员的可操作性，如图 2-38 所示。

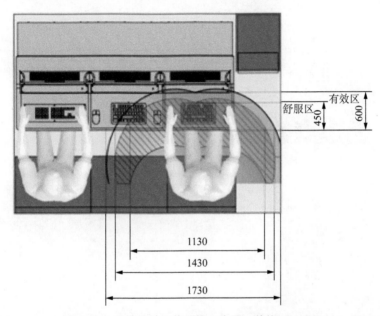

图 2-38　显控终端工作区间示意图（单位：mm）

3. 满足情感化心理需求

在当下的设计中，"以人为本"的理念深入人心，在雷达产品设计中，设计师应融入情感因素，充分考虑和尊重人的身心发展。雷达产品往往以满足功能需求为主，对于情感化心理的关注度较低。操作人员长期面临紧张的生活节奏、严格的日常管理，以及远离家庭朋友等个人问题，其心理状态应当给予足够的重视与关注。人与环境息息相关，不同的工作环境对操作人员的生理和心理会产生不同的刺激作用，从而对其工作效率和生活带来不同的影响。因此，营造适宜的工作环境，使操作人员保持舒适、愉快的心理状态，是保障操作人员身心健康、提高工作效率的重要手段。

4. 满足社会性心理需求

构筑产品形象、打造企业品牌，现阶段已经成为提升企业核心竞争力的重要课题，同时也是用户在选择产品过程中新的考量因素，这是由人的社会属性导致的，即当满足用户的功能需求与安全需求时，社会需求就会应运而生。良好的品牌凝聚了企业的风格、精神和信誉，用户选择与使用高品牌价值的产品可以产生自我认同感，满足自身的社会性心理。

为了打造先进、可信赖的雷达装备品牌形象，创造品牌价值，企业可通过产品族 DNA、产品语义的应用构建雷达产品形象，积极参与重大社会活动来提升产品影响力，从而增强用户内心的认同感，满足用户的社会性心理需求，如产品在国庆阅兵（图 2-39）、珠海航展（图 2-40）等重大场合展示和 CCTV 媒体专题报道（图 2-41～图 2-43）获得了众多关注，增强了用户的品牌认同感。

图 2-39　机动式相控阵雷达参加国庆阅兵

图 2-40　"灵动系列"雷达参加珠海航展

图 2-41　大兴机场气象雷达获 CCTV 13 专题报道

图 2-42　某车载雷达获 CCTV 2 专题报道

图 2-43　某地面雷达获 CCTV 4《走遍中国》报道

2.5　产品语义学

雷达产品的开发对推动经济发展、增强综合国力意义重大，是国家整体科技水平的重要体现，其设计体现一个国家科学技术的综合实力，其整体形象更能体现我国装备行业的形象以及整个国家的设计水平。

除先进装备所体现的技术与性能之外，不同国家、不同企业的雷达产品通常会带有不同的风格，这恰恰蕴含了设计师或企业所具备的社会属性，是一种有意识的行为。在产品语义学中，本书研究的是如何采用恰当的元素或对象，通过选择和设计，使雷达装备能够激发用户的某种情绪或情感，使产品能够与使用者产生更多维度的沟通与交流，借此可以使情绪成为一种说服力。在产品的设计说服过程中，使用户感受到美的塑造，在使用过程中感受好的体验，满足人们对产品的高层次情感诉求。这便是雷达装备领域产品语义学研究的范畴与目的。

2.5.1　产品语义学概述

产品语义学是研究产品语言意义的学问。它是研究工业设计领域，产品在具体环境下通过外在形式传达给用户的功能性、情感性及象征性符号意义。产品语义分为外延性和内涵性两个层次。

产品的外延性语义是产品所具有的那些确定的、显在的或常识性的意义，是在产品文脉中直接表现的"显在"关系。它是一种更为浅显易懂，更为直接的语义表达，通过造型、色彩、结构、材料等元素来表达使用上的目的、操作、功能和人机关系等内容，即产品的物理属性。它是直接面向用户感受的属性，影响用户对产品的体验。

产品的内涵性语义主要包括感受、感觉、情感等心理及生理的反应，是产品在使用情境中显示出的心理性、社会性、文化性等象征价值。它是人们对产品的感性认知，是产品文脉中不能直接表现的"潜在"关系，蕴含在产品形态的隐喻、暗喻、借喻之中。它以产品的外延性语义为载体，潜移默化地影响用户的感受，同时赋予外延性语义更高的内涵与价值。

图 2-44 为"眼镜蛇"AN/FPS-108 雷达（丹麦），其笔直锋利的线条以及充满秩序感的阵面，都充满了强烈的军事色彩，表明该武器装备的属性，这是产品的外延性语义；以性格凶悍、反应灵敏的眼镜蛇进行命名，说明该雷达强大的预警、空间监视能力，这是产品的内涵性语义。

图 2-45 为"鹰眼"E-2 舰载空中预警机雷达（美国），产品凝练的几何线条、干净利落的造型体现了机载雷达的机敏性，这是产品的外延性语义；以犀利敏锐的鹰眼作为名称，通过动物特性形象说明该雷达强悍的防空探测能力，这是产品的内涵性语义。

图 2-44   "眼镜蛇" AN/FPS-108 雷达（丹麦）

图 2-45   "鹰眼" E-2 舰载空中预警机雷达（美国）

2.5.2   产品外观语义要素

产品的语义是通过产品的外观形态来传达出来的。产品语义学的主要内容可以概括为产品各种信息（功能、结构和使用方式等信息）的传达，就是如何运用产品的外在形态的视觉语言把产品的各种信息成功地传递给产品使用者，使得产品与产品使用者之间能够进行交流、沟通和对话。产品语义可以分为产品的形态语义、材质语义、色彩语义 3 部分。

1. 产品的形态语义

形态是产品一切信息的载体，是产品外形表达最重要的要素，是设计师与用户进行沟通的重要桥梁。产品的形态设计是设计师通过不同的造型语言（如点、线、面、体等），对产品的结构、空间等进行形态表达的过程。同种产品可以有多种不同的形态表达方式，不同的造型表达会传递出不同的语义感觉。通过形态语义构成具有象征功能的产品主体，传达出产品的内涵语义。

例如，造型方正，以大块的矩形体为主的雷达产品，在造型上缺少变化，给人以较强的体量感，如图 2-46（a）所示，通过大面积平面的包裹呈现出地面雷达较为强烈的坚固感。采用锐利直线和锥形体设计的产品，给人一种棱角分明的感觉，能够加强"尖端""锐利"等与科技感有关的风格语义，如图 2-46（b）所示，外形尖锐、造型线条硬朗，在视觉上具有很强的威慑感，比平滑造型的产品更具有力量感和未来感。

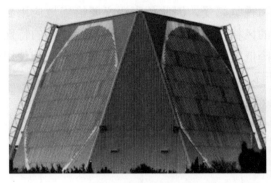

（a）坚固感与科技感 　　　　　　　　　（b）力量感与未来感

图 2-46　形态语义说明图

2. 产品的材质语义

"材"指材料，是构成产品的物质基础，如木材、金属等；"质"指材料的质感或质地，是材料本身或通过一定工艺加工处理后最终可摸可感的肌理特点。现代产品设计无论最终采用什么样的形态，它都需要通过一定的材质来呈现。用户通过触觉、视觉等综合感受材质所传达的硬度、平滑度、温度等信息，通过一定的联想引发一定的心理感受。不同的材质给人不同的感觉，如表 2-7 所示，玻璃材质给人清澈、通透的感觉，金属材质会让人产生坚硬、挺拔等感觉。

材质质感的表现往往与色彩运用相互依存，表现出一定的美观性。在雷达装备创新设计过程中，一定要科学地运用和发挥材质本身的质地美，这在一定程度上反映了现代雷达装备生产中的工艺水平和现代审美观念。

表 2-7　材质语义认知

材质	图示	语义认知
玻璃		清澈、通透
钢材		坚硬、挺拔感
木材		自然、温暖

3. 产品的色彩语义

色彩语义是产品语义非常重要的构成部分，是影响用户感性认知的重要因素，色彩语义与产品形态和材质语义相互协同的同时，其本身也有着重要的功能及象征价值。

不同的色彩给观者带来不同的心理情绪和视觉感受，因此色彩语义要恰当地应用到雷达产品的形态上，才能更好地表达雷达产品的风格与特性。雷达因其防御性装备的特殊身份，色彩涂装不仅仅是装饰元素，更是一种降低自身可见性的伪装手段。不同地域使用的雷达装备，其涂装有固定的样式，如表2-8所示。

表2-8 雷达装备色彩的语义

色彩	雷达装备	使用地域	语义认知
军绿色		丛林装备	信赖、沉稳
土黄色		沙漠装备	稳重、质朴
白色		水面装备	纯洁、现代感

2.5.3 产品语义的设计思路

在基于产品语义的设计实践中，首先应通过各种渠道收集用户语义，接着以规范化、精简化的方式进行语义的整理、筛选、概括、润色和提炼，最后根据实际设计情况进行语义的进一步优化。

在具体设计中，应当针对不同属性、不同领域、不同功能的雷达装备，具体分析其产品特性，选择、设计能够体现雷达装备特点的产品语义，促进用户与产品更好地沟通，实现雷达装备在企业精神方面的象征性，提升用户对产品的价值认同感。以下是几个产品语义的设计思路。

1. 产品语义与技术原理

产品设计与技术原理两者互相依存，基于技术原理进行产品语义的设计思路应用最为广泛，在技术原理的理解中运用造型法则，如变化、调和、平衡点、线、面等设计要素得到语义学造型。

如图2-47所示，该产品借鉴常见的帆形框架结构和金属网板"虚实结合"的手法，对天线背架进行设计。网状装饰板和天线阵面的前后呼应，不同直径杆系的搭配使用，营造出灵动、丰富的视觉层次。

图 2-47　某型雷达

2. 产品语义与仿生学

仿生学是模仿生物系统的功能和行为来建造技术系统的科学。仿生设计属于仿生学的范畴，仿生设计包括形态仿生、结构仿生、功能仿生、建筑仿生、力学仿生等。基于产品语义的仿生设计方法，需要发掘被仿生对象与设计对象之间的内在关联，使产品的外延性语义和内涵性语义能够通过形态的模仿，从功能、使用方式、意象等不同角度实现仿形和被仿者之间的有机耦合，传达出产品的功能性、象征性、趣味性和关怀性语义，增加产品本身的情感特征。

如图 2-48 所示，"狐獴"雷达在设计过程中借鉴动物界"狐獴"伸直躯干、四处张望的行为特点进行仿生设计，在天线倒竖过程中创新地采用了四连杆翻转倒竖机构，实现雷达阵面的快速举高与转动。

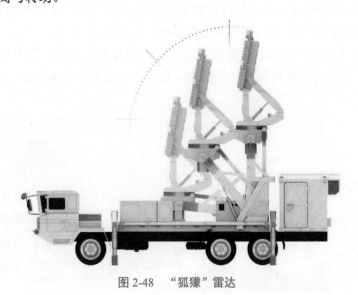

图 2-48　"狐獴"雷达

3.产品语义与符号学

符号是指简化、解体或重组客观事物基本形态，表达原始事物精神特征的形象标志。符号因其简洁、通识、抽象的自然属性，能够迅速、快捷地传递客观事物的本质和人的情感，在工业设计领域具有典型而深远的意义。将产品语义与符号学相结合，通过已有的、概念中的符号在产品中呈现，借助符号的语义向用户传达文化、价值等信息。

图 2-49 为某型雷达背架造型，其在设计过程中轮轨头部造型融入中国传统文化中极具代表意义的"中华第一龙"——红山龙元素，龙首上昂，有飞天之势，寓意中国雷达不断创新、锐意进取，体现了中华民族的文化自信。

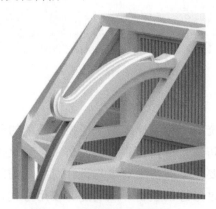

图 2-49　某型雷达背架造型

4.产品语义与企业精神

企业精神是一种无形财产，蕴含着企业文化、个性、理念、价值观等内涵价值，能够促进用户对企业品牌的价值认同。将产品语义与企业精神结合，通过形态、颜色、质感等要素隐喻企业理念与价值，体现产品背后的文化内涵，有助于树立企业特有的产品感知意象。

雷达装备往往以严谨精密、创新突破为目标，如图 2-50 所示，产品采用规则的几何形态，展示尖端和高科技产品的时代特点，体现雷达装备的先进性；采用具有一定视觉体量感的外观形态，营造出硬朗稳健的产品形象，传递出企业勇于创新、忠于品质的精神。

图 2-50　某车载雷达

2.6　产品族设计DNA

产品族设计 DNA 是凸显产品识别性和品质感的重要方法之一。同一品牌下的产品经过产品族系列化设计后，能使其明显区别于市场上的同类产品，并体现出该品牌的风格，达到高辨识度的效果。通过运用产品族设计 DNA 的方法，可以在创新设计过程中将抽象的文化与精神具象为设计元素，融入整个产品族设计中，塑造出高识别性的产品，反映出企业的品牌宗旨和诉求，提高企业竞争能力。

2.6.1　产品族设计 DNA 概述

产品族（Product Family，PF）是针对特定细分市场需求而生成的一系列相似产品的集合，而同一品牌下的系列化产品，即为产品族。产品族通过赋予一部分产品相似甚至相同的特征、功能或特性，衍生出一组相关的产品，用以满足用户多样化、个性化的需求。

产品族设计（Product Family Design，PFD）是大批量定制（Mass Customization，MC）的核心内容，以低成本和快速开发周期满足客户的个性化需求。相较于传统的产品战略，产品族设计具有独特优势。例如，产品之间的共性特征可以强化"家族化"的品牌形象，缩短创新设计周期，降低开发制造成本，产品之间既存在着一定的差异性又能满足市场的多样化需求等。

在产品族设计中，每代产品的开发设计是一个反复继承、变异创新的过程，产品族设计 DNA（Deoxyribonucleic Acid）的研究方法，就是将 DNA 的相似性和继承性的概念引入产品内在的遗传和变异特质中，研究产品族 DNA 的规律和变化特征，辅助企业进行产品研发。

产品族 DNA 是技术同质化市场中的竞争优势，我国企业目前还处于摸索阶段，产品族设计虽然推动了产品创新开发的进步，但由于理论方法的匮乏、快速生成技术的短缺，仍难以形成长效的产品开发机制来迅速响应市场。

2.6.2　产品族设计 DNA 的分类与构成

按表达形式的不同将产品族设计 DNA 分为显性 DNA 和隐性 DNA 两种类型。

1. 显性 DNA

产品的显性 DNA 是视觉形象识别的重要媒介，主要体现在产品的整体形态、细节形态、材料、色彩、界面、标识、附件、展示宣传等方面，其表达方式是可视化的、直观的。例如，BMW 车头的"双肾"进气格栅、IBM 产品的"黑配红"色调、Apple 产品的磨砂质感镁铝合金外壳、雷达产品中的折线元素，如图 2-51 所示，这些都是显性 DNA 在产品族中的应用。

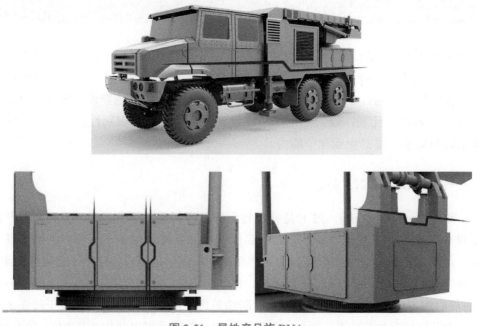

图 2-51　显性产品族 DNA

2. 隐性 DNA

产品的隐性 DNA 是产品对品牌文化、企业理念的传承和表达，是在理念形象识别的基础上提炼出的产品品质形象。虽然隐性 DNA 较为抽象和感性，但在很大程度上决定了显性 DNA 的具体表现形式，是其"遗传"和"进化"的基础与依据。

根据产品族进化过程中外形基因的表现规律不同，外形基因可以分为通用型基因、可适应型基因和个性化基因 3 个层次，可分别运用到通用型结构单元、可适应型结构单元和个性化结构单元中。

1）通用型基因

通用型基因（Currency Gene，CGene）是指外形、结构比较固定，不受需求参数影响或影响不大，在同一产品族中可以重复使用的外形特征，也是在产品中最容易实现延续性的基因，如图 2-52 所示。只要设计出美观的、符合风格需求的、令人印象深刻的延续性特征，基本可以直接使用这种设计方案，快速地运用到整个产品族的系列化设计中。在雷达产品中，显控终端、机柜就是典型的通用型结构单元。显控终端包括结构设计和交互界面设计，虽然结构设计受控制室具体情况限制，交互界面受具体功能内容限制，但不同产品间差异较小，不会引起外观形态上的大变化；机柜是雷达产品和方舱的附件设备，不受产品型号影响，可对其进行统一设计；户外柜门主要包括各类车载雷达产品的机箱、机柜门和车载方舱的造型门，可对门和铰链的样式进行统一设计，而门的尺寸则可以根据使用情况灵活变换，仅将设计样式通用在各类雷达产品的舱门设计上。

图 2-52 通用型结构单元

2）可适应型基因

可适应型基因（Adaptable Gene，AGene）是指产品系列中受某些参数影响，无法实现简单通用，需要根据产品设计的特殊需求进行可适应性改变的设计特征。可适应型基因特指为区分不同产品线而具有差异化，但在产品线内又保持统一的设计特征。在雷达产品中具备该特点的有支撑腿、舱（室）等。

如图 2-53 所示，支撑腿与蛙腿主要出现在车载雷达产品中，其大致形态风格可以统一，具体的设计参数需要根据产品的承重需求等技术规格进行单独设计，不同形态的蛙腿在视觉上呈现出不同的视觉效果，经设计统型后，可应用在不同产品中；如图 2-54 所示，舱（室）内设计涉及的环节和结构繁多，具体的设计必须根据方舱或控制室的具体尺寸及功能进行设计，大体风格可进行统一。

图 2-53 可适应型结构单元　　　　　　　　图 2-54 方舱室内效果

3）个性化基因

个性化基因（Individual Gene，IGene）是指单个产品专有的或不可变的设计特征，不同产品间具有不同的表征，差异较大，因此不适合进行统一化设计。

个性化结构单元是指单个产品专有的部分或不可变的部分，与该产品本身的属性或功能有较大关联，由于不同产品间的差异过大因此不适合进行统一化设计的结构单元。在雷达产品中，个性化结构单元主要表现为天线阵面、天线座等受功能、技术等特征约束较大的结构单元。

天线阵面作为雷达产品的一个重要组成部分，具有强烈的方向性，是天线发射并接收空间电磁波的结构，受到功能、技术参数的影响较大，如图 2-55 所示。不同产品的阵面形态差异化明显，不具备较好的可移植性。

图 2-55　不同形态的天线阵面

2.6.3　产品族设计 DNA 研究内容

1. 产品族 DNA 元素的风格

产品的风格是人们对产品共性特点的认知，不同的产品会形成不同的风格认知。地面、机载、舰载各领域的雷达，产品风格差异性较强，需要分析各领域雷达的产品风格，建立产品族 DNA 元素与用户认知风格之间的映射关系。

2. 产品族 DNA 的提取

产品族 DNA 的提取是设计中关键的一步。在确定形象风格的基础上，需要从语义层提取产品族 DNA 的特征，找出构成产品族 DNA 遗传和变异的设计元素，这对产品形象设计具有重要意义。

3. 产品族 DNA 的规范与建模

产品族 DNA 提取的雏形是自由、形象的设计元素，并不具备可移植的规范性，所以需要从视觉效果、移植难易程度等角度出发对产品族 DNA 标准化，规范产品族 DNA 的设计特征，并建立涵盖产品族 DNA 设计特征信息的模型。

4. 产品族 DNA 的延续与推广

伴随市场形势及需求的更迭，雷达的产品形象必然不断进化，因此需要构建产品族 DNA 的生成规则并不断衍化，促进产品族 DNA 的延续与推广，进行新产品造型设计的遗传与变异。

2.6.4　产品族设计 DNA 应用案例

产品族产品在不断进化的过程中具有共性特征，构成企业产品族设计 DNA。国际化大公司已经在一定程度上形成了自己的风格与特色，树立了识别度、差异性的面向竞争市场的企业产品形象。

如图 2-56 所示，Raytheon 公司 AESA 机载系列雷达（美国）通过相同色号的红色及灰色涂装实现统一的色彩识别，通过使用大小比例及倒角随产品变化的八边形造型基因统一形态识别，以此保证产品的系列化特征与强辨识度。

如图 2-57 所示，Giraffe 系列雷达（瑞典）是一种配合中、近程防空导弹系统使用的有源相控阵搜索雷达，其采用相似的折叠高举机构形成长颈鹿的基本形态产生形象识别，构成家族性的产品族形象。

图 2-56　Raytheon 公司 AESA 机载系列雷达（美国）　　图 2-57　Giraffe 系列雷达（瑞典）

如图 2-58 所示的 3DELRR 雷达（美国），能够对远距离目标实施精确探测、识别和跟踪，其辅助天线、天线阵面采用长方体的造型上下拼接构成整体形态，形成该系列产品的产品族 DNA，各部件之间造型相似、关联性强，树立了简洁、整体感强的企业产品形象。

图 2-58　3DELRR 雷达（美国）

2.7　设计评价

工业设计所要解决的是复杂、多解的问题。科学技术的发展和设计对象的复杂化，对工业设计提出了更高的要求，单凭经验、直觉的评价来进行设计越来越不能适应要求，有必要学习和采用先进的理论及方法使设计评价更自觉、更科学。设计本身就是一种发散—收敛、搜索—筛选的过程，解决这种多解的问题，其通常的逻辑步骤为：分析—综合—评价—决策，即在分析设计对象的特点、要求及各种制约条件的前提下综合多种设计方案，并通过设计评价过程，对其进行比较、评定，判断其优劣，最终筛选出符合设计目标要求的最佳设计方案。

充分科学的设计评价可以有效地保证设计质量，以科学分析替代主观感觉，为设计师在众多的设计方案中筛选出各方面性能都满足目标要求的最佳方案。

2.7.1 设计评价目标

设计评价的依据是评价目标。评价目标是针对设计所要达到的目标而确定的，用于确定评价范畴的项目。工业设计的评价目标主要包括技术评价目标、经济评价目标、社会性评价目标和审美性评价目标。

一般而言，所有对设计的要求及设计所要追求的目标都可以作为设计评价的目标。但为了提高评价效率，降低评价实施的成本和减少工作量，通常选择最能反映方案水平和性能的、最重要的设计要求作为评价目标的具体内容。同时，对于不同的设计对象和设计所处的不同阶段，设计评价的要求不同，评价目标也要有所区别。评价目标应满足的基本要求：全面性（应涉及技术、经济、社会性、审美性等多个方面）、独立性（各评价目标相对独立，内容明确、区分明显）。

目标树方法是分析评价目标的一种手段。目标树是由系统分析的方法对评价目标系统进行分解并图示而形成的。将总的评价目标具体化，即把总目标细化为一些子目标，用系统分析图的形式表示出来，形成具体项目设计评价的目标树。图 2-59 所示为目标树示意图，Z 为总目标，Z_1、Z_2 为其子目标，Z_{11}、Z_{12} 又分别为 Z_1 的子目标，Z_{21}、Z_{22}、Z_{23} 则是 Z_2 的子目标，目标树的最后分支即为总目标的各具体评价目标，图中 g_1、g_2、g_{11}、g_{12}、g_{21}、g_{22}、g_{23} 等为加权系数，子目标的加权系数之和为上一级目标的加权系数。

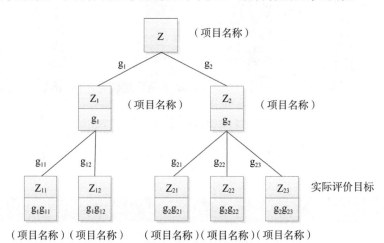

图 2-59 目标树示意图

除了目标树方法，还可用表格的形式对评价目标加以表现。图 2-60 和表 2-9 是以某车载雷达整机外观为例所做的评价目标树和评价目标表，共设置整体效果、宜人性、形态、细节设计、工艺性、涂覆与标识、经济性 7 类评价子目标，其下共有 27 个具体评价目标。

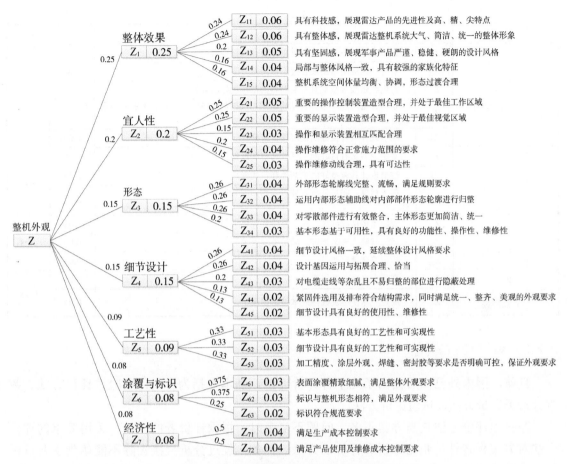

图 2-60　某车载雷达整机外观评价目标树

表 2-9　某车载雷达整机外观评价目标表

序号	评价指标		评价指标细则	加权系数	
1	Z_1 整体效果	Z_{11}	具有科技感，展现雷达产品的先进性及高、精、尖特点	0.06	0.25
		Z_{12}	具有整体感，展现雷达整机系统大气、简洁、统一的整体形象	0.06	
		Z_{13}	具有坚固感，展现军事产品严谨、稳健、硬朗的设计风格	0.05	
		Z_{14}	局部与整体风格一致，具有较强的家族化特征	0.04	
		Z_{15}	整机系统空间体量均衡、协调，形态过渡合理	0.04	
2	Z_2 宜人性	Z_{21}	重要的操作控制装置造型合理，并处于最佳工作区域	0.05	0.2
		Z_{22}	重要的显示装置造型合理，并处于最佳视觉区域	0.05	
		Z_{23}	操作和显示装置相互匹配合理	0.03	
		Z_{24}	操作维修符合正常施力范围的要求	0.04	
		Z_{25}	操作维修动线合理，具有可达性	0.03	
3	Z_3 形态	Z_{31}	外部形态轮廓线完整、流畅，满足规则要求	0.04	0.15
		Z_{32}	运用内部形态辅助线对内部部件形态轮廓进行归整	0.04	
		Z_{33}	对零散部件进行有效整合，主体形态更加简洁、统一	0.04	
		Z_{34}	基本形态基于可用性，具有良好的功能性、操作性、维修性	0.03	

序号	评价指标		评价指标细则	加权系数	
4	Z_4 细节设计	Z_{41}	细节设计风格一致，延续整体设计风格要求	0.04	0.15
		Z_{42}	设计基因运用与拓展合理、恰当	0.04	
		Z_{43}	对电缆走线等杂乱且不易归整的部位进行隐蔽处理	0.03	
		Z_{44}	紧固件选用及排布符合结构需求，同时满足统一、整齐、美观的外观要求	0.02	
		Z_{45}	细节设计具有良好的使用性、维修性	0.02	
5	Z_5 工艺性	Z_{51}	基本形态具有良好的工艺性和可实现性	0.03	0.09
		Z_{52}	细节设计具有良好的工艺性和可实现性	0.03	
		Z_{53}	加工精度、涂层外观、焊缝、密封胶等要求是否明确可控，保证外观要求	0.03	
6	Z_6 涂覆与标识	Z_{61}	表面涂覆精致细腻，满足整体外观要求	0.03	0.08
		Z_{62}	标识与整机形态相符，满足外观要求	0.03	
		Z_{63}	标识符合规范要求	0.02	
7	Z_7 经济性	Z_{71}	满足生产成本控制要求	0.04	0.08
		Z_{72}	满足产品使用及维修成本控制要求	0.04	

2.7.2 设计评价方法

目前，国内外已先后提出了几十种评价方法，基本概括为3类：经验性评价方法、数学分析类评价方法、试验评价方法。

经验性评价方法是当方案不多、问题不复杂时，根据评价者的经验，采用简单的评价方法对方案做定性的粗略分析和评价的方法。例如，经过分析直接去除不能达到主要目标要求方案或不相容方案的淘汰法，或者是将方案两两对比加以评价择优的排队法等。

数学分析类评价方法是运用数学工具进行分析、推导和计算，得到定量的评价参数的评价方法。常用的方法有名次记分法、评分法、技术经济法及模糊评价法等。

试验评价法是对于一些较重要的方案环节，采用分析计算仍不能有把握时，通过试验（模拟试验或样机试验）对方案进行评价，这种试验评价法所得到的评价参数较为准确，但成本较高。

目前使用较多的是数学分析类评价方法，下面以评分法为例进行简单介绍。

评分法是针对评价目标，按一定的打分标准作为衡量评定方案优劣的一种定量评价方法。依照评价目标体系逐项打分后，对各方案在所有评价项目上的得分加以统计，算出其总分作为评价依据。

假定按照评价指标对评价对象的重要程度，将其权重分为1、1.1、1.2，根据设计内容满足评价指标的程度，设定评价指标分值为0,1,2,3四种，根据评价成员的角色，将其权重设定为1.1、1.2。计算方法如下：

（1）建立评价指标集 $S=(K_1, K_2, \cdots, K_n)$；共 n 项评价指标。

（2）给出各评价指标分值集 $V = \begin{bmatrix} v_{11} & \cdots & v_{1m} \\ \vdots & & \vdots \\ v_{n1} & \cdots & v_{nm} \end{bmatrix}$，$V \in [0, 1, 2, 3]$，每一纵列是每个

Z 成员对 n 个评价指标的评分，其中共 m 人进行评价。

（3）设置各个评价指标的权重向量 $\boldsymbol{K}=\{K_1,\ K_2,\ \cdots,\ K_n\}$，$\boldsymbol{K}\in[1,1.1,1.2]$，设 $a=K_1+K_2+\cdots+K_n$。

（4）设置每个评价成员权重向量 $\boldsymbol{R}=\begin{bmatrix}R_1\\R_2\\\vdots\\R_m\end{bmatrix}$，$\boldsymbol{R}\in[1.1,1.2]$，设 $b=R_1+R_2+\cdots+R_m$。

（5）项目评价总分如下式所示。

$$W=\frac{100}{3ab}(\boldsymbol{K}\cdot\boldsymbol{V}\cdot\boldsymbol{R})=\frac{100}{3ab}(K_1,K_2,\cdots,K_n)\begin{bmatrix}v_{11}&\cdots&v_{1m}\\\vdots&&\vdots\\v_{n1}&\cdots&v_{nm}\end{bmatrix}\begin{bmatrix}R_1\\R_2\\\vdots\\R_m\end{bmatrix}$$

式中，W 为评价总分。

满分 100 分（所有评价者对所有评价指标都给出 3 分）。

中间分值 66.7 分（所有评价者对所有评价指标都给出 2 分）。

中间分值 33.3 分（所有评价者对所有评价指标都给出 1 分）。

最低分值 0 分（所有评价者对所有评价指标都给出 0 分）。

2.7.3　设计评价结果

在设计评价工作完成并获得多组设计评价数据信息时，可对其进行可视化处理，以直观地表达出评价的具体数据，以方便评定最佳方案或找出评价方案中的薄弱环节。

1. 条形图表示法

条形图用单位长度表示评价指标分值，根据指标分值画成长短不同的条状图形，然后按一定顺序排列起来。从图 2-61 中很容易看出评价指标分值的高低，便于比较。

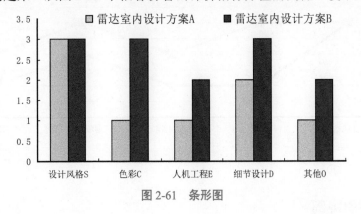

图 2-61　条形图

2. 雷达图表示法

雷达图是一种显示多变量数据的图形方法，通常从同一中心点开始等角度间隔地射出 3

个以上的轴，每个轴代表一个定量变量，各轴上的点依次连接成线或几何图形。雷达图可以用来在变量间进行对比，或者查看变量中有无异常值。如图 2-62 所示，将设计方案评价中各项指标模块的平均分值集中表示在一个雷达图中，以表现多项评价指标模块情况，指标围合的面积大小显示出指标的综合情况。该方法能直观显示出评价综合结果和各项评价指标的优劣趋向。

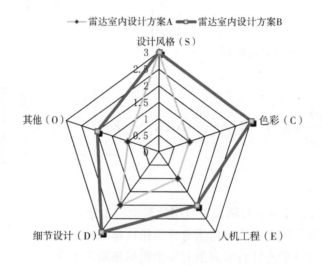

图 2-62　雷达图

3. 折线图表示法

折线图是用直线段将各数据点连接起来而组成的图形，以折线方式显示数据的变化趋势，可将设计方案评价的各项指标分值集中表示在一个折线图上，表示多个设计各项评价指标比率的情况。如图 2-63 所示，折线图不仅可以表示数量的多少，而且可以显示数据在不同时间的变化趋势，方便对比多个评价指标的优劣。

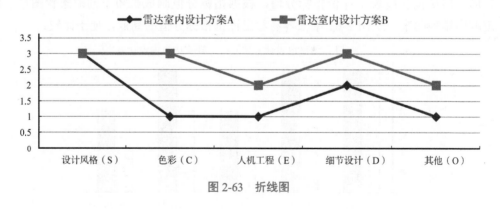

图 2-63　折线图

2.7.4　设计评价案例

雷达产品设计评价的目标是针对不同类型雷达产品设计的不同阶段及特点，创建合理、适度的评价机制，用于指导设计师和决策者把握设计方向，以科学的分析而不是主观的感觉来评定设计方案，从而促进满足企业要求的"优良设计"的诞生。

概念设计是设计的初期阶段，用于确定产品的基本构想。这个阶段所表现的系统布局、产品结构形式和基本外观形态决定了产品的最终整体效果，因此是整个产品外观设计过程中的重要环节。概念设计中外观设计评价关注的重点是整机设计风格与外观基本形态。本节选取两类概念设计车载雷达（一）整机外观（图 2-64）和车载雷达（二）整机外观（图 2-65）进行评价对比，以此为例，介绍设计评价的整个过程和分析结果。

图 2-64　车载雷达（一）整机外观

图 2-65　车载雷达（二）整机外观

1. 评价团队的建立

外观设计评价团队由评价发起人、核心评价人员、动态评价人员 3 种评价角色构成。外观设计评价的发起人由各阶段产品设计负责人担任，主要职责是负责发起、召集、主持设计评价活动，组织完成评价指标分值统计、计算及分析，并最终负责发布评价结果。外观设计评价的参与人员，可根据产品的重要性程度、设计阶段及评价侧重点不同而进行相应调整，其在评价环节应具有同样重要的话语权。根据其重要性程度，核心评价成员权重设置为 1.2，动态评价成员权重设置为 1.1，评价发起人不参与具体的打分评价。

2. 评价指标的选择

参照外观评价目标与雷达产品特点及要求，将外观评价指标进行分解，形成若干评价指标模块，并对评价指标模块目标逐层分解及细化，形成评价指标体系，从而实现对产品外观不同层次的定性及定量评价。雷达外观评价指标可分为设计风格、宜人性、基本形态、细节设计、工艺性、涂覆与标识、经济性等模块，并根据评价指标对评价对象的重要程度，将其权重分为3种类型：Ⅰ——非常重要（系数1.2）、Ⅱ——重要（系数1.1）、Ⅲ——一般（系数1）。

在本案例中，概念设计阶段外观评价的重点是整机设计风格，因此选择设计风格与基本形态模块作为评价的主要内容，表2-10为车载雷达整机外观概念设计评价调查问卷。

表2-10 车载雷达整机外观概念设计评价调查问卷

评价模块	指标权重		评价指标细则	优（3分）	良（2分）	中（1分）	差（0分）
设计风格 S	Ⅰ	S1	是否体现科技感（先进性及高、精、尖特点）				
		S2	是否体现整体感（大气、简洁、统一的整体形象）				
		S3	是否体现坚固感（严谨、稳健、硬朗的军用产品风格，具有良好的力量感及可靠性）				
	Ⅱ	S4	设计风格是否具有一致性，避免拼凑或混搭风格				
		S5	风格是否鲜明，体现企业特质，具有较高识别度				
		S6	系列化产品风格是否具有一致性，以及较强的家族化特征				
	Ⅲ	S7	是否与同类竞争产品风格具有差异性及优异性				
		S8	是否具备设计风格的进化与创新				
基本形态 M	Ⅰ	M1	外部形态轮廓线是否完整、流畅，具有一定规则性				
		M2	是否运用内部形态辅助线对相关部件形态轮廓进行归整				
		M3	是否对零散部件进行有效整合，主体形态更加简洁、统一				
	Ⅱ	M4	设计基因的应用与拓展是否合理、恰当				
		M5	不同结构单元的基本形态是否具有视觉均衡性				
		M6	不同结构单元间形态过渡是否连续、协调统一				
		M7	是否合理运用美学原则与设计手法，具有一定的设计感				

续表

评价模块	指标权重		评价指标细则	优（3分）	良（2分）	中（1分）	差（0分）
基本形态 M	III	M8	是否对电缆走线等杂乱且不易归整的部位进行隐蔽处理				
		M9	基本形态是否基于可用性，具有良好的功能性、操作性、维修性				
		M10	基本形态是否具有良好的工艺性，满足成本控制要求				

3. 评价问卷的收集与统计

召集评价团队成员，发布车载雷达整机外观概念设计效果图方案、设计说明、评价调查问卷和填写注意事项，完成评价调查问卷的填写和汇总，表 2-11 为车载雷达（一）整机外观概念设计评价统计表，表 2-12 为车载雷达（二）整机外观概念设计评价统计表。

表 2-11　车载雷达（一）整机外观概念设计评价统计表

人员	设计风格 S								基本形态 M										成员权重	个人加权总分	加权总分之和	总分
	S1	S2	S3	S4	S5	S6	S7	S8	M1	M2	M3	M4	M5	M6	M7	M8	M9	M10				
A01	3	3	2	3	3	3	3	3	3	3	3	3	3	3	3	2	2	2	1.1	61.05		
A02	2	3	3	2	2	2	3	3	3	3	2	3	2	3	3	3	2	3	1.1	56.10		
A03	3	3	3	3	3	3	3	3	3	3	3	3	3	3	3	2	1	2	1.1	57.53		
A04	2	3	3	3	3	2	3	3	2	3	3	2	3	3	3	3	3	3	1.1	58.52		
A05	3	3	3	3	3	3	3	3	3	3	3	2	3	3	2	1	1	2	1.1	55.44		
A06	3	3	3	3	3	3	3	3	3	3	3	3	3	3	3	3	2	1	1.1	62.37	673.50	
A07	3	3	3	2	3	3	3	3	3	3	2	3	2	2	2	2	2	2	1.1	57.53		90.25
A08	3	3	3	3	3	3	3	2	3	3	3	3	3	3	3	3	3	3	1.2	69.24		
A09	3	3	3	3	3	3	3	3	3	3	3	3	3	3	3	3	3	3	1.2	69.24		
A10	2	2	3	3	3	3	2	3	2	3	3	3	2	3	3	3	2	3	1.2	60.96		
A11	3	3	3	3	3	3	3	3	3	3	3	3	3	3	2	2	2	2	1.2	65.52		
指标权重	1.2	1.2	1.2	1.1	1.1	1.1	1	1	1.2	1.2	1.2	1.1	1.1	1.1	1.1	1	1	1				
满分值	3	3	3	3	3	3	3	3	3	3	3	3	3	3	3	3	3	3			746.25	
平均值	2.73	2.91	2.91	2.91	2.73	2.82	2.73	2.73	2.91	2.91	2.82	2.73	2.82	2.82	2.64	2.45	1.91	2.00				
方差	0.22	0.09	0.09	0.09	0.22	0.16	0.22	0.22	0.09	0.09	0.16	0.22	0.16	0.16	0.25	0.47	0.29	0.20				
标准差	0.47	0.30	0.30	0.30	0.47	0.40	0.47	0.47	0.30	0.30	0.40	0.47	0.40	0.40	0.50	0.69	0.54	0.45				

表 2-12　车载雷达（二）整机外观概念设计评价统计表

人员	设计风格 S								基本形态 M										成员权重	个人加权总分	加权总分之和	总分
	S1	S2	S3	S4	S5	S6	S7	S8	M1	M2	M3	M4	M5	M6	M7	M8	M9	M10				
A01	2	2	2	2	2	2	2	2	3	3	3	2	2	2	2	2	3	3	1.1	49.94		
A02	1	2	2	2	1	1	1	1	2	2	2	1	2	1	1	1	2	3	1.1	34.21		
A03	2	3	2	2	2	1	2	2	3	2	3	2	2	2	1	2	3	3	1.1	46.42		
A04	3	3	2	3	2	2	2	2	3	3	2	2	2	2	2	2	3	3	1.1	52.47		
A05	3	2	3	2	1	1	2	2	2	3	2	3	2	1	2	3	3	3	1.1	45.10		
A06	3	3	3	2	2	2	2	2	3	3	3	2	3	2	2	3	3	3	1.1	52.47	537.66	
A07	3	2	2	2	2	2	2	2	3	3	2	2	2	3	2	2	3	3	1.1	48.73		72.05
A08																			1.2	57.36		
A09													3	1	2				1.2	53.64		
A10	2	3	2	3	2	2	2	2	2	2	2	1	2	2	2	2	3	3	1.2	52.20		
A11	2	2	2	2	1	2	2	1	2	2	2	1	2	2	2	2	2	2	1.2	45.12		
指标权重	1.2	1.2	1.2	1.1	1.1	1.1	1	1	1.2	1.2	1.2	1.1	1.1	1.1	1.1	1	1	1				
满分值	3	3	3	3	3	3	3	3	3	3	3	3	3	3	3	3	3	3			746.25	
平均值	2.45	2.55	2.36	2.18	1.64	1.55	1.91	1.45	2.55	2.55	2.64	1.55	2.18	1.91	1.55	1.91	2.82	3.00				
方差	0.47	0.27	0.25	0.16	0.25	0.27	0.09	0.27	0.27	0.27	0.25	0.27	0.16	0.09	0.27	0.29	0.16	0.00				
标准差	0.69	0.52	0.50	0.40	0.50	0.52	0.30	0.52	0.52	0.52	0.50	0.52	0.40	0.30	0.52	0.54	0.40	0.00				

个人加权总分 = 带权重的各指标分值总和 × 成员权重

总分 = 带权重的实际分值总和 ÷ 带权重的满分分值总和 ×100

方差 = 各指标分值与指标分值平均值之差的平方

标准差 = 方差的平方根（反映评价的指标分歧程度）

4. 评价结论与分析

车载雷达（一）整机外观概念设计总分为 **90.25** 分，车载雷达（二）整机外观概念设计总分为 **72.05** 分，车载雷达（一）整机外观概念设计方案明显优于车载雷达（二）整机外观概念设计方案。

图 2-66 为两款雷达整机外观概念设计评价指标平均值条形对比统计图，从图中可以看出，车载雷达（一）设计风格模块和基本形态模块的 18 项评价指标中 16 项具有优势，其余两项 M9、M10 得分低于车载雷达（二）。

车载雷达（一）整机外观概念设计方案的 18 项评价指标中 17 项指标平均分值≥2（良），

其中 S2、S3、S4、M1、M2 等 5 项指标的平均分值接近 3（优），说明车载雷达（一）方案满足整机外观概念设计评价的各项评价要求，基本达到预期效果。

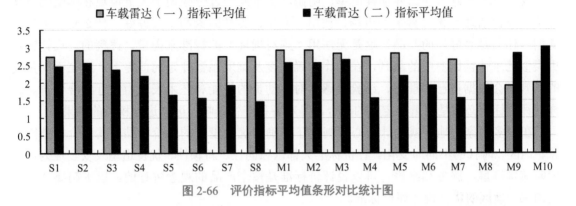

图 2-66 评价指标平均值条形对比统计图

车载雷达（二）整机外观概念设计方案的 18 项评价指标中 10 项指标平均分值≥2（良），其中 M9、M10 指标平均分值接近或等于 3（优），S5、S6、S8、M4、M7 等指标平均分值较低，说明车载雷达（二）方案在"产品风格""家族化特征"等美学相关指标中不能满足整机外观概念设计评价要求，具有较大改进空间。

标准差反映出不同评价者对指标评分的分歧程度，根据图 2-67 可以看出，车载雷达（二）方案的总体评价分歧大于车载雷达（一），说明不同评价者对车载雷达（二）方案的评价指标分值差异化更大。

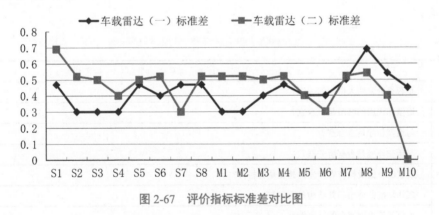

图 2-67 评价指标标准差对比图

车载雷达（一）方案的 18 项评价指标中 3 项指标分值的标准差≥0.5，其中 M8 指标分值标准差为 0.69，说明评价者对这一评价指标的评定有较大歧义。

车载雷达（二）方案的 18 项评价指标中 12 项指标分值的标准差≥0.5，同车载雷达（一）方案相比，说明评价者对车载雷达（二）方案的评价结果有较大差异，但是对 M10 这一评价指标的评定基本达到一致。

为避免评价者对评价指标的理解有较大歧义，应做到以下两点：①方案效果图应能充分展现评价模块中各项评价指标的内容，当效果图无法表示清楚时，应运用文字的形式予以补充说明；②外观方案的评价者应正确理解评价模块中各项评价指标的内容。

2.7.5 优良设计评价标准

设计评价不像田径比赛那样简单、明确，也不同于过分强调个人价值观和感受的艺术评价，设计活动包含着复杂的市场、使用、文化、美学因素和个人偏好，什么是"美"的造型？什么是"好"的产品？这是无法用"绝对理性"的标准来衡量、评判的。设计评价更类似艺术体操比赛中的裁判，在动作准确程度及难度系数评定的前提下，站在不同角度的裁判员会根据自己的理解、经验和感受对运动员的技能和艺术表现力进行综合评价。这样的评价标准必然是定量与定性的融合，是对各种产生影响的因素进行权衡的结果。

在许多国家、地区或设计中心都制定了明确的优良设计的评价标准，其评价标准因国家、地区、时代的不同而变化。评价标准大都以独创性、新颖性、优良造型及安全性为主，同时兼顾环境、服务和维修，可以说评价标准是按全产品的观念进行的。以下简要介绍一些国家和地区的优良设计评价标准。

1. 德国

德国一直是工业设计的一面旗帜。从 20 世纪初的包豪斯时代起，"功能主义"的核心设计思想就成了主流的设计评价理念和精神标准。德国工业设计评议会在 20 世纪 80 年代末到 90 年代初的设计评价标准（表 2-13）体现了德国设计的一贯精神，也从侧面反映了当时国际设计界的发展趋势。其中有些项目（如 2、3、5、6 项）是功能与形式问题的深入和延续，作为德国传统理性的设计准则被保留下来，而有些项目则被特别强调，如将"人机关系"作为首要标准提出，说明当时人与机器间的矛盾日益突出，通过设计活动协调这种冲突成为必要。

表 2-13　德国工业设计评议会设计评价标准

序号	德国工业设计评议会设计评价标准（20 世纪 80—90 年代）
1	是否充分表明人机间的关系？
2	造型和选用的材质是否合宜？
3	与造型相配是否合宜？
4	与所在环境是否有所关联？
5	造型的目的及操作者产生的感觉是否相符？
6	表达功能的造型和其结构是否相符？
7	如何保持造型概念的一致性？

德国 IF 工业设计大奖享有高度国际知名度，被誉为"设计界的奥斯卡"。其评价标准是对 21 世纪德国设计理念最好的诠释，具有广泛的代表性。表 2-14 是德国 IF 工业设计奖中国区评价标准。

表 2-14　德国 IF 工业设计奖中国区评价标准

序号	德国 IF 工业设计奖中国区评价标准（2005 年度）
1	设计品质（Design Quality）
2	工艺（Workmanship）
3	材料选择（Choice of Materials）

序号	德国 IF 工业设计奖中国区评价标准（2005 年度）
4	创新程度（Degree of Innovation）
5	环境友好（Environmental Friendliness）
6	功能性，人机工学性（Functionality,Ergonomics）
7	使用上的视觉明晰性（Visualization of Use）
8	安全性（Safety）
9	品牌价值和品牌营造（Brand Value/Branding）
10	技术与形式的分离（Technical and Formal Independence）

2. 美国

美国工业设计师协会（IDSA）是国际著名的设计组织机构，其设立的 IDEA 国际设计优秀奖是极具影响力的工业设计大奖，对世界范围内的工业设计发展起到积极的推动作用。

表 2-15 是美国 IDEA 国际设计优秀奖评奖标准。相对德国来说，美国的商业利益指标是相当重要的评价标准，对材料工艺以及产品制造性的要求普遍出现在各类评价标准中。

表 2-15　美国 IDEA 国际设计优秀奖评选标准

序号	美国 IDEA 国际设计优秀奖评选标准（2005—2006 年度）
1	创新：设计如何的新颖和独特？（Innovation: how is the design new and unique?）
2	美学：设计如何在形象上强化产品品质？（Aesthetics: how does the appearance enhance the product?）
3	用户：设计如何为用户解决问题？（User: how does the design solution benefit the user?）
4	环境：设计如何承担生态义务？（Environment: how is the project environmentally responsible?）
5	商业：设计如何有助于客户的生意？（Business: how did the design improve the client's business?）

3. 日本

日本的 G-Mark 设计奖是世界著名的设计大奖之一。在 2006 年度的 G-Mark 设计奖评选中，采用 3 个层次的标准来评价优秀的产品设计：第一层次是选择"好的设计"；第二层次是选择"优秀的设计"；第三层次是选择"引领未来的设计"（表 2-16）。

表 2-16　日本 G-Mark 优秀设计奖评选标准

日本 G-Mark 优秀设计奖评选标准（2006 年度）		
是好的设计吗？	是优秀的设计吗？	是引领未来的设计吗？
美学表现	优秀的设计概念	时代前瞻性方式的发掘
对安全的关怀	优秀的设计管理方式	引领下一代的全球标准
实用的	令人兴奋的形式表达	日本特色的设计引导
对使用环境的适应	整体设计的完美呈现	鼓励使用者的创造性
原创性	高质量地解决使用者的问题	创造下一代的新生活方式
满足消费者的需求	融入通用性设计的原则	促进新技术的发展
优秀的功能性和操作性	呈现新的行为方式	引导技术的人性化

日本 G-Mark 优秀设计奖评选标准（2006 年度）		
是好的设计吗？	是优秀的设计吗？	是引领未来的设计吗？
使用方便	明晰的功能性表达	对创造新产业、新商业的贡献
具有魅力	对维护、改进、扩展的关注	提升社会价值和文化价值
	新技术、新材料的巧妙应用	对拓宽社会基础的贡献
	系统创新的方式解决问题	对实现可持续社会的贡献
	善于高水平的技术优势	
	展现新的生产模式	
	体现新的供应和销售途径	
	引导地区产业的发展	
	促进人们交流的新方式	
	耐用的设计	
	体现生态设计原则	
	强调和谐的景象	

4. 中国

中国优秀工业设计奖是经中央批准设立的国家级政府奖项，是中国工业设计界的最高奖项，旨在表彰具有引领性、前瞻性的设计创新。表 2-17 是 2016 年度中国优秀工业设计奖评价标准，分别从先导性、创新性、实用性、美学效果、人机工学、品质、环保性、经济性 8 个维度对设计创新进行综合评判。

表 2-17　中国优秀工业设计奖评价标准

序号	中国优秀工业设计奖评价标准（2016 年度）
1	先导性：符合经济社会发展要求，有利于引领行业工业设计发展，促进工业转型升级
2	创新性：设计理念独特新颖，创新点突出
3	实用性：性能稳定，技术先进，功能合理，能满足使用、维护及安全方面的要求
4	美学效果：色彩搭配合理，形态体现科技与艺术的结合，与使用环境相协调
5	人机工学：具有良好的舒适性、便捷性，识别与操作简单、高效，人机关系协调
6	品质：材料运用合理，制造工艺精湛，产品质量精良
7	环保性：符合可持续发展要求，在制造、流通、使用、回收全过程注重节能、环保
8	经济性：工业设计因素对提高产品附加值和品牌价值贡献较大

2.8　工业设计工具

为适应社会发展，工业设计不断朝着多元化、科学化和个性化的方向发展，工业设计的这种发展规律决定了其在变革过程中必然与各种技术工具结合，以便更好地满足社会需要。目前与工业设计深度结合的辅助工具包括计算机辅助工业设计、VR/AR、人体生理数据采集等，将计算机技术与工业设计相结合，可以大幅提高工作效率，缩短产品全生命周期流程；VR/AR 技术手段的融入提高了工业设计趣味性，为工业设计的发展提供了新视野；人体生理数据的引入为工业设计成果的科学性提供辅助。

2.8.1　计算机辅助工业设计

计算机辅助工业设计（Computer Aided Industrial Design，CAID），它是在信息技术的基础上，依据数字化、可视化来进行计算机辅助工业设计的一种设计方式，是计算机辅助设计的衍生产品。相比传统的工业设计方法，计算机辅助工业设计有如下技术优势。

（1）在计算机中场景模型允许各种透视角度观看，可以方便地修改和替换材料、材质，提供同一场景的多种影像效果，有利于设计人员对方案进行推敲和修改。

（2）计算机效果图在色彩、材质、场景等各方面的表现更加真实精细，具有更高的准确性和科学性。计算机对场景中的所有要素都采用数字化参数的描述方式，使得环境模型、材质、灯光、透视等的绘制和编辑变得容易控制。

1. 计算机辅助工业设计的应用

设计效果图是设计师表达设计意图和思想的主要语言，恰当的表现形式和优秀的表现效果是设计得以实现的必要条件。效果图在展现设计逻辑的同时，也给人们提供审美的意识，它承载着理性的严密与感性的奔放。计算机绘制的效果图成为工业设计师展现作品、获取设计项目的重要手段。在工业设计全流程过程中，计算机辅助工业设计应用主要体现在以下几个方面。

1）表达设计意图

在设计构思阶段，设计人员充分利用计算机效果图所具有的直观、透视方便、用色宽广、修改快捷等特点，在计算机中进行设计意图的构思，这一阶段以快速地表现设计思路为主，比较简单和概念化。

2）研究雷达造型

设计人员通过计算机中建立的模型，从各个角度推敲方案中的造型、比例、尺度等各方面的效果进行产品外观的造型设计。

3）模拟实际效果

借助软件反映产品的实际效果，比较真实、全面地反映产品本身的造型、空间、光影、色彩、材质、细节等各个环节的特色，是目前计算机效果图的主流。

4）表现艺术效果

通过后期处理的方式制作效果图，这类效果图往往超越产品的真实性，追求各种特殊的艺术风格，以体现其设计风格。

2. 计算机辅助工业设计软件

目前，二维及三维设计软件品种多，大致分为以下几类，分别是平面类软件、三维建模类软件、渲染类软件及动画类软件，这些软件经过长期的发展和在设计领域的应用，已经非常成熟，通过这几个软件的有机结合，可以完成二维设计、三维设计、三维动画的整个过程。常用的设计软件的介绍，如表2-18~表2-21所示。

表2-18 平面类软件简介

软件名称	特点	常用应用
AutoCAD	可绘制符合国家制图标准的二维设计工程图纸	平面布置图、立面布置图的绘制
Adobe Photoshop	图像编辑、图像合成、校色调色等图像的处理加工	各种平面图像的后期处理
Adobe Illustrator	矢量图形处理软件	印刷出版、海报书籍排版、专业插画、多媒体图像处理和互联网页面

表2-19 三维建模软件简介

软件名称	特点	常用应用
Rhino	NURBS建模方式	面向工业产品
3ds Max	建模步骤可堆叠，模型制作过程具有非常大的弹性	适用于工业设计、广告、影视、多媒体制作等领域
SketchUp	电子设计中的"铅笔"，使用方便，人人都可以快速上手	适用范围广阔，可以应用在建筑、规划、园林、景观及工业设计领域
Creo	设计严谨，逻辑性强，支持模块较多	常用于结构设计
SoildWorks	造型灵活，可全参（参数化），可无参，可变参	常用于结构设计

表2-20 渲染软件简介

软件名称	特点	常用应用
KeyShot	可以做到完全实时渲染	面向工业产品
Vray	速度快，参数调节简单	应用于建筑、室内设计、广告等行业较多
Lumion	可实时快速模拟各种特效	主要面向建筑景观行业

表2-21 动画类软件简介

软件名称	特点	常用应用
Maya	包含十分全面的建模、粒子系统、毛发生成、植物创建、衣料仿真等功能	应用于专业的影视广告、角色动画、电影特技
Adobe After Effects	可以高效且精确地创建合成图像、动画和特效	适用于设计和视频特技制作
Cinema 4D	包括建模、动画、渲染、角色、粒子等模块，以其速度高和渲染插件强著称	侧重广告方向、影视特效
Adobe Premiere	提供了采集、剪辑、调色、美化音频、字幕添加、输出、DVD刻录的一整套流程	可用于图像设计、视频编辑与网页开发

3. 计算机辅助工业设计流程

计算机辅助工业设计的典型应用体现在概念设计及方案设计阶段，如图2-68所示。

1）概念设计阶段

概念设计是在设计的早期阶段，通过分析用户需求不断由粗到精、由模糊到清晰、由抽象到具体生成概念产品的过程，概念设计围绕设计概念而展开，是设计初始阶段的设计雏形。在此阶段，设计师通过 Adobe Photoshop 、Adobe Illustrator 等软件进行二维概念草图创作，通过草图的形式向设计团队展示设计方案，讨论分析可实施性。

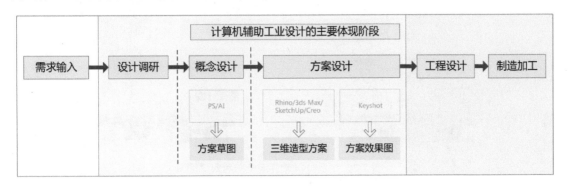

图 2-68 计算机辅助工业设计流程

2）方案设计阶段

进入到方案设计阶段，往往已经确定设计的方向，需要进一步细化完善方案。计算机辅助工业设计主要体现在三维模型制作与效果图制作过程。

（1）三维模型制作。三维模型制作的过程就像是做一件产品的毛坯，只有做完了毛坯才能对其进行修饰与美化。在设计软件中建模有很多种方法，最基本的建模方法一般从简单的基本三维形体或二维图形开始，然后通过相关的命令逐步修改、变形或组合得到复杂的模型，如图 2-69 为某车载雷达建模过程。

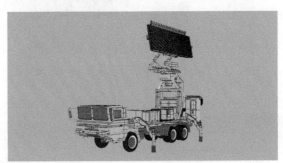

图 2-69 某车载雷达建模过程

（2）效果图制作。效果图制作一般包括渲染和后期两大步骤。通过渲染可以得到具有材质及光影关系的二维图像，是三维模型的直观展示；后期是在二维图像的基础上进行场景合成等处理，使效果图更加真实，有场景感。

渲染是绘图用语，是指计算机根据设计者的场景设置以赋予物体材质和贴图，由程序计算出场景中物体的明暗程度的阴影，从而绘制出一副完整的画面或一段动画。渲染一般包括赋予场景物体材质或贴图、创建相机、创建灯光等几个关键步骤，通过渲染可以得到三维模型在场景中的可视化图像，图 2-70 所示为渲染前后对比图。

后期处理是效果图制作过程中的一个重要环节，种种原因，在三维设计软件中渲染后的图像或多或少存在一些瑕疵，为了追求更加完美的效果，可以将渲染后的图像进行后期处理，弥补缺陷，同时可以将渲染效果图与实景合成使三维设计效果更加真实，更有场地感，图 2-71 所示为通过合成背景提升效果图的视觉效果。

图 2-70　KeyShot 软件渲染前后对比图

图 2-71　通过合成背景提升效果图的视觉效果

2.8.2　虚拟现实／增强现实技术

1. VR/AR 的含义

虚拟现实（Virtual Reality，VR）技术是指通过计算机模拟产生一个 3D 虚拟世界，让用户在其中通过视觉、听觉、触觉等感知体验，产生身临其境的感觉。沉浸感、交互性和构想性是虚拟现实系统的 3 个基本特征。增强现实（Augmented Reality，AR）技术是指将三维虚拟对象叠加到真实世界显示，进行匹配合成以实现增强。

将虚拟现实技术应用于产品的开发设计，称为虚拟设计，虚拟设计是以虚拟现实技术为基础，以机械产品为对象的设计手段。从本质上讲，虚拟设计是将产品从概念设计到投入使用的全过程在计算机上构造的虚拟环境中虚拟地实现，其目标不仅是对产品的物质形态和制造过程进行模拟和可视化，而且对产品的性能、行为和功能及在产品实现的各个阶段中的实施方案进行预测、评价和优化。

2. VR/AR 技术在雷达装备工业设计中的应用

由于 VR/AR 技术拥有高沉浸感、良好的交互性等特点，可以带给操作者优质的视觉和交互体验，将其作为工业设计的辅助手段，可以激发设计人员的创造性和能动性，更好地对设计意图进行表达和修改。

根据目前虚拟现实软硬件技术的发展现状，针对雷达产品的特点，对利用虚拟现实技术可以实现的设计功能进行分析。

1）产品外观评价

CAD 环境下进行产品外观评价，需要不断用鼠标调整模型位姿，效率较低，且二维显示器不够直观，缺乏真实感。VR 系统可使结构、工艺等各方人员同处虚拟环境中，对产品外观进行全方位观察，协商解决造型设计中存在的问题，如图 2-72 所示。

图 2-72　全方位外观评价

2）产品布局设计

在虚拟环境下，设计师对设备布局具有直观感受。此外，利用虚拟手套、手柄等交互设备，可直接抓起模型进行布局规划，操作简单。在 CAD 环境下，设计师只能通过调整角度、尺寸测量等手段进行布局。某地面雷达维修空间仿真过程如图 2-73 所示。

图 2-73　某地面雷达维修空间仿真过程

3）虚拟人机工程学设计

目前工业设计的人机工程分析主要基于 DELMIA、CATIA、JACK 等软件展开，根据 DELMIA 提供的人体模型库，输入身高、性别等参数建立人体模型，再利用该人体模型进行维修性仿真，验证操作可达性、可视性、操作舒适度等，这种分析仿真方法真实感较差。利用 VR 系统进行人机工程学设计，设计师通过"身临其境"的操作体验，可对操作舒适性、可达性、可视性等设计要素进行优化。图 2-74 所示为某舱室人机仿真过程，在虚拟环境下模拟实际工作情况，可分析舱室空间是否满足工作需要、设备布置是否合理等问题。

图 2-74　某舱室人机仿真过程

4）装／拆仿真和路径规划

在 CAD 环境中进行产品装配，基本思想是根据零部件间的几何约束关系进行装配定位，关注零部件最终的组合状态，对装配路径可行性、装配操作难易程度等缺乏考虑，不足以指导实际装配作业。

在虚拟环境下，利用交互设备对模型进行拖动、旋转等操作，按照意图进行装配引导，结合几何约束或力反馈设备进行定位。利用 VR 系统的沉浸感，构造出一条可行装配路径，验证装配路径的合理性，指导实际装配／拆卸操作。

2.8.3　人体生理数据采集

1. 眼动仪

眼动仪是心理学基础研究的重要仪器，主要用于记录实验人员眼球运动轨迹及注视时间等参数，经分析后得出实验人员对刺激的反应速度、读取信息难易程度等结论，眼动仪被广泛应用于各种领域的研究。

根据使用场景和使用者，眼动仪可以分为以下 3 种类型。

（1）头戴式眼动仪：一般称为 EYElab Glasses，便携性好，方便应用于各种场景，如户外、运动等。

（2）桌面式眼动仪：一般称为 EYElab Pro，准确率高，适用于室内，计算机、投影仪、底图、电视机等设备前。

（3）虚拟现实眼动仪：一般称为 EYElab VR，适用于实验室内，在特定的 3D 虚拟场景中使用。

目前眼动仪常用于人机界面可用性的测试研究，眼动信息可以帮助研究者了解使用者的行为和可用性问题。显控界面是操纵员与雷达交换信息的接口与媒介，在整个雷达产品系统中扮演着重要角色。可将眼动仪应用于显控界面的可用性测试中，通过设置实验任务，分析眼动数据计算操纵员的完成率、出错率进行显控界面的可用性评估。

2. 生理多导仪

各种刺激信号作用于机体的感受器后，大脑会对这些刺激的信息进行加工和处理。在此过程中，可能会同时出现一些生理指标的变化。生理多导仪采集多导生理电信号，经仪器处理转换为电信号，放大后输出至记录仪，以生理曲线形式描绘在坐标纸上，通过坐标，再计算各项参数的测定值。可根据需要测量并输出心电、脑电、肌电、眼电、呼吸波等信息。

人的生理数据虽然不可见并难以理解，但是能控制人的决定。生理多导仪的目标是实验者的生理状态，并将这些信息与其他可见的行为数据一起分析。这就意味着那些不能通过直观感知的生理数据可以被检测并分析。

生理多导仪可应用于生理心理学、认知心理学和人因工程等领域的研究。在雷达装备工业设计中，可采用生理多导仪分析评估显控终端的人机工效，通过记录操作员工作过程中的肌电、脑电等各项生理指标判断人体舒适性，从而反映显控终端人机工程设计的优劣。

3. 人体压力分布测量仪

人体压力分布测量仪由压力传感器点阵组成，主要用途是设计与测量人体作用在座位、床垫、坐垫和背垫上的压力分布情形。例如，可以通过现场实验，测量不同位置的压力情况，收集数据，提供最大压力、平均压力、中心位置等信息，分析人体测量尺寸因素（身高、体重）、坐姿（直立坐姿、后倾坐姿）及座椅（座椅尺寸、座椅类型）等关键设计特征对用户舒适度的影响。

人体压力分布测量仪可以科学准确地记录用户的生理特征，更加真实地反映用户体验，可将人体压力分布测量仪用于工作空间中座椅的舒适性评估中，为其舒适性设计提出合理性建议。

第3章

雷达装备产品形象设计

本章导读

产品形象蕴含产品在整个生命周期中呈现出的视觉特征与精神价值，能够从视觉形象、品质形象和社会形象 3 个层次来体现企业价值文化、形象识别理念和技术研发水平。产品形象的识别设计是企业有意识、有计划地适用某种特征识别策略，使用户或公众对企业产品产生一种相同或相似的认同感。本章首先介绍产品形象设计的基本概念，探讨雷达行业企业文化在形象识别中的体现形式，分析国内外雷达产品形象设计趋势；然后在此基础上，形成具有参考意义的雷达产品形象识别策略，并在地面雷达、机载雷达、舰载雷达领域构建典型的产品形象识别体系，详细阐述各领域的产品形象定位、产品语义凝练、产品族 DNA 设计过程与典型案例设计。

本章知识要点

- 产品形象概述
- 雷达产品形象设计趋势研究
- 雷达产品形象识别策略
- 地面雷达产品形象识别
- 机载雷达产品形象识别
- 舰载雷达产品形象识别

3.1　产品形象概述

产品形象是企业形象的重要组成部分，广义的产品形象是指产品所展现的状态及精神价值，包括视觉的、听觉的、触觉的或使用以后产生的心理感受和印象等，狭义的产品形象是指产品的外观形态，即视觉形象要素。企业以产品形象识别作为体现企业文化与理念的设计手段与策略，通过产品语义与产品族 DNA 设计的方法，开展具有辨识度的系统设计，形成统一、延续的产品形象。

3.1.1　产品形象

现有雷达企业产品形象由产品视觉形象（认知层）、产品品质形象（核心层）和产品社会形象（外化层）3 个方面构成，其关系如图 3-1 所示。

图 3-1　产品形象的 3 个层次

（1）产品视觉形象。产品视觉形象是产品形象的初级阶段层次，主要指人们通过感官能直接了解和认知的产品形象，如产品外观、色彩、材质等。产品视觉形象主要涵盖产品造型、产品风格、产品 PI 系统、产品包装、产品广告等内容。它可以通过具象的产品特征设计，反映出上述的产品品质形象，进而树立产品社会形象。

（2）产品品质形象。产品品质形象是产品形象的核心层次，是人们通过对产品的使用，对产品的功能、性能、质量及在消费过程中所得到的优质的服务，形成对产品品质一致性的体验。产品品质形象主要包括产品规划、产品生产、产品管理、产品销售、产品使用、产品服务等，是将产品社会形象和产品视觉形象形成一致的途径。

（3）产品社会形象。产品社会形象是产品形象的外化层次，它将产品视觉形象和产品品质形象从物质层面提升到非物质的精神层面，是物质形象的外化结果，最具有生命力。产品社会形象包括产品社会认知、产品社会评价、产品社会效益、产品社会地位等内容。该层次的内容与企业文化和品牌形象紧密相关。

总体来说，产品品质形象和产品社会形象以视觉形象为媒介，既可以通过规划产品视觉形象塑造产品品质形象和产品社会形象，也可以根据产品品质形象和产品社会形象的特征来指导产品视觉形象的构建。

3.1.2 产品形象识别

产品形象识别是将经过继承与创新设计、严密系统策划的产品逐步推向市场，使用户对企业的产品形成一种相同或相似的认知，最终在市场与用户心中建立风格统一、特征鲜明的产品形象。企业通过个性化的企业文化、设计理念、产品外观等要素，开展具有辨识度的系统设计，形成具有差异化识别特征的产品形象；并通过系统设计、风格特征在不同系列产品上横向与纵向的应用与发展，形成统一、延续的产品形象，达到传播企业文化和理念的目的，获得公众对其品牌、企业价值的认同。总体来说，产品形象识别具有文化性、差异性、传播性与持恒性的特点，如图3-2所示。

图 3-2　产品形象识别的特点

企业开展产品形象识别设计的目的和意义在于：能够规范并系列化企业的不同产品，使产品具有家族感，实现用户对企业产品体验与认知的延续性。即便产品更新换代，用户仍可顺利辨识出产品的品牌归属，形成品牌依赖；促进企业文化与理念的传播，引导用户对企业文化的理解与认同；作为企业后续产品开发的方向，降低试错与开发成本。

产品形象识别设计是提升产品品质与核心竞争力的关键因素，是打造品牌知名度的有效办法，它贯穿了产品研发全生命周期的各个阶段。这里根据产品形象的构成层次和内涵，构建了产品形象识别设计基本框架，如图3-3所示。要深入研究雷达产品形象设计，首先要紧跟国内外雷达发展趋势，融合企业品牌战略与企业文化，形成顶层形象设计策略。然后针对不同领域、不同平台雷达产品，构建完善的雷达产品形象识别体系，体现不同领域雷达的产品形象特点。经过实施、验证、评价与迭代，最终形成各领域外观设计通用规范与指南，保证产品视觉、品质和使用感受的一致性，树立具有高识别性、高品质感的雷达产品形象，提升企业的核心竞争力。

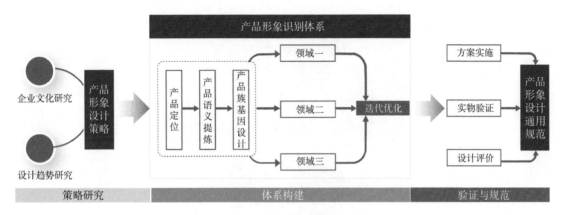

图 3-3　产品形象识别设计基本框架

3.2　雷达产品形象设计趋势研究

3.2.1　雷达产品形象与企业文化

　　企业文化是企业的灵魂和精髓，是企业可持续发展的无形力量，是企业价值观、宗旨、精神等一切无形力量的总称。它是企业在长期的实践中形成的，独一无二，具有企业特色。雷达企业肩负着支撑高水平科技自立自强、加快数字经济发展、服务社会民生的重要职责，优秀的雷达企业文化彰显了雷达企业的精神和品格。雷达产品形象的识别本质上映射了雷达企业文化的识别。

　　雷达产品形象系统以雷达企业文化为依托和导向，对产品的规划、研发、设计、生产制造、物流、营销等各个环节进行系统的设计和统一的策划，使产品具有明显的风格识别、统一的形象特质、独特的设计理念，从而触发用户对企业文化的认同。产品形象系统的建立能让企业产品得到方向性的指导，并进一步树立产品品牌，从而塑造、提升企业的形象，为企业的后续发展注入新的力量。它是一种战略性的系统设计，能较好地统筹同系列产品之间、不同系列产品之间，以及产品与企业文化之间的关系，让企业的文化内涵、品质形象与外在的视觉形象形成有效、协调的统一。

3.2.2　雷达产品形象要素

　　狭义的产品形象即视觉形象，是用户通过感官能直接了解和认知到的产品形象，是品质形象和社会形象的媒介。雷达产品的视觉形象要素主要包括形态与风格、结构单元组成方式、色彩与纹饰、材料、工艺、产品族系列化等要素，如图 3-4 所示。

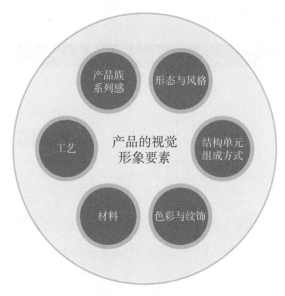

图 3-4　雷达产品的视觉形象要素

1. 形态与风格

　　形态是产品形象的基础，也是产品最具传达力的视觉形象要素之一。产品形态首先是为了表达产品的功能和性能特征，发挥材料和结构的特点，同时也是传达意义的载体。在符合功能和工艺条件的情况下，产品的形态可以千变万化，传达出各式各样的产品风格和内在理念。

　　雷达是典型的以技术为先导的产品，遵循形式追随功能的原则，以产品的功能特征和结构需求为依据，进行产品外观的设计和规划。不同类型的雷达对外观造型有不同的风格需求，主要以利落的直线形体和规则几何体为主，展现稳重而有力量感的风格，鲜有复杂流线型设计。同时，作为高精度仪器装备，为了体现精细和科技感等特点，产品也可以适当增加相应的细节来增强这些风格感，如倒角、弧形体、多边形、沉降装饰等（图 3-5）。

（a）倒角　　　　　　（b）弧形体　　　　　　（c）多边形　　　　　　（d）沉降装饰

图 3-5　各种形态细节

2. 结构单元组成方式

　　雷达产品由众多功能不同、形态各异的结构单元组合而成，其结构单元的形态、色彩和细节上的统一化设计是体现雷达整体感的重要手段。同一产品不同结构单元中互相呼应的设计元素或系列产品间相似的结构单元都能加强产品视觉形象的识别性和延续性。

雷达产品的结构单元组成方式同样可以进行系统化设计，提炼出能传达企业文化的造型元素，并运用这些元素使得相对独立的结构单元之间产生视觉关联，实现风格系统化、整体化。例如，美国 AN/TPY-2 雷达中，设备各结构单元的尺寸、功能各不相同，设计时利用上端面对齐的方法，使结构单元组成有了统一的基准，整体外轮廓整齐规则，同时采用贯穿整机的斜倒角设计，使雷达有了统一的造型语言。又如，俄罗斯 SAM-20/21 雷达，由于功能需要，车头、转台、设备舱三大组成单元在形态组成上相互错位，难以统一，设计时在三大组成单元上均使用了风格一致的倒角设计，使各结构单元在视觉上也有了连续性和统一性（图 3-6）。

（a）AN/TPY-2 雷达（美国）　　　（b）SAM-20/21 雷达（俄罗斯）

图 3-6　雷达结构单元组成方式设计

3. 色彩与纹饰

从产品审美的角度来说，色彩与纹饰是影响视觉感觉的一大要素。它们虽然依附于形体之上，但先于形体给人造成视觉影响，具有更直接的视觉感染力。对雷达产品来说，色彩和纹饰主要表现在产品外观的迷彩涂装样式上，从沙地迷彩到雪地迷彩，从三色迷彩到数码迷彩，不同的迷彩样式展现出迥异的整体风格，带给人不同的视觉感受（图 3-7）。

图 3-7　各样式色彩涂覆及迷彩花纹

由于雷达在使用中对隐蔽性有极高的要求，因此对迷彩涂装有严格的限制。色彩和花纹并不是装饰元素，其主要功能是与环境相融合以隐藏自身。不同地域使用的雷达设备其迷彩涂装有其固定的样式，色彩的改动余地较小。

虽然雷达整机外观的涂装不能轻易改动，但在没有覆盖迷彩的部分，如方舱内装、机柜、显控台以及警告标识等处，色彩和纹饰仍是最为醒目的设计元素，优良的设计有助于区分各功能区域，优化产品的人机操作体验（图 3-8）。

（a）方舱色彩与纹饰设计　　　（b）灭火器警示色　　　（c）红色顶部装饰和显控台呼应

图3-8　色彩在雷达产品中的运用

4.材料

地面雷达设备长期暴露在极端气候、日光直射、尘埃、风沙等自然环境中，其外观材质直接影响产品的性能，所以表面材料应该具有高强度、耐磨性和耐腐蚀性等特性，以确保产品在生命周期满足使用要求。同时用户对外观材料质感的视觉体验直接影响到其对产品品质的判断，因此雷达产品的外观材料应该采用合理的加工工艺和表面处理工艺，以获得期望的材料质地、光泽和色彩。

鉴于雷达产品的使用环境和防御性需要，雷达现有产品大多以金属作为产品的外观造型材料。然而，随着技术的不断发展，一些复合材料也逐渐运用到雷达产品中。与色彩一样，雷达产品所需材料的功能性强，其选材标准非常严格，不同的单元结构选材都有一定的限制。

5.工艺

产品的加工工艺是影响产品视觉观感的重要因素之一。平整的拼接面、均匀的接缝、细腻的表面处理都能在视觉上提升产品的安全感和品质感，传达匠心设计理念，塑造精益求精的企业产品形象。

现有雷达产品的加工工艺根据不同的使用环境和功能需求而定，具有一定的局限性，但在方舱内装部分可以通过表面处理工艺丰富产品的质感，如不同工艺的涂料、喷漆，材质贴膜的运用，为产品局部营造不同的质感，提升用户的体验舒适性。

6.产品族系列化

产品族系列化是凸显产品识别性的重要方法之一。同一品牌下的产品经过系列化设计后，造型上的延续性元素能使其明显区别于市场上的同类产品，体现出该品牌的风格，达到高辨识度的效果。

设计时应当对抽象的企业精神进行具象转化，提炼出易于理解的感性意象，将这种意象体现在设计元素中，并融合到整个产品族的造型设计中，塑造高识别性的产品，反映企业的品牌宗旨和诉求。这不仅对企业的产品风格进行了统一，也加强了品牌的识别性，表达了企业文化，凸显了企业特征。例如，俄罗斯 S-300V（SAM-12 角斗士）防空系统（图3-9），包含多辆发射车与雷达车，均以坚固有力量感的履带式装甲车作为装载平台，以大斜面与锐角梯形作为产品形象家族化 DNA，分别体现在一体化布局、转台、户外柜及各细节设计等处，打造了整体感强、富有力量感与视觉冲击力的产品形象，形成了明显的家族化系列感，起到品牌识别的作用。

图 3-9　S-300V（SAM-12 角斗士）防空系统（俄罗斯）

3.2.3　国内外雷达产品形象现状

　　国内雷达行业起步较晚，早期更注重功能和技术的发展，产品外观大多呈现为满足结构实现前提下的原生形态，产品形象定位缺失的现象较为严重。近十余年来，随着我国对工业设计重视程度的不断提高，面向雷达领域的工业设计技术得以大力发展。行业内相关企业已普遍开始运用产品造型设计来提升其产品外观，少数企业已先行探索并构建自身的产品形象体系，产品形象较之以往有了显著的提升。相继涌现出大量"内外兼修"的优秀雷达产品，如图 3-10 所示，珠海航展上的"狐獴"雷达、雷达博览会上的某车载雷达、国庆阅兵上的机动式相控阵雷达等先进装备，已在世界和历史舞台上频频亮相，在国际化的市场竞争中崭露头角。

　　欧美等一些发达国家的雷达行业起步较早，且技术成熟度较高。依托其强大的工业设计体系，在产品形象方面的研究和发展有很多可圈可点之处。本节选取了美国 Raytheon 公司、美国 Lockheed Martin 公司、瑞典 SAAB 防务集团、法国 Thales 集团等世界知名企业作为研究对象，对其不同领域的大量雷达产品进行梳理与分析，归纳出国外雷达产品形象具有形态整合度高、特征辨识度高、家族化程度高等特点。

（a）"狐獴"雷达

（b）某车载雷达

（c）机动式相控阵雷达

图 3-10　雷达产品形象

1. 形态整合度高

国外雷达功能先进，结构组成复杂，因此对结构单元的分布安排比较考究。经过统一的设计规划后，能够有机地将各个部分整合在一起，减弱了每个部分的独立感，使得产品的整体造型较为完整，更具整体感，主要手段包括遮蔽细节、趋势呼应、风格呼应等，如图 3-11 所示。

（1）遮蔽细节：用设计过的外壳将零散的单元结构隐藏起来，遮挡外露的结构部分，减少产品细节的数量，从而减弱视觉上的复杂感。

（2）趋势呼应：单元结构之间往往有相似的设计元素（如外观轮廓、装饰线等）或趋势，使两者相互呼应。如此一来，原本分离的结构单元由于相似的设计元素而实现视觉上的连续感，即使细节众多，但看上去并不凌乱，达成整体感。

（3）风格呼应：除了直接用造型形式达成呼应，也可以利用单元之间相似的设计风格来达成整体感。

（a）用舱体的延伸遮蔽机构细节

（b）阵面与设备外观轮廓趋势呼应

（c）硬朗风格呼应

图 3-11　结构单元整合手段

整合后的外观形态整体感强，造型元素也较为大胆，锥形体、曲线体、弧线体都有出现，表达出相对动感的整体风格，与我国雷达表现出的方正严肃的风格大有不同。有些国外雷达产品设计甚至采用了非常另类的造型，使产品充满了浓厚的未来感和科幻主义色彩，如图 3-12 所示。

针对雷达结构单元种类和数量繁多的特点，国外雷达善于利用简化形态轮廓、整合视觉单元等方法削弱产品各组成部分的拼凑感和孤立感，塑造出简约、完整的产品形态。例如，

Thales 集团的 Ground Master 400 Alpha 雷达（图 3-13），巧妙地利用天线的侧轮廓来整合平台设备，使得雷达在工作和运输状态下都具有极高的形态整合度。

（a）矩形体　　　　　　　（b）球体　　　　　　　（c）多面体　　　　　　　（d）锥形体

图 3-12　国外雷达设计造型元素

图 3-13　Thales 集团 Ground Master 400 Alpha 雷达（法国）

2. 特征辨识度和家族化程度高

产品的视觉形象是企业形象的载体，国外不同雷达企业会通过风格明确、辨识度高的产品视觉特征传达给用户不同的形象语义，更加直观地展现自身的企业形象。例如，Lockheed Martin 公司的 AN/TPY-2 雷达［图 3-14（a）］，通过"梯形"特征的统一运用，将该产品"稳定、可靠"的品质形象和企业"实力雄厚、值得信赖"的社会形象融入形象语义，进而直接有效地传递给用户。又如，Thales 集团的 NS100 雷达［图 3-14（b）］，天线侧面的"锐角"轮廓、底座上锐利大胆的"倒三角"形态，这些具有高识别度的语义特征共同传达了产品的科技感属性和企业"技术先进、敢为人先"的理念。

与此同时，通过在产品形象设计中提炼具有"继承性、拓展性、异他性"的产品族基因，将同一系列、同一领域内的相关产品家族化，是国外雷达企业提升产品市场竞争力和用户忠诚度的捷径。例如，法国 GAX000 系列雷达与 Thales 集团"海火"系列雷达（图 3-15）就很好地诠释了这一点，通过家族化、模块化的设计策略，打造了平台通用化、单元模块化、形象家族化的系列产品，实现不同威力、不同平台的家族化形象设计，是产品形象体系的核心要素和外化成果。

（a）Lockheed Martin 公司 AN/TPY-2 雷达（美国）　　（b）Thales 集团 NS100 雷达（法国）

图 3-14　产品辨识度

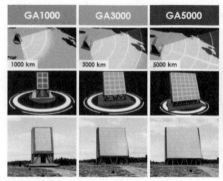
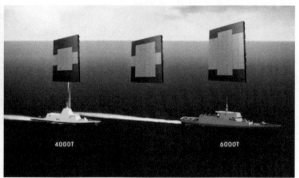

（a）GAX000 系列雷达（法国）　　　　（b）Thales 集团"海火"系列雷达（法国）

图 3-15　产品家族化程度

3. 细节关注度高

国外雷达产品大多十分注意产品形象在细节层面的贯彻和落地。一方面，通过隐藏、去除、整合非必要外观细节，塑造简洁利落的产品形象；另一方面，通过对必要外观细节的雕琢，大幅提升其品质感。例如，Raytheon 公司的爱国者雷达（图 3-16），与上代产品相比，阵面上琐碎的细节已整合为颇具规则感的矩形块面组合，设备柜的门把手、标识等细节也在形态和排列上呼应产品形象的整体风格，成功塑造其品质形象。

图 3-16　两代爱国者雷达对比

同时，国外的雷达产品十分注重装饰、布线、固定件、倒角等细节的处理（图3-17）。例如，在一些车载雷达产品中，可以看到多条电缆整齐排布并固定在产品机身上，喷上与产品相同的色彩，使其具有良好的整体感；又如，雷达产品上常见的铆钉，国外产品上的铆钉排列非常整齐，均按照一定的间距排布在加固件上，规整而有节奏感。国外优秀产品对于细节的推敲不仅仅局限于产品的造型外观上，在产品的内室装潢和显控界面的人机功效学设计上也有体现，用以提升产品的用户体验。

图 3-17　各种细节装饰

4. 人机交互度高

用户与雷达之间交互的方式和效率在很大程度上决定了用户体验的优劣。如图 3-18 所示，国外的雷达在"人—机—环境"交互系统构建方面积累了大量的经验和一定的优势，主要体现在两个方面，一是利用成熟的多模态人机交互技术打造高水准的用户界面，大大提高了人机交互的自然性和高效性，实现"机对人的适应"；二是注重交互环境的人因设计，通过形态、CMF 等要素的精准匹配，在生理和心理层面提升用户人机交互的效率和体验，实现"环境对人的适应"。

图 3-18　国外指挥大厅"人—机—环境"布局

3.2.4　国内雷达产品形象分析

通过对国内主要雷达企业的各平台典型雷达产品进行外观梳理和分析后，发现国内雷达在产品形象塑造方面的整体水平仍然较低。大部分企业仅停留在单个产品的造型设计层面，没有从顶层高度规划自身的产品形象体系；少数企业虽已着手搭建产品形象体系，但受限于工艺、成本等诸多因素，在视觉层面和体验层面上仍存在诸多薄弱环节。其主要体现在以下几个方面。

（1）产品形象定位模糊，产品族基因缺失，导致同一企业不同产品间的设计元素割裂，形态语义不明确，无法形成高识别度的产品形象体系。

（2）产品的主要视觉单元在排布组合及识别要素的运用上缺乏统一的设计策略，导致产品形象整体感欠缺。

（3）产品形象没有实现从整体到细节的贯穿，布线、焊缝、螺钉等严重影响品质形象的细节在设计阶段和工程实现阶段把控不到位。

（4）在"人—机—环境"交互系统的交互技术、交互界面、交互环境等方面缺乏统一的设计规划和深入的设计研究。"人不适应机""环境不适应机"的现象普遍存在，用户体验不佳。

3.2.5 雷达产品形象设计趋势

通过上述对国内外雷达产品形象的分析与比较，归纳出雷达产品形象的设计趋势如下。

1. 零散的模块堆砌向功能形态整合转变

雷达作为复杂电子装备的代表，其"复杂"的特性不仅体现在功能、技术上，也体现在产品的形态和结构中。早期雷达产品的形态基本表现为大量形态各异的功能模块的简单组合或堆砌，给用户烦琐、凌乱的负面印象。在设计风格简约化、整体化的趋势下，应通过提升模块的功能形态整合度来塑造高集成度、高整体感的产品形象，逐步实现从零散模块堆砌向功能形态整合的转变。

2. 单纯的形式之美向融合技术之美转变

技术层面的先进性始终是评价雷达产品的核心标准，如果将这一标准通过产品语义"可视化"，那么映射到外部形态上就是产品形象中"科技感"的表达。目前，雷达装备的产品形象虽已基本具备单纯的"形式之美"，但形式上多以规则的体块为主，整体形象风格较为严肃、沉闷、厚重，科技感并不突出。应在后续的设计过程中多利用锥形、弧线体、折线形等富有视觉张力且科技感语义较强的形态要素，将"技术之美"融入产品形象的设计中。

3. 单一的功能设计向综合性体验设计转变

随着信息革命与科技革命的不断深化，雷达装备在技术层面的差距越来越小。用户对产品的需求也已从单一、基本的功能需求上升到精神和情感层面的体验需求。一方面，通过打造具有高品质感的细节，赋予雷达"严谨、精致、可靠"的感性意象，契合了用户精神层面对其品质形象的需求；另一方面，利用当今多元化的先进交互技术，设计友好易用的交互界面和舒适合理的交互环境，打造高效、智能、和谐的人机交互系统。逐步实现"以机为中心"向"以人为中心"的转变，综合提升用户体验，满足其情感层面的需求。

4. 同质化的产品外观向基于产品族基因的品牌形象转变

随着越来越多的企业重视雷达的产品形象并纷纷在该方向发力，产品外观的同质化现象已初现端倪。打造个性鲜明、识别度高的品牌形象将是未来雷达产品形象设计的主要发展方向。通过提炼承载着独特企业文化和形象定位的产品族基因，形成具有高辨识度的产品形象，并持续性地传递给用户，从而逐步构建清晰、完整的品牌形象。基于高辨识度产品族基因建立的品牌形象将是企业最具生命力的战略资源和核心竞争力。

3.3 雷达产品形象识别策略

雷达产品工业设计从面向功能设计向体验设计转变，从局部设计向系统设计转变，从产品之美向技术之美转变，这在雷达产品形象顶层设计策略中也有相应体现。

3.3.1 整体感策略

整体感策略旨在打造产品整体感，塑造系统之美，对雷达系统中零散琐碎的结构单元进行整合设计，通过结构单元及形态要素的有机组合，保证整体形象的简洁和统一。

如图 3-19 所示，某机动式多功能相控阵雷达阵面规模大，系统复杂，按照常规设计，雷达整车须布局大量分系统设备，外观整合难度大。在该雷达产品形象识别设计中，根据打造整体感策略，对阵面规模与整体布局进行了深度整合设计，通过折叠后的阵面分块与分系统设备的有机整合，达到规整外观、遮挡凌乱设备的目的，使得雷达整体外形简约精致、紧凑整齐，为其打造了具有整体感、科技感、坚固感的全新产品形象，体现了新时代雷达装备简约、精密和严谨的形象，塑造了雷达产品的系统之美。

图 3-19　某机动式多功能相控阵雷达设计

3.3.2 科技感策略

科技感策略旨在营造产品的科技感，展现技术之美，采用规则的几何形态和细腻的细节设计，展示尖端和高科技产品的时代特点，体现雷达装备的先进性。

如图 3-20 所示，属于雷达"灵动"家族之一的某高机动车载雷达采用阵面折叠技术、快锁技术、六点自动调平等机、电、液一体化控制技术，实现大口径阵面快速、可靠的状态转换，是该装备的核心技术之一。为了从产品形象上体现产品核心技术，该雷达整车采用规则几何形态，整体形象整齐划一；以用户需求为中心，优化人机交互系统，实时传送运输与工作状态信息；"一键式"自动架撤过程轻盈灵动，打造整机"变形金刚"的识别形象，营造产品科技感，展现技术之美。

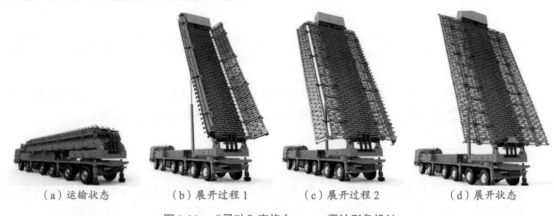

（a）运输状态　　　　（b）展开过程1　　　　（c）展开过程2　　　　（d）展开状态

图 3-20　"灵动"家族之———雷达形象设计

3.3.3　品质感策略

品质感策略旨在优化细节体验感，打磨品质之美，通过从宏观到细节对品质的追求，提升产品的宜人性和可靠性，优化用户体验，塑造出精益求精的产品品质。

如图 3-21 所示，在常规雷达方舱设计中，通常以满足功能为主，空间整体性较弱，内部各部件边角过于硬朗尖锐，特别是进门处外露件过多，容易给操作人员造成伤害；灯光照明以直射光照为主，容易造成眩光；同时内装设备造型过于传统，不能体现科技感，容易给人造成临时性和不坚固的视觉感受，与体现尖端技术的雷达整体形象不相符。

因此，该方舱产品形象识别设计中（图 3-22），首先满足功能要求，合理组合布置内部设备，提高使用效率和安全性；而后关注人机工程，优化人机操作界面，整体优化工作环境以增加人体舒适度，尤其重视用户视觉与心理感受，将方舱的各衔接边角都采用圆角处理，赋予整个空间很强的整体感；运用素雅清新的色彩搭配，让操作人员感觉犹如在机舱式的高科技环境操作设备，提升操作者对设备的亲近感，同时提升人体生理和心理的舒适度。

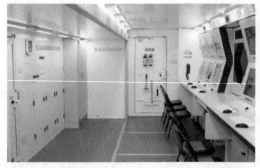

图 3-21　某车载方舱产品形象识别设计前　　　　图 3-22　某车载方舱产品形象识别设计后

3.3.4 品牌形象策略

品牌形象策略旨在构建形象体系，树立品牌之美，通过对各领域雷达产品的形象定位、产品语义提炼、产品族DNA打造等，构建完善的产品形象设计体系，树立企业具有高辨识度、差异化的产品品牌形象。

如图3-23所示，某车载雷达在产品形象识别前，根据产品功能需求，形成基本的布局设计，该原型以矩形方正的单机设备为结构单元，设计时也关注整车外部轮廓线的规整，以及内部辅助线的贯穿，是一款产品功能完善、风格中规中矩的设计，与目前雷达产品无明显差异化，缺乏品牌识别特性。

图 3-23　某车载雷达产品形象识别设计前

应用雷达产品形象识别策略，该雷达遵循概念设计视觉形象定位，构建以"卫国重器，国之后盾"为产品语义及产品族DNA设计元素的形象识别体系，采用硬朗的直线设计风格，进一步运用整机外部轮廓线的规整和内部形态辅助线，进行整车功能集成、布局优化、车载户外柜整合设计，以及外观形态要素统一，集中体现产品的识别特点，体现雷达装备的整体感、时代感和坚固感，体现雷达产品形象的高辨识度，树立产品的品牌形象（图3-24）。

图 3-24　某车载雷达产品形象识别设计后

车载、机载、舰载领域雷达产品形象设计实践，均遵循塑造系统之美、技术之美、品质之美和品牌之美的顶层设计策略，致力于打造具有整体感、科技感、品质感、人机交互体验优良的高端电子装备。

3.4 地面雷达产品形象识别

地面雷达分为固定式雷达与机动式车载雷达，是典型的技术主导型装备，是防御系统中不可或缺的坚强后盾，具有高科技、防御性强的特点。由于固定式雷达通常体型庞大，高达十几米到几十米，根据不同的功能需求形态也有较大差别，需针对具体设计需求具体分析，因此本节中不展开阐述固定式地面雷达产品，以机动式车载雷达为主要分析对象。

机动式车载雷达作为一种特殊车辆，其特点为便于运输、架撤速度快、环境适应能力强、可维护性能好。因此，其整体形象应与其使用环境相匹配，具备一定的安全性能与隐身性能，满足全天候使用的需要，并赋予雷达更为丰富的品质感、坚固感与科技感的造型语言。同时，车载雷达的外观造型还受到现代加工工艺的影响，其形态应符合在新需求、新技术、新工艺条件下的审美要求。几何形态具有硬朗、坚实的特点，满足装备车辆与载具的现代审美，具备明显的造型特征，符合机加工的制造工艺。

3.4.1 形象定位

雷达所具备的高科技性和强防御性，使其在防御系统中处于不可或缺的重要地位，因此对雷达形象进行定位时应突出其高可靠性的特点，从产品语义和形态设计上赋予雷达更为丰富的安全造型语言。

"察于微末，无懈可击；一夫当守，万夫莫敌"，为了突出雷达作为地面预警探测和情报侦察的核心作用，体现其在瞬息万变的电子装备使用环境中举足轻重的作用，可以将车载雷达产品形象定位为"力量、坚固、威慑、可靠"。

3.4.2 产品语义提炼

自古盾牌具有与雷达极其相似的防御能力，代表着高安全性。盾牌作为古代防御性武器，外表坚固可靠、防御性强，在冷兵器时代大显神威。从车载雷达的特点出发，其坚固、可靠、力量、威慑的形象定位与盾牌的象征意义不谋而合，因此提炼车载雷达产品语义为"卫国重器，国之后盾"。

选取如图 3-25 所示的盾牌作为车载雷达的形象参照，展示其"防御性强、坚实可靠"的特点，以此塑造车载雷达硬朗稳健、富有威慑的产品形象。

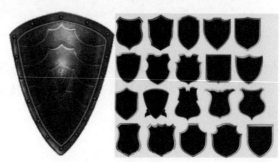

图 3-25　盾牌形象及轮廓提取

3.4.3　产品族 DNA 设计

盾牌形象具有防御性、安全性、可靠性的特点，同时展现出强烈的力量感。基于盾牌形象的车载雷达产品形象在设计时，为了体现出防御与安全可靠的特点，应充分考虑以下几点。

①整车保证造型元素的一致性，车身形态连续流畅，具有整体感，折角元素为整车造型增添运动和速度感。

②整车在保证整体性的基础上，运用各种凸面造型，从视觉角度增加车身的体量感，增加其心理安全感。

③整车多采用加强筋的设计，在保证制作工艺的实现性的同时增加车身本身的强度。

为了统一车载领域雷达产品的设计语言，形成系统的产品形象设计规范与指南，需要一套完整的产品族 DNA 的提炼与设计。因此，在盾牌造型简化的基础上，对其形象元素进行提取凝练，提取棱角分明、强劲有力的折线线条作为产品族 DNA 元素，表达复杂电子装备产品硬朗坚实，具有强大威慑力的特点，如图 3-26 和图 3-27 所示。

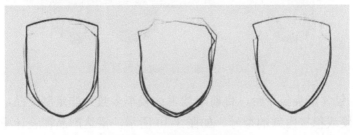

图 3-26　盾牌元素提取

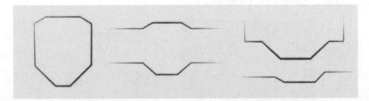

图 3-27　车载雷达产品族 DNA 特征及延展形态

在车载雷达整体外观设计中，从整车的整体布局与形态、线面体造型和细节 3 个视觉层次开展产品族 DNA 元素的灵活应用，打造车载雷达整体感。

1. 第一视觉层次：整体布局与形态

第一视觉层次是指观察者在较远处对雷达的初步视觉印象。雷达整体的大形态与整体色彩是产生这一初步视觉印象的基础，主要展现产品整体布局与形态设计。与第一视觉层次设计关联的主要结构单元包括车头、车身、整体外观等。通过内、外部形态轮廓线的应用，提高整车外部形态轮廓的连续性，平台设备的整体性，实现设备内部部件外观要素的秩序性组合，保证整车的简洁和统一，以及视觉的稳定性，如图 3-28 和图 3-29 所示。

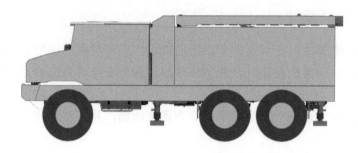

图 3-28　外部轮廓线运用示例

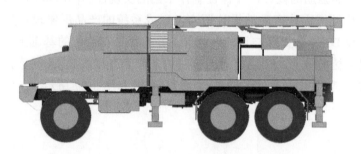

图 3-29　内部形态辅助线运用示例

（1）载车：包含车头与平台，目前车载雷达载车多数为非定制产品，应根据产品整体形态选择方正刚硬或稳重内敛的型号。如图 3-30 所示，雷达产品在设计中倾向于选用富有张力和力量感线条特征的车头，有利于与设备、方舱等元素形成连续、贯穿的形式风格呼应，更适合体现速度、力量、强硬的产品形象。

图 3-30　雷达产品常见车头设计

（2）整体外观：车载雷达的整体外观由平台上的各种设备、方舱和阵面等组合构成，可以运用外部轮廓线和内部形态辅助线规整外观形态，并在整车各部位增加同一形式的倒角或弧线形态处理，设备、方舱及阵面相互呼应，加强结构单元统一化。如图 3-31 所示，两款雷达组成复杂、设备量大，均通过各设备的形态整合设计、布局优化设计、功能造型一体化设计、统型及系列化设计，使凌乱的设备布局规整、特征前后呼应、造型风格贯穿，既满足外部轮廓线规整的要求，也满足内部形态辅助线贯通的视觉效果，整车形态紧凑、规整，风格统一，大幅提升整体外观形象。

图 3-31 整体外观设计

2. 第二视觉层次：线、面、体

第二视觉层次是指观察者在较近处观察雷达后产生的视觉印象。这个层次的风格设计、产品形象识别设计是雷达设计的重点，观察者通过该层获得的视觉印象可以较为准确地判断出是否为某一品牌的雷达产品。与第二视觉层次设计关联的主要结构单元包括天线阵面、天线座、支撑机构，以及机柜、机箱等车载设备。

（1）天线阵面：车载相控阵雷达常见天线阵面形式包括桁架式、骨架式等，桁架式阵面通过天线单元造型、阵列形式、阵面造型设计等体现阵面的轻盈、韵律，骨架式阵面通过外观整合、家族化造型元素设计等体现阵面的规整、品质感，如图 3-32 所示。

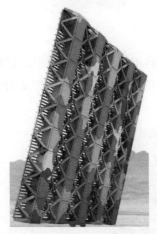

图 3-32 天线阵面设计

（2）天线座：现有天线座造型通常比较简单，缺少设计感，可以结合倒竖机构造型统一开展造型，注重和其他结构单元的协调，同时可以考虑在其他产品间的延续与拓展使用（图 3-33）。

（3）支撑机构：通常由蛙腿和调平腿两部分组成（图 3-34）。蛙腿是从车两端延伸出来的吊臂式结构单元，常为两段式，内接油压设备，外接蛙脚柱，造型元素较为丰富。支撑腿是直接支撑在地上的承重单元，这两种支撑机构外部有很多绕线，在设计上可以参考机器人手臂，采用包裹内蔽线缆，在整体化的基础上逐渐简洁，呈现几何感，提升科技感。

图 3-33　天线座设计

图 3-34　支撑机构设计

（4）机柜、机箱等车载设备：与整车风格统一规划，将柜体、柜门、把手、雨沿作为结构元素，针对不同功能、位置的设备采用系列化、家族化的造型设计，增加产品的设计感（图 3-35）。

图 3-35　风格统一的车载设备设计

3. 第三视觉层次：点、细节

第三视觉层次是指观察者对雷达产品做仔细观察时产生的进一步深刻认识。这个层次的印象是对雷达的细节设计与雷达的做工的反映。第三视觉层次的外观设计包括雷达的一些通用件或细节部分，如空调外架、门、维修梯、踏板、格栅形式、铰链、把手、走线、表面处理、铭牌等，通过各细节要素的统一设计和工艺制作水平展示，体现精益求精的产品品质，如图 3-36 所示。

图 3-36　细节要素设计

3.4.4　地面雷达整车形象设计案例

车载雷达的结构复杂，通常包含载车、天线阵面、伺服传动机构、操控方舱、分机设备等物理单元，车载雷达整车形象设计的难点是如何通过外观形态设计，满足不同视觉层次的系统美学要求，以及如何结合产品语义和产品族 DNA 设计方法，打造产品识别性。下面以某型车载雷达为例，详细介绍产品族 DNA 设计在整车识别性设计中的应用。

1. 整车识别

在车载雷达产品形象设计过程中，注重将车载雷达产品族 DNA 进行灵活运用，贯穿于车载雷达整机外观、平台设备和通用部件的造型设计中，打造具有独特形象识别特点的产品系列。某型车载雷达（图 3-37）通过贯穿首尾的腰线形态将相对独立的单元联系到一起，增强整体感的同时，使整车更富于力量和韵律。错落有致的腰线造型特征形成了具有强识别度的家族基因。

图 3-37　整车形象风格设计

2. 前罩识别

不同车载雷达采用的第三方载车不尽相同，车头与车身之间连续性不强，存在较大的间隙，既缺乏整体性也缺乏设计美感。车辆前罩位于车头与后部舱室之间，可以在车头部位与后部设备间距大于 200mm 时考虑增加前罩，目的在于将车头与车身设备视觉上连接为一体，降低因车头与车身造型差异带来的杂乱感，使整车外轮廓更加简洁规整。同时前罩运用车载雷达产品族 DNA 元素，提升产品识别度（图 3-38 和图 3-39）。

图 3-38　前罩识别特征演化

图 3-39　前罩识别设计

3. 腰线识别

　　腰线为体现车载雷达产品形象的重要部分，是远距离观察运输状态产品时的主要视觉落点，是整车的主要设计特征。

　　车载雷达的整车外观腰线从车头贯穿至车尾，将相对独立的各个舱体联系到一起，强调家族语言的同时，使车载雷达的整体感更加强烈。腰线的走势错落有致，富有力量感和韵律感（图 3-40 和图 3-41）。

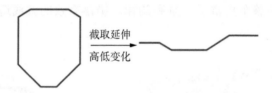

图 3-40　腰线识别元素演化

图 3-41　腰线识别设计

4. 围挡识别设计

围挡位于轮胎上边缘与设备舱之间，旨在填补两者之间的空隙，增加整体感与厚重感。车身下部围挡在视觉上使车身重心降低，更显稳重，增添了威武雄壮之感。围挡的折线走势与腰线保持一致，增加整体性（图3-42）。

图 3-42　围挡识别设计

5. 天线阵面识别设计

天线阵面是雷达重要的功能部件和结构要素，面积较大，视觉元素复杂繁多，由功能不同的天线单元、规则排布的阵面后门和天线罩组成。设计重点在于创造天线阵面和谐统一的视觉关系，遵从简洁的造型原则，突出天线造型的整体性（图3-43）。

图 3-43　天线阵面识别设计

6. 阵面门识别设计

阵面门呈规则排布，是天线阵面的主要造型元素之一。阵面后门以阵列组合形式存在，为塑造雷达高科技感、高防御性、高安全性的产品形象，设计时以塑造整体的协调美观、突出简洁大气、敦实安全为主要宗旨。设计以突起的连续线形结构串联，形成简洁而协调的形面关系，创造出流畅、协调、完整的视觉形象（图3-44），与产品家族基因——折线造型相互呼应。

7. 天线座及转台识别设计

天线座是支撑天线阵面360°旋转的重要组成部件，也是平台设备中体积与视觉冲击力仅次于天线阵面的重要设备。天线座作为重要的工作组件，设计时应将其外观造型与天线阵面作为统一体综合考虑，依靠简洁的造型和精细的制造工艺自然地表达出雷达产品的科技性与先进性。天线座及转台识别设计，应做到结构件配合紧密，造型和谐统一，追求标准化、模块化和集成化设计（图 3-45）。

图 3-44　阵面门识别设计

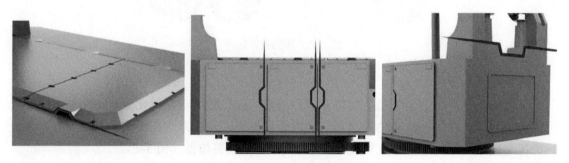

图 3-45　天线座及转台识别设计

8. 通用件细节识别

通用件是指在不同产品上可以直接或经过简单尺寸调整后即可使用的部件，如铰链、支撑腿、维修梯、百叶窗等。由于在各产品上形式一致，数量较多，在细节设计中，结合产品结构特点，将折线元素作为造型特征拓展运用在不同部件设计中，在体现整车统一性和整体性的同时，打造出契合家族理念的细节识别特征，如图 3-46 所示。

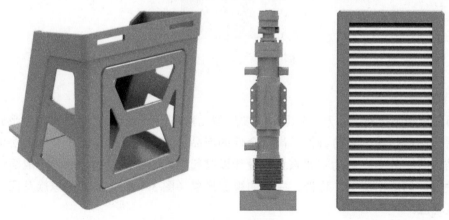

图 3-46　通用件识别设计

3.5 机载雷达产品形象识别

受性能和波段的影响,机载雷达必须在满足功能要求的前提下,力争达到在新需求、新技术、新工艺条件下的审美要求。机载雷达的几何形态应具有硬朗、锐利的特点,能够匹配雷达产品的现代审美,具备明显的造型特征。

3.5.1 形象定位

机载雷达是我国空中警戒、侦察的核心力量,在瞬息万变的复杂使用环境中,作为探测感知态势的主要装备,机载雷达能够完成搜索、截获、跟踪、制导、预警等多种功能。机载雷达设计精巧、轻薄,是空中装备的锐利的眼睛,因此将其产品形象定位为"锐利、机警、轻盈、精巧"。

3.5.2 产品语义提炼

雄鹰代表着坚韧不拔、永不放弃的奋斗精神和百折不挠、无所畏惧的超越精神。正如机载雷达在空中使用时的锐眼似铃,搏击长空时的顽强不屈,因此提炼机载雷达产品语义为"铁骨铮铮,鹰击长空"。

以雄鹰为机载雷达的形象参照,展示其机警锐利、轻盈精巧但又不失威猛的特点,以此塑造机载雷达的产品形象。雄鹰形象及轮廓提取如图 3-47 所示。

图 3-47 雄鹰形象及轮廓提取

3.5.3 产品族 DNA 设计

1. 产品族 DNA 元素

雄鹰作为机载雷达的形象参照,寓意着锐气与无畏,透露着"稳、准、狠"的特质;以雄鹰展翅的身姿塑造机载雷达锐利、精准、无畏的精神,展现出充满张力的速度感与力量感。

在雄鹰双翼造型简化的基础上,通过对其形象元素进行提取凝练,以其简化而成的折线线条及延展形态作为产品族 DNA,表达雷达产品尖端、科技的特点,如图 3-48 所示。

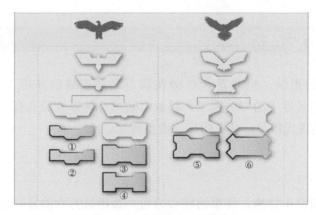

图 3-48 产品族 DNA 推演

2. 辅助图形元素

为保证造型设计中的连续性、丰富性和完整性，在应用产品族 DNA 时可以应用辅助图形（图 3-49）。设计辅助图形的作用主要有框示、作为基础造型元素、辅助基本造型特征等。辅助图形在造型设计中不作为主体元素，且形态简单，所以其使用有很大的自由度。辅助图形应用图例如图 3-50 所示。

（a）   （b）   （c）   （d）   （e）

图 3-49 常用辅助图形

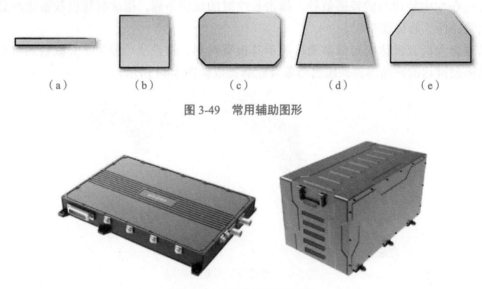

图 3-50 辅助图形应用图例

3. 产品族 DNA 的应用

机载雷达阵面造型服务于结构及性能要求，所以形态相对固定，能够体现产品形象的结构主要是雷达背面及各雷达组成单元；且就不同产品来说，结构及产品尺寸、比例不同，所以产品族 DNA 在使用过程中，一般与辅助图形元素组合应用，共同塑造产品形象。

1）产品族 DNA 的选用

在产品族 DNA 的选用方面应遵循如下原则。

（1）产品族 DNA 的选用要体现机载雷达设备简洁、轻量化、科技感强的基本形象。

（2）产品族 DNA 的选用要满足设备的功能与使用；当遇上把手、连接器、铭牌、通风孔等部件或功能特征时，要根据美观、统一性与实用性原则，选用合适的基本形态，并可结合辅助图形，适当调整产品族 DNA 特征。

（3）产品族 DNA 的选用要符合人机操作的高效性与可维修性。

2）产品族 DNA 的应用思路

在产品族 DNA 的应用方面，应遵循如下设计思路。

（1）确定主要造型面。当设备长、宽、高比例差别不大，整体形态较为方正时，通常以装有把手、连接器、包含复杂结构、面积较小等特征的面为次要造型面，如图 3-51 所示。

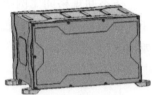

图 3-51　形态方正类设备主要造型面

当设备长、宽、高比例有较大差别，即整体形态为较扁长方体时，通常以面向用户的最大面积为主要造型面，其余为次要造型面，如图 3-52 所示。

图 3-52　形态扁平类设备主要造型面

当面向用户的主面上有大面积插件、电缆等设备，不易提取主要造型面时，应将其余造型面统一设计，如图 3-53 所示。

图 3-53　插箱类设备造型设计

（2）确定主造型面上的产品族 DNA。在模块数量少、体量相对较大或不同品种模块比例、形态差别较大时，可以选用设计感较强的造型特征，凸显机载雷达设备技术尖端、轻量化的特点，如图 3-54 所示。

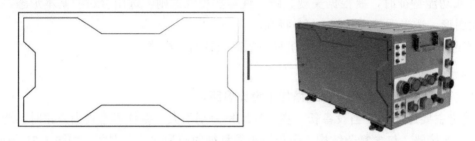

图 3-54　不同品种模块比例、形态差别较大的模块主造型面形式

在不同规格间比例接近、形态相似时，可以选用较为简洁、易于扩展和排列的造型特征，在大面积重复使用时，能够形成简约、整齐的韵律感，凸显机载雷达产品的精密与轻巧，如图 3-55 所示。

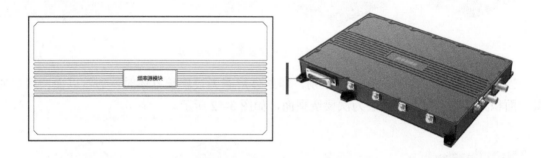

图 3-55　不同品种模块比例、形态差别较小的模块主造型面形式

（3）确定次造型面形式。当设备长、宽、高比例接近，形态较为方正时，次造型面可选用基本型与辅助图形组合，如图 3-56 所示。

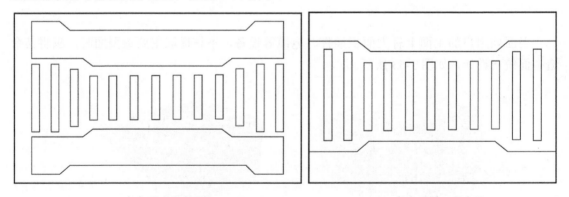

（a）周边留空间　　　　　　　　　　（b）周边不留空间
图 3-56　形态方正类设备次造型面形式

当设备长、宽、高比例差别较大，整体形态为较扁长方体时，次造型面以简洁、统一为主要原则，灵活运用辅助图形，如图 3-57 所示。

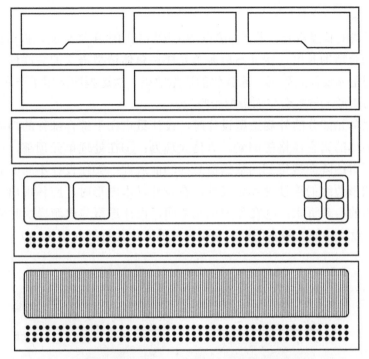

图 3-57 形态扁平类设备次造型面形式

（4）明确面与面之间的对应关系。设计主造型面与次造型面时，要注意主造型面特征确定后，次造型面的留边、折线长度等特征需要与之一一呼应。如图 3-58（a）所示，主、次两个面之间的梯形特征宽度相近，在视觉上起到良好的呼应作用，整体感好；如图 3-58（b）所示，主、次两个面特征距棱边的距离相同，形成良好的延续效果，韵律感强。

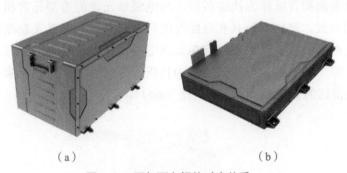

（a）　　　　　　　　　　　　（b）

图 3-58 面与面之间的对应关系

3.5.4 机载雷达形象设计案例

机载雷达是一种以电子技术为主的机电一体化装备，其结构复杂，通常包含天线阵面、电源模块、处理单元模块、雷达射频回波模拟器等物理单元，机载雷达形象设计的难点是如何对各个组成模块进行设计，满足不同视觉层次的系统美学要求，以及如何结合产品语义和产品族 DNA 设计方法，打造产品形象。下面以处理单元及雷达射频回波模拟器的设计过程为例，说明基于产品族 DNA 的机载雷达产品形象设计过程。

1. 处理单元设计案例

处理单元模块的长度较长，将产品族 DNA 运用到两个主造型面，将对称的造型元素保留，横向拉伸到合适的长度，保证与电源单元模块总体造型语义的关联性，使产品的形态更加规整，达到整体设计系列感、家族化的造型效果。次造型面运用了产品族 DNA 中的元素与长方形辅助图形，与主造型面造型相呼应。

在进行处理单元部分的外观造型设计时，设计重点在于综合部件的功能属性、价值期待、机载雷达整体的语言风格等因素。具体表现为：①在处理单元顶部，运用辅助图形体现处理单元处理雷达阵面搜集到的数据信息的功能属性；②在设计不同面的外观时，应注意面与面之间图形边缘的连续性和延续性，在设计基本图形时，应体现出"稳定、灵敏、高新尖"的人们的心理诉求；③在处理单元侧面，设计造型与电源模块时应体现相同的设计元素，选取、设计相似的基本图形，保持高度的家族化特征（图 3-59）。

图 3-59 处理单元

1）上表面造型设计

处理单元上表面和背板作为次造型面，与电源单元表面造型元素相同，采用形态方正类设备次造型面形式，产生一种具有延续性的造型形式。处理单元表面的视觉印象体现在各个面之间的连续和对应关系。在处理单元的造型设计中，每两个邻面之间有着线条和元素的对应关系。每个轮廓都应以单元边界为转折，与邻面上的造型轮廓进行连续处理，从细节处体现机载雷达的整体感和精致感（图 3-60）。

图 3-60 处理单元上表面与背板

2）侧表面造型设计

处理单元侧面板造型与电源单元模块形状上表面应用产品族 DNA 基础图形，将侧平面切割成两个部分，保证元素在每个平面中的合理运用，以此保留系列化的设计元素，也不破坏造型设计的美感（图 3-61）。

图 3-61　处理单元侧面板

3）处理单元连接器面板

处理单元连接器面板的设计过程与电源连接器面板一致，将连接器的位置进行微调，使之排列有序。将不同种类连接器分区，用线框将每个区域的序列号标注清晰，使连接器各接线口容易识别的同时保证面板的设计美感（图 3-62）。

图 3-62　处理单元连接器面板

2. 雷达模拟器设计案例

雷达模拟器外观设计着力点主要集中在盖板外观设计、侧面外观设计。雷达模拟器设计如图 3-63 所示，其造型通过以下方式实现产品形象指导下的外观设计：①在处理单元顶部，运用产品族 DNA 加标志塑造雷达射频回波模拟器的家族化特征，体现高度的系列化产品形象；②在设计不同面的外观时，注意面与面之间图形边缘的间隔，使用基础图形元素弱化侧面视觉特征，加深主造型面的主体特征，加深家族化的心理诉求；③在设计开关面板、连接器时，采取整齐的排列，保持高度的规整感。

图 3-63　雷达模拟器设计

1）上表面造型设计

上表面作为主造型面，采用凸起手法构造产品族 DNA 中基础图形的缩放形体元素，中心处通过沉降的手法点缀标志，增强产品的辨识度与延续性（图 3-64）。

图 3-64　上表面造型分析

2）侧面造型设计

侧面作为次造型面，采用线条及沉降相结合的方式将开关面板、出风格栅、连接器等分区进行统一设计，使产品简洁、有序、整体感强；在底部为了丰富造型特征，增加阵列凹点，丰富细节，提升产品的视觉张力（图 3-65）。以上构造的线框边缘都是矩形形象，体现产品整体风格，使其更加稳重。

图 3-65　侧面造型分析

3.6 舰载雷达产品形象识别

舰载雷达在防御体系中占有极其重要的地位，在语义上应彰显舰船灵动、稳健的特性，设计构思时应赋予雷达更为丰富的品质感、灵动感与稳健有力的造型语言。对舰载雷达设计而言，其设计要素主要集中在舰船内部，因此其形态应符合在新需求、新技术、新工艺条件下的审美需求，其几何形态应具有硬朗、锐利的特点，匹配雷达产品的现代审美，具备明显的造型特征。

3.6.1 形象定位

舰载雷达是感知海上势态的主要装备，是海上力量的重要组成部分。随着使用效能要求的提高，舰载雷达及设备能够在复杂环境下达成多任务、多功能、多目标的使用需求，调度灵活，性能稳健，既有保驾护航的阳刚之威，又有以人机效能为先的细致入微，因而将舰载雷达产品形象定位为"灵动、稳健、刚柔并济"。

3.6.2　产品语义提炼

海燕是大海上坚强无畏、骁勇善战的先驱者，宛如一道闪电，不惧风浪、勇往直前，有着"乘浪御海，骁勇无畏"的精神。正如舰载雷达一般，即使身处惊涛骇浪的使用环境，依然能"探四面之敌、御八方之海"。因此，提炼舰载雷达产品语义为"乘浪御海，骁勇无畏"。

如图 3-66 所示，选取海燕作为舰载雷达的形象参照，对其灵动舒展、稳健有力的身姿进行抽象化处理和视觉元素提炼，以此塑造舰载雷达灵动、稳健、刚柔并济的产品形象。

图 3-66　海燕形象

3.6.3　产品族 DNA 设计

海燕的身姿呈现出灵动、稳健、刚柔并济的特点，同时展现出充满张力的速度感与力量感。在海燕造型简化的基础上，对其形象元素进行提取凝练，使其具有连续有力、简洁易辨、方便加工的特点。以其简化而成的折线线条及延展形态作为产品族 DNA，硬朗锐利，可以表达雷达产品灵动、稳健、刚柔并济的特点（图 3-67）。

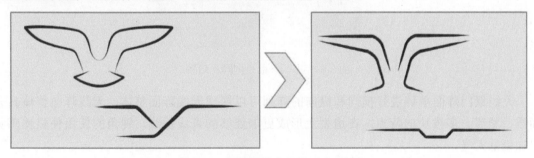

图 3-67　舰载雷达产品族 DNA 特征

3.6.4　舰载雷达形象设计案例

舰船内部场景中主要包含阵面门、机柜、显控台 3 种设计元素，所以舰载雷达外观设计的主体就是阵面门、机柜及显控台。

1. 阵面门形象设计

天线多门阵面单体作为整体的基本阵列单元，设计时要求在给人简洁硬朗的视觉感受的同时融入具有识别性的造型元素。单个阵面门由底面和沉降面组成。沉降部分的造型方面，采用钝角倒角处理，形态规整性强；同时应用高度抽象的产品族 DNA 造型线条来体现设计造型语义；连接器与指示灯放于两侧沉降以此形成两侧的视觉分区。分区沉降线条与主沉降线条互补丰富造型语义，体现造型的稳重感和硬朗感。

多门阵面单门效果与双门效果如图 3-68 所示，多门阵面横向阵列效果如图 3-69 所示。

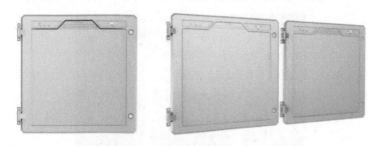

图 3-68　多门阵面单门效果与双门效果

图 3-69　多门阵面横向阵列效果

天线双门阵面单体进行横向和纵向的阵列可以展现天线阵面整体，天线阵面整体具有简洁、紧凑、多模块的特点，在造型上形成更加连续的直线折线，钝角的使用使整体感觉更加稳重大气。

舰载整体阵面的柜门设计采用视觉下一体化的折弯造型，柜门沉降的外部与边缘轮廓使用同弧度等距的圆角保持和谐感，内部的把手运用折线的造型基因元素，形成系列化的设计语言，使把手的造型特征可在不同规格柜门上沿用。在人机方面，通过使用内凹把手与内置铰链，保证外观的简洁性。如图 3-70 所示，舰载整体柜门采用产品族 DNA 抽象线条，在保持舰载特色的同时与车载平台产品形成家族化外观呼应，增强了系列产品的识别度。

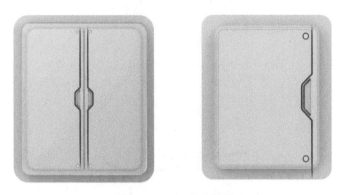

图 3-70　双门阵面效果

2. 机柜形象设计

机柜造型方面，如图 3-71 所示，通过运用产品族 DNA 对柜门中间的大部分区域进行沉降处理，可以体现家族化设计特色。通过内置氛围灯强调空间区分；通过倒角处理，体现稳重感的同时符合产品的加工要求；通过对显示屏、铭牌和门把手的一体化设计，可以提升柜门的整体性。

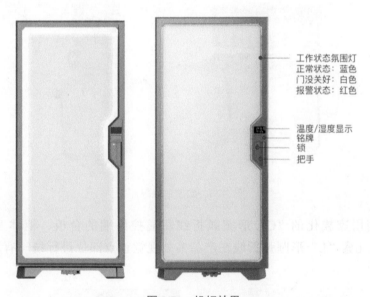

工作状态氛围灯
正常状态：蓝色
门没关好：白色
报警状态：红色

温度/湿度显示
铭牌
锁
把手

图 3-71　机柜效果

如图 3-72 所示，将棱角分明的对称折线巧妙地运用到柜门把手处、门锁处、顶部面板处，体现海燕"刚之美"的产品族设计基因，增加舰载雷达高频舱机柜的设计感与力量感，打造出高度家族化的舱内设备新形象。

图 3-72　机柜效果

3. 显控台形象设计

选取彰显海燕"柔之美"的产品族设计基因——流畅动感的圆弧折线，作为主要识别元素，深度融入舰载雷达的显控终端系列产品中，如图 3-73 所示。利用流线型轮廓、圆角特征及连贯切面营造出灵动且极富张力和层次感的产品形象。同时，通过在 CMF、辅助功能等方面的创新，极大提升了产品的人机交互体验。

图 3-73　显控台效果

创新性地利用家族化的"C"形圆弧折线将显控终端的台板、柜体及底座融为一体，并结合衍生元素"L"形圆弧折线在产品多处视觉重点部位进行统一有序的基因表达（图 3-74）。

图 3-74　显控台细节效果

第4章

雷达装备人机工程设计

本章导读

人机工程学作为综合性、多学科融合的交叉学科，在工程技术领域的应用十分广泛，人机工程设计逐渐成为产品设计流程中的重要环节。根据雷达的使用特点，显控操作、舱内工作和整机架撤维修是雷达装备人机工程设计应关注的重要方面，其过程中的操作效率和内心感受是提升产品用户体验的关键。本章首先从设备工效性和交互界面出发，从软硬件两方面研究了雷达显控终端的人机工程设计内容和方法；然后从舱室空间、色彩灯光、热环境、噪声4个方面对雷达舱室的内部环境开展设计研究；最后以雷达整机为对象，对雷达架撤和维修过程中的设计要点及典型应用案例进行介绍。

本章知识要点

- 雷达人机工程设计概述
- 雷达显控终端工效性与交互设计
- 雷达舱室人机环境设计
- 雷达整机人机工程设计

4.1 雷达人机工程设计概述

"以人为中心的设计"是人机工程学的核心和出发点，因此人机工程设计聚焦一切有人参与的系统、产品或过程，充分认识并考虑人的特性（生理心理特点、能力与局限等），充分发挥人的积极作用。在产品研制过程中，人机工程设计应关注系统的安全性、高效性、舒适性、灵活性、可靠性等，以满足人的安全与健康、满意度、审美、价值实现与个性发展等多层级需求，最终实现"人—机—环境"系统总体性能的优化。

随着科技、社会的进步和电子装备的发展，用户体验成为评价产品优劣的重要指标，人机工程设计在雷达装备研制中发挥着越来越重要的作用。在雷达的典型应用场景中，显控终端是人机交互最为密切的雷达设备，显控终端的工效性和交互设计极大程度上决定了用户的工作效率。作为用户停留时间最久的工作空间，方舱在空间布局、灯光照度、温度、噪声控制等方面的优化设计能有效缓解用户的作业疲劳，提升用户舒适性。此外，雷达整机在架撤过程中的自动化设计、集成设计、并行设计，以及维修过程中的安全性、可视性、互换性等均与用户的操作体验息息相关。

可见，人机工程追求的安全性、高效性、舒适性等目标与雷达装备的设计要求十分契合，雷达人机工程设计有助于用户获得高品质的体验，良好的雷达人机工程设计有利于增强雷达的综合效能和产品竞争力。

4.2 雷达显控终端工效性与交互设计

为满足现代化使用需求，雷达显控终端需要显示的目标信息量成倍增长，对操作人员在生理和心理方面带来巨大的工作负荷。雷达显控终端的人机工程设计需从设备工效性设计、交互界面设计两方面着手，降低操作人员的工作负荷和疲劳度，提升操作效率和体验舒适性。

4.2.1 雷达显控终端的分类

雷达显控终端作为主要的人机交互的媒介，主要承担雷达状态的监控、目标的监视，以及距离、方位、俯仰等目标参数的提取等功能。雷达显控终端从装载平台可分为舰载显控终端、车载/地面显控终端和机载显控终端。

1. 舰载显控终端

舰载显控终端主要安装于舰船的舱室内，整体配色以中绿灰和黑色为主，需要满足振动冲击、盐雾等环境条件。舰载显控终端主要分为上下双屏、左右双屏、多屏等结构形式，如图4-1所示。显控终端台体主要采用铸造成型，随着产品轻量化的要求越来越高，碳纤维材料逐渐在舰载显控终端上推广应用。

图 4-1 舰载显控终端

2. 车载 / 地面显控终端

车载 / 地面显控终端主要安装在方舱、指挥大厅、控制室等地方，整体配色需搭配舱室环境的整体风格，一般以浅灰色和黑色为主，如图 4-2 所示。在振动冲击要求方面，车载显控终端根据产品要求不同，应满足 GJB150.16A 中高速公路卡车、组合轮式车等振动环境，地面显控终端仅需满足公路运输条件。车载、地面显控终端主要分为单屏、上下双屏、左右双屏、多屏等结构形式，显控终端台体采用铸造或钣金加工成型。

图 4-2 车载 / 地面显控终端

3. 机载显控终端

机载显控终端主要安装于机舱内，整体配色需搭配机舱内部环境的设计风格。在振动冲击要求方面，机载显控终端通常需满足振动冲击、低气压等环境条件。机载显控终端主要为单屏、上下双屏的结构形式，如图 4-3 所示。为满足轻量化的设计要求，通常选用轻质复合材料。

图 4-3　机载显控终端

4.2.2　设备工效性设计

雷达显控终端的设备工效性设计应依据人体的生理特征，如腿部活动范围、人体手部操作范围、人体视线区域等，并结合显控终端的台板、显示器、按钮、键盘、鼠标、操作面板等设备的使用特性，从操作和维护的便捷性、用户体验舒适性等方面考虑，形成系统解决方案。

1. 作业空间设计

雷达显控终端的操作人员执行任务的主要场所一般为雷达车的方舱、舰艇的船舱等，这些空间通常比较狭小且布局紧凑。

为确保操作人员能高效、舒适地完成各项任务，雷达显控终端设计应以提高工作人员的工作效率、降低工作人员的作业疲劳度为目标，结合人体基本尺寸参数，量化地分析工作空间的构建，使空间布局合理化、规范化，考虑显控终端单席位与舱内其余设备的空间交互关系，为操作人员留出足够的活动空间，减少操作障碍。雷达显控终端的作业空间设计主要涵盖台面高度、容膝空间、操作区间、视线区间等内容。

雷达显控终端的台面高度和容膝空间范围定义如图4-4所示。雷达显控终端操作人员的工作状态主要为坐姿操作，当上臂自然下垂、前臂接近水平状态时人最不易疲劳，因此台面高度应与坐姿状态下人的肘高一致。一般以男子第95百分位数尺寸来确定台面高度，通常情况为740～790mm。在台面下方应考虑充足的容膝空间，保证人员腿部的自由伸展，容膝空间应高度不低于640mm、宽度不低于510mm、深度不低于460mm。

雷达显控终端的操作区间设计应结合手操作区域和台面设备操作频率需求。雷达显控终端的手操作区域，即坐姿平面作业范围，就是人坐在工作台面，在水平台面上运动手臂所形成的运动轨迹范围。台面设备操作频率需求应参照主显示器、与主显示器相关的主控制器、使用频繁的元件、本系统其他元件的使用顺序进行设计，具体设计可参考以下原则。

（1）重要性原则：优先考虑实现系统作业的目标或达到其性能最为重要的元件。

（2）使用频率原则：经常使用的元件应布置于作业者易见易触及的地方。

（3）功能原则：把具有相关功能的元件编组排列。

（4）使用顺序原则：按使用顺序排列布置各元件。

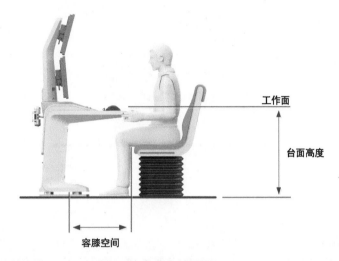

图 4-4　作业空间设计

　　键盘和鼠标为操作频率最高的设备，应布置在手的舒适操作区；触控一体机、标准操控模块、语音通信终端操作频率次之，应布置于有效操作区内；显示器等不常操作的设备，可布置在可扩展操作区，如图 4-5 所示。

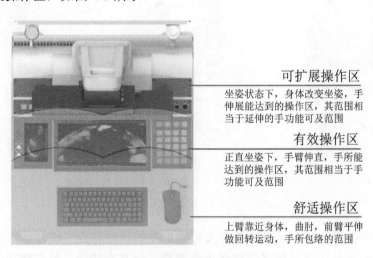

图 4-5　某雷达显控终端操作分区

　　雷达显控终端的视线区间应根据基准眼位来设计。坐姿显控终端基准眼位是设计视觉条件和确定控制室盲区的基准。操作人员处于正直坐姿时，眼位在控制台面前缘的垂直基准线上，其高度为座椅面高度和坐姿眼睛高度之和。人的坐姿自然视线要与显示器屏幕垂直，如图 4-6 所示。

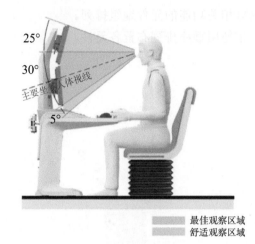

图 4-6　视线区间示意图

2. 维护性设计

雷达显控终端的维护任务主要包含显示器维护、台面设备（如键盘、鼠标、操控面板）维护、后部线缆维护，以及台体下方内部机箱、模块（如显控模块、电源模块）的维护。雷达显控终端常见的人员维护姿态如图 4-7 所示。

（a）显示器维护　　　　（b）台面设备维护　　　　（c）后部线缆维护

图 4-7　人员维护姿态

在进行维护性设计时，应充分考虑人员维护时的动作特点，减轻其生理负荷。例如，可以利用快速连接件实现显控终端部件灵活变换（如基座转动、键盘翻转、台面上翻），能使人员在较为舒适的姿态下进行维护操作，提升维护的可达性，减轻维护时的负荷，如图 4-8 所示。

3. 舒适性设计

舒适性是指使用者在使用产品时，其感官在一定范围内表现出积极、满意等情绪性体验，是人们对于产品设计的最高层次需求。随着新技术、新材料的不断革新，以及用户体验设计的发展，产品设计应该更多地考量使用者的身体因素和心理感受，更好地配合其肢体行为和感官需求，在保障产品功能要求和设计指标的同时，逐步实现产品的人性化和智能化，

148

从而为使用者在行为过程中提供更舒适、健康的工作体验。

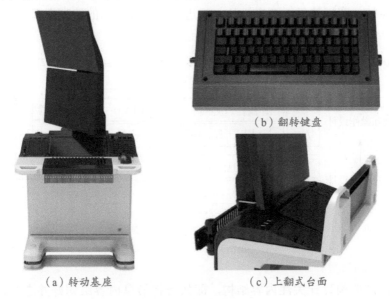

（b）翻转键盘

（a）转动基座　　　　　　　　　（c）上翻式台面

图 4-8　维护性提升设计

雷达显控终端舒适性设计可从人体的感官需求（触觉、听觉、视觉）出发，基于雷达显控终端的自身特点以及舱室环境的外部影响，结合用户体验的调查和分析，形成个性化的舒适性解决方案。针对常见的台面冰冷、座椅体感较硬、舱室噪声大、显示器屏幕眩光等显控终端舒适性问题，可采取台面自适应加热和亲肤涂层、座椅软材料填充（图 4-9）、设备降噪设计、舱室自适应灯光等措施进行改善。

图 4-9　人体工学座椅

4.2.3　交互界面设计

雷达显控交互界面设计是以用户体验为中心的，涵盖软件信息架构设计、交互操作设计、视觉显示设计，交互界面设计框架如图 4-10 所示。信息架构设计通过目标导向、分类重构等方法，完成信息组织和架构模式设计，构建用户信息决策支撑平台。交互操作设计通过人因工程、多模态交互等方法，完成操作流程、交互方式、原型 DEMO 设计，以实现用户操作体验的高效快捷。视觉显示设计通过信息可视化、设计美学等方法，完成界面风格、布局、色彩、控件、图标等显示要素设计，促进用户视觉认知的清晰直观。

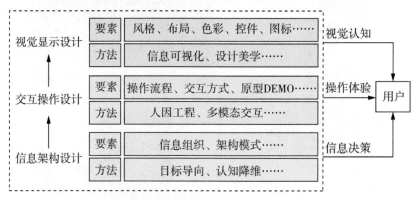

图 4-10　交互界面设计框架

1. 信息架构设计

雷达显控信息架构设计关注内容结构，即如何将信息内容组织好并进行标注，以便用户容易找到所需的信息，通常采用目标导向与分类重构等方法，包括信息组织、架构模式等设计。

1）信息组织设计（图 4-11）

雷达显控信息由目标信息、操控信息、状态信息等构成，包括目标航迹、功能菜单、图像图表、信息文本、控件等元素。信息组织设计将数据中的固有模式进行组织，使复杂之处清晰化，创建信息结构让用户找到所需知识。通过确定信息分类、信息结构和信息优先级，解决信息元素较多，逻辑关系复杂等问题，优化界面结构和导航清晰性，降低信息搜索与认知负荷。

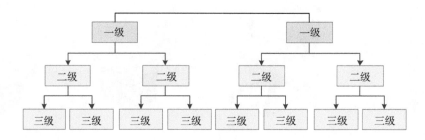

图 4-11　信息组织设计

信息组织设计方法主要包括卡片分类法、精确 / 模糊分类法、自上而下法 / 自下而上法。卡片分类法是将功能信息编成一堆索引卡片，让熟知业务流程的用户进行分类，展现用户头脑中对任务和内容默认分类与标记的方式。精确分类法可按时间、距离、位置、首字母、威胁度等分类；模糊分类法可按科目、目标用户、任务等进行分类。自上而下法，指从设计目标和用户需求着手，将任务拆解，信息的分层随着操作步骤层层深入；自下而上法，指从最末端的信息逐级上推，将低一级的信息归属到高一级的信息中。几种信息组织方法经常在设计中组合使用。

信息组织包括广度与深度两个方面。由于眼睛扫描比鼠标点击运行得快，因此在广度选项间的扫视比在深度选项间的选择更轻松；如果广度太大而将所有选项全部展示出来，缺少一定的深度层级，用户的记忆负荷就会增加。因此，信息组织需要实现广度与深度的平衡，即界面可见菜单项的数目与层级结构数目的平衡。

2）架构模式设计

信息架构模式包括平铺式结构、线性结构、层级结构、网状结构、分面结构、综合结构、自组织结构等。信息组织确定后，依据使用场景和功能层级选择合适的架构模式。当功能信息量较少时，可采用平铺式架构，将所有的功能点完全展示出来。当功能信息量较多时，通常采用层级结构或网状结构，如选项卡设计，当前选中的选项卡置顶显示时，通过点击标签来切换相应选项卡内容。

模块化是架构模式设计的关键方法，将相对独立的功能封装为模块，每个模块由基础的按钮、输入框、表格、图形等元素组成，在不同排列组合方法下，可以形成多样的用户界面信息架构布局。模块化架构的界面大部分以扁平化的方式呈现，即隶属功能是同一个层级信息的并列关系。用户通过界面导航按钮选择自己想要理解的功能，确保能在有限的界面范围内简捷、方便地完成操作。

以反干扰显控界面信息架构为例，首先根据不同使用场景下的反干扰需求，对反干扰策略、方式等进行梳理，确保不同阶段获取的信息完整；然后从信息分类、信息结构和信息优先级3个方面进行组织，选用层级架构模式，包括自适应反干扰和手动反干扰，并支持自定义策略设置。为了提升信息架构合理性，综合运用卡片分类法、精确分类法、自上而下分类法，依据重要程度和使用频率对反干扰信息进行优先级排序。信息架构设计实例如图4-12所示。

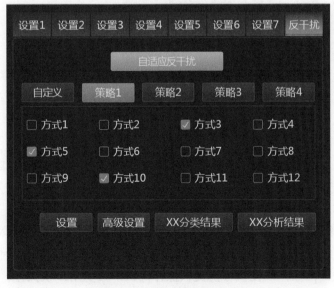

图4-12　信息架构设计实例

2. 交互操作设计

雷达显控交互操作设计关注界面人机工效和易学易用性，通常采用人因工程与多模态交互等方法，包括操作流程、交互方式、原型 DEMO 等设计。

1）操作流程设计（图 4-13）

操作流程设计通过设计任务操控顺序和路径，缩短操作时间，减少误操作。有些操作需要观察一系列的信息才能决定，或者执行一个任务需要操作一系列的控件。如果信息或布局混乱，长时间的搜索极易造成记忆混淆、遗忘等后果。因此，可针对操作者需要完成的任务，分析其中的主要操作过程，然后根据操作者的认知习惯，合并、减少及规划操作动作，从而减轻操作者的认知负荷和操作时间。

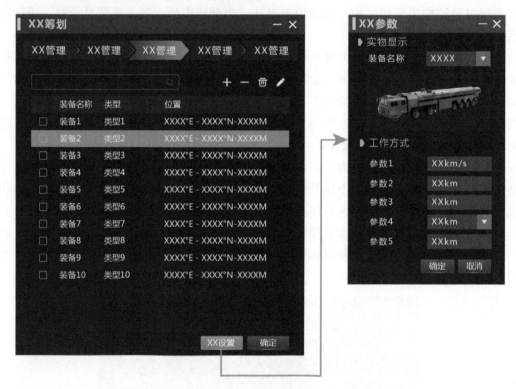

图 4-13　操作流程设计

2）交互方式设计（图 4-14）

交互方式以简单、快捷为设计原则，采用就近操作，减少鼠标移动距离。操作步骤简洁，提供默认值和快捷键，减少用户在操作过程中的记忆负荷，并提供清晰及时的操作引导和反馈，所见即所得。

同时，为了避免用户出错，交互方式还需注重容错设计。避免用户录入无效的字符信息，与当前操作无关的信息予以屏蔽和限制，保证用户在可能出现误操作的情况下，能正确预防和补救。对于关键性操作，在执行前提供操作确认，减少用户误操作。

此外，为了更好地提升交互体验，可采用触控、语音、VR、手势等多模态交互方式设计，同时发挥各模态交互优势。VR 适用于沉浸式雷达显控场景，手势适用于对视觉可见的信息直接操作，语音适用于对视觉不可见的、层级较深的菜单穿透式操作，眼控适用于对目标瞄准和定位的辅助性操作。

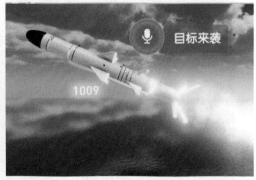

图 4-14　交互操作设计

3）原型 DEMO 设计（图 4-15）

原型 DEMO 能够真实模拟软件开发效果，用于需求对接、软件设计、测试和评审，能有效降低软件研发周期和试错成本。依据用户需求，通常采用 AI、PS、AXURE、SKETCH 等原型设计工具，对界面功能模块、操作流程、显示方式等进行快速交互设计，结合可视化控件拖曳和交互动作设置，可实现界面信息所见即所得。此外，基于共性组件库，也可进行 DEMO 元素的快速复用和重构定制。

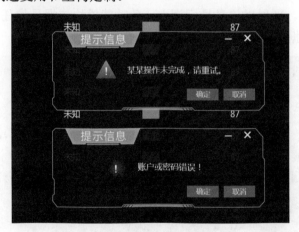

图 4-15　原型 DEMO 设计

3. 视觉显示设计

雷达显控视觉显示设计关注界面清晰、易懂、直观性，通常采用信息可视化与设计美学等方法，包括界面风格、布局、色彩、控件、文字、图标、态势显示等设计。

1）风格设计（图 4-16）

雷达显控界面遵循简洁、直观、易用设计理念，依据用户特征和审美趋势设计，符合雷达显控使用环境、操作习惯和实时高效要求。通常采用扁平化设计风格，摒弃过多的装饰特效，强调界面信息的直接传达。以深色背景为主，常用科技蓝或经典黑风格，视觉刺

激相对较小，不易造成视觉疲劳，支持风格切换，满足不同用户使用需求。

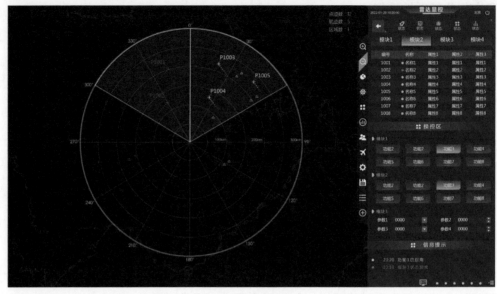

图 4-16　风格设计

2）布局设计（图 4-17）

雷达显控主屏左侧通常是 P 显、H 显态势显示，右侧为操控区，包括目标控制、装备控制、参数设置等模块。副屏以信息显示为主，各功能模块依据显控任务定制化显示，可按需显隐。界面布局依据功能分区、视觉流向、美学因素设计。

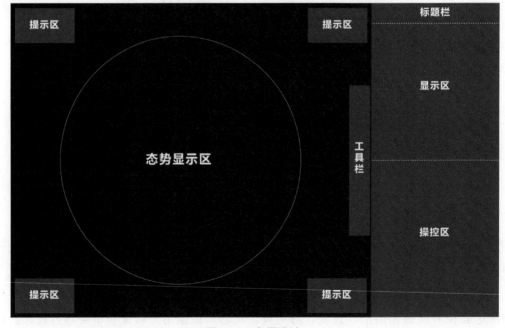

图 4-17　布局设计

（1）功能分区：显控界面分为标题栏、操控区、提示区、工具栏等功能区，相同功能模块集中排布，方便用户分组查找，不同功能模块可视化分区，减少视觉搜索负荷。

（2）视觉流向：遵循用户从左到右、由上至下的视线流向习惯，重要信息置于视觉中心，流程信息关联有序布局，保证视觉流向顺畅，避免冗余信息遮挡。

（3）美学因素：界面布局满足均衡、层次、留白等美学因素。均衡体现协调美观的比例关系，保持布局稳定性；层次突出界面的功能主次，提升布局逻辑性；留白为界面配置合理空隙，增强布局透气性。

3）色彩设计（图 4-18）

雷达显控的主色调通常选用沉稳科技的深色系，如蓝色和灰色，符合雷达显控软件特性。色彩设计应当符合 GJB 标准规范和用户习惯，通过色彩突显重点信息目标，弱化信息干扰，提供视觉线索，达到有效引导用户视觉注意的目的。

显控界面整体使用统一的主色调、辅助色、点缀色，相同功能模块色彩搭配一致。同时运用明度、纯度、色相对比，表现信息类型和层级关系，前景色与背景色对比度适中，重要信息高亮显示。此外，通过色彩语义引起用户联想，如蓝色象征科技，绿色表示安全，橙色表示告警，红色表示故障。

图 4-18　色彩设计

4）控件设计（图 4-19）

雷达显控控件包括按钮、单选框、复选框、输入框、TAB 选项卡、表格、图表等。每个控件包括初始、悬停、选中、不可用等状态。控件风格统一，采用扁平化科技感样式，大小尺寸符合人因工程标准。

按钮是核心操作控件，布局遵循就近操作原则，嵌入关联对象。图表为重要显示控件，通常采用饼状图、柱状图、折线图、散点图、雷达图、甘特图等可视化方式。

5）文字设计（图 4-20）

雷达显控界面文字通常采用等线字体，如微软雅黑，规整有力度。除加强显示和特殊提示信息之外，慎用特殊字体。字号适中，保证文字的可读性，同类信息的字号相等，重要信息的字号较大。通过合理、舒适的字间距，保证文字的透气性。

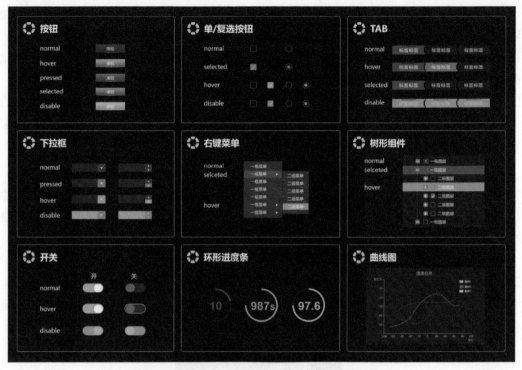

图 4-19　控件设计

图 4-20　文字设计

6）图标设计（图 4-21）

图标设计应当充分考虑图标语义、样式和尺寸。图标语义依据视觉隐喻传达相应操作，语义明确，便于识别和记忆，符合用户认知习惯；图标样式应符合当前设计趋势，造型优美，线条简洁，通常采用扁平化纯色图标，具备视觉美感；图标尺寸遵循用户视觉认知习惯，符合国家标准与行业规范，常用 16px×16px、24px×24px、36px×36px 等方形尺寸。

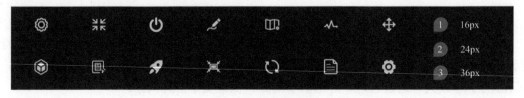

图 4-21　图标设计

7）态势显示设计（图 4-22）

雷达显控态势显示包含大量的可视化元素，如点迹、航迹、扫描线、干扰线、区域、状态信息、告警提示等，通过信息可视化设计，分层分级，重点突出，提高用户态势感知能力和认知决策效率。

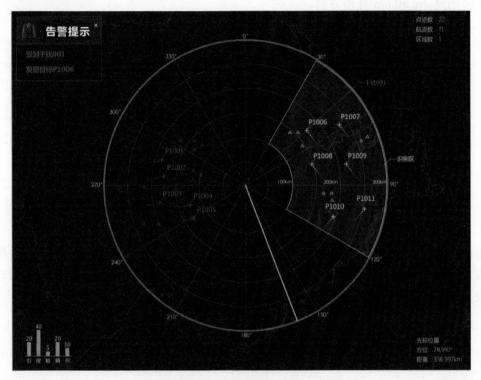

图 4-22 态势显示设计

4.3 雷达舱室人机环境设计

雷达方舱舱室具有空间小、密闭性高、设备量大和人员相对密集的特点，且作业过程涉及多人协同配合的人人交互，以及多任务并行的人机交互，是典型的复杂人机交互系统，优化舱室人机环境设计是提升装备工效性、改善用户使用体验的重要内容。

雷达舱室环境主要由空间、设备、色彩、灯光、温度等要素构成，因此将雷达舱室人机环境设计归纳为空间布局设计、色彩灯光设计、热环境设计及降噪设计。基于雷达舱室的特点及环境要素，应通过恰当的工业设计满足雷达舱室环境设计的基本要求。

（1）设备布局合理，人员动线清晰。

（2）灯光色彩舒适协调，适合用户工作。

（3）温度场合理分布，适宜工作。

（4）减振降噪，降低噪声对人员的干扰。

本节以若干典型舱室为例，介绍雷达舱室人机环境设计。

4.3.1　方舱种类

根据《军用方舱系列型谱》（GJB 6142—2007），军用雷达方舱按照舱体结构及外形特征可分为标准舱和非标准舱。标准舱主要是直角方舱，如图 4-23 所示。目前在雷达中使用比较多的是 4m 和 6m 直角方舱。

 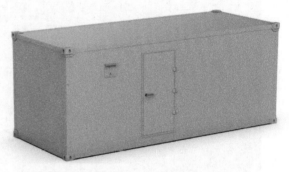

（a）4m 直角方舱　　　　　　　　　　　　　（b）6m 直角方舱

图 4-23　典型直角方舱

非标准舱主要有削角方舱、扩展方舱和异型方舱。受铁路、公路、飞机运输尺寸界限的限制，削角方舱在直角方舱的基础上进行改进，将顶部两侧的角削去，防止运输过程中超限，提高了方舱的通过性，如图 4-24 所示。

图 4-24　削角方舱

扩展方舱在收拢后运输尺寸与普通标准方舱相同，但是工作状态下可以沿某方向扩展，增大使用空间，如图 4-25 所示。按照扩展方式，扩展方舱可分为单扩式和双扩式。

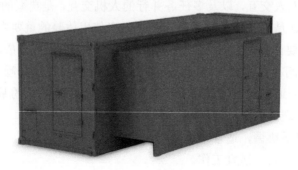

图 4-25　扩展方舱

在少数特殊情况下，受运输平台或内装设备尺寸等因素的限制，普通方舱无法满足使用要求，须选用异型方舱，如图 4-26 所示。常见的异型方舱具有阶梯、弧顶、局部凹陷等特征。

图 4-26　异型方舱

4.3.2　舱室布局设计

在雷达舱室布局设计中，需同时满足设备安装与使用的空间需求以及操作人员工作环境的舒适性需求，雷达舱室的布局设计主要有以下几个原则。

1. 功能分区原则

显控终端和机柜是雷达方舱内人机交互较为密切与频繁的设备，操作人员在方舱内的主要工作集中为通过显控终端进行人机交互实现装备的正常运行，调试或维修时便会与机柜产生交互，在布局设计时应尽量分出显控区和设备区，自然形成相对独立的作业空间。

图 4-27 所示为某设备舱室的布局。舱室分为显控区和设备区两个区域。显控区中的 3 个显控终端紧贴舱壁布置，既美观又方便操作人员之间互相沟通；设备区主要用于放置机柜及其他设备，在分布上相互独立，避免干扰。

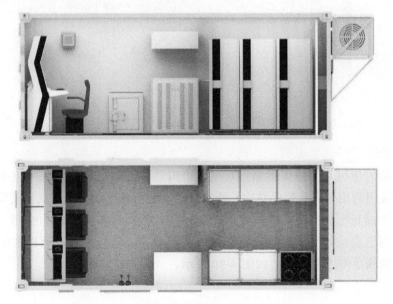

图 4-27　舱室布局

2. 空间充足、人员动线清晰原则

雷达舱室不仅要设备布局合理，还要给操作人员留有足够的操作空间和合理清晰的动线。在方舱等受限活动空间内的作业人员，其合理纵向活动间距由其工况决定。坐着的作业人员的向后活动间距应不小于760mm，一般以大于1070mm为宜，在可能的条件下，应提供1270mm以上的自由活动区域，如图4-28（a）所示；若作业人员需在机柜前下蹲操作，其纵向间距最小为920mm，如图4-28（b）所示。

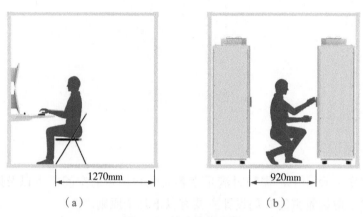

（a）　　　　　　　　　　　　　　（b）

图 4-28　舱内空间分配

图4-29所示为某方舱内部人员动线图，人员进入舱内，往右进入显控区，往左进入设备区，舱中部放置储物柜。空调外机布置在舱室端部，远离人员常待的显控区，减小噪声影响。几个分区相互独立，人员动线清晰、合理。

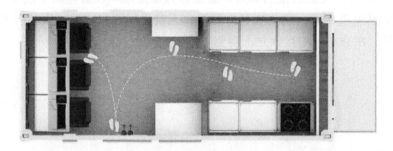

图 4-29　方舱内部人员动线图

3. "可视""可达"原则

舱内设备的使用与维修需遵循"可视""可达"原则，如从维修角度出发，显控终端和机柜尽量采用通用化、系列化结构，插拔灵活，装拆快速、方便，从正面即可实现维修。机柜和显控终端正面要留有足够的空间，满足模块插拔或转架旋转的空间。部分显控终端和机柜的背面也有维修要求，且深度较深，从正面难以进行维修，可以在舱壁相应位置开设维修门，以满足维修的要求，如图4-30所示。

图 4-30　舱外维修示意图

4. 一致性原则

在进行舱内设备布局时，除了要考虑操作空间、维修性等功能性需求，还要充分考虑风格和美观效果。同排并列布置的机柜要类型接近，做到高度一致，正面齐平。机柜宽度也要尽量一致，若不一致则同规格机柜相邻布置。

图 4-31 所示为某方舱内机柜布局，该方舱内的机柜共两种规格。两种机柜的宽度和深度一致，但高度不一致。结合方舱和机柜的具体尺寸，将相同尺寸的机柜相邻布置，分布在不同区域。同排机柜高度统一、正面平齐，对称布置，保持了整体性和美观性。

图 4-31　舱内机柜高度示意图

此外，在舱内设备的细节设计上，也要充分考虑一致性原则。例如，同侧机柜的开门方向保持一致，既可以保持美观，也可以避免机柜开门时互相干涉。

机柜内的插箱、插件、把手等保持统型设计，更显美观统一，如图 4-32 所示。

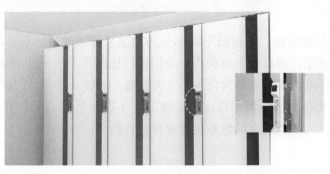

图 4-32　方舱机柜把手

4.3.3 舱室色彩灯光设计

雷达方舱空间狭小、结构复杂，是一种较为封闭的作业场所，极易给使用人员带来紧张、压抑等负面情绪。舱室设计中应秉持自然、健康、舒适、简朴的基本原则，充分运用色彩、灯光，打造安全可靠的作业环境。

1. 色彩设计

雷达舱室的空间组成以大平面为主，因此从整体上看，舱室的造型和色彩都追随功能进行设计，整体为简单朴素的风格，如图 4-33 和图 4-34 所示。

图 4-33 舱室设计图 1

图 4-34 舱室设计图 2

舱室内具体的色彩组合，要根据不同部分的功能来详细设计。色彩对人的影响主要来自心理感觉和生理感觉，通过对色彩的组合应用可以使用户产生不同的情感效果。

雷达舱室色彩环境构成主要分为背景色（天花板、地板、舱壁、门窗等）、主体色（显控终端、机柜等）和强调色（警示标识、装饰品、小部件等）。本小节将延续使用第 2 章介绍的孟塞尔色系，为雷达舱室的色彩设计提供设计参考。

1）背景色

舱壁的色彩运用对整个舱室的气氛起决定性作用。当舱壁色彩偏暗时，即使照度高也会让人感到较暗。舱壁一般采用明亮的中间色，而不用白色或纯色，往往加入无彩色（白色、灰色），形成纯度很低、明度较高的浅色为佳。舱壁颜色一般为浅灰色。

（1）踢脚板应采用比舱壁明度更低的深色。明度可采用 4～7，纯度小于 3。

（2）天花板一般采用明亮色，应比舱壁色彩明度高，明度大于 9 为宜。地板选择低明度色彩。明度采用 5～6，纯度小于 4 为宜。与高明度天花板形成对比以扩大空间高度感，可形成与舱壁同色系明度对比效果。

（3）门框、窗框、排气扇等，不应与舱壁色彩形成过分对比，一般也选用明亮色，且与舱壁取同一色相体系，明度比舱壁低一些。

（4）灯具作为雷达舱室内装饰的主要组成部分之一，灯具与光源光色的结合是选择色彩时应注意的问题。

2）主体色

桌椅和设备的色彩在室内色彩中占很大的比例。按用途不同，常用色彩也不同。椅子色彩应结合舱壁、地板、桌子统筹考虑，椅背面积小，又很少进入视觉中心，可以使用显著色彩，通常采用 2.5Y～5Y 以外各种色相体系，明度为 4～6，纯度为 3～6，若采用 2.5Y～5Y 体系色相，则明度大于 7，纯度也可以高些。若色相采用无彩色系，则明度可以大于 7，或者与之相反，接近黑色。

3）强调色

雷达舱室内各种标志、管路系统都需要颜色标识，这些颜色被称为安全色。通常使用的安全色如表 4-1 所示。

表 4-1　安全色

色相	意义	使用处所
红色	防火、停止、禁止、危险	消防设施箱、报警器、危险品存储处
黄色	注意	碰头、绊脚、边界
绿色	安全、卫生、进行	安全出口、指示灯

2. 灯光设计

合适的照明（有足够的照度、布局合理、稳定均匀、无眩光）能改善人眼的调节能力，减少视觉疲劳，使人的视觉感到舒适和满意，从而提高工作效率、保证安全。

在舱内照明设计中，光照在空间中的色彩效应对空间环境气氛影响极大，如图 4-35 和图 4-36 所示。主要体现在光与舱内各个表面特性、表面颜色、反光系数、质感、光源的特征及布置等方面。具体要求如下。

（1）给空间以适当的明亮感。

（2）为一些区域提供比作业区较低的亮度。

（3）采用良好的显色性光源，使人和设备显现出满意的自然本色。

（4）在舱室内形成一种柔和的亮度和颜色变化，以促进工作人员的健康，减轻工作的心理负荷。

（5）选择适宜的地面、墙面和设备颜色，以增强灯光清洁、明快感。

图 4-35　舱室设计图 3

图 4-36　舱室设计图 4

　　此外，眩光在舱室照明环境中造成的影响不可忽视，如图 4-37 所示。眩光是指在视野中由于不舒适亮度分布，或者在空间或时间上存在极端的亮度对比，以致引起视觉不舒适和降低物体可见度的视觉条件，同时眩光也是引起视觉疲劳的重要原因之一。

　　在方舱使用过程中，由于灯带一般设置在顶部，对用户影响较大的通常为反射眩光和对比眩光。对比眩光可通过调整屏幕亮度与舱壁亮度规避；但反射眩光则只能通过设计初期的灯具和屏幕布局设计与灯具选择进行规避，如将灯具与屏幕放置于同一侧或使用隐藏式灯带等方法。如图 4-38 所示，通过将灯带放入挡板内侧，并将屏幕本身与灯具形成一定角度来规避眩光。同时，为保证常规高亮环境及漫反射环境下的显示对比度，在屏幕设计过程中也会考虑降低屏幕反射率，以便观察者有效获取屏幕的显示信息。

图 4-37　屏幕眩光

图 4-38　舱室隐藏式灯带布局

4.3.4　舱室热环境设计

　　雷达方舱内集成大量的高功率电子设备，在进行方舱热环境设计时，一方面要考虑操作人员的热舒适性；另一方面要满足电子设备的散热需求。核心原则是确保设备和人员都能在较为适宜的温度范围内工作。

　　方舱的空调外机一般位于方舱外端面，冷空气经风道传递至方舱内相应位置，达到热控目的。为了获得好的人员环境体验，设计方舱风道时有以下几点要求。

　　（1）进风和回风不得短路，舱内温度分布均匀，不得局部过冷或过热。

（2）风道出口流速、风向可控，人员区风速稳定状态不得大于 0.5m/s。

（3）风道的外观要结合舱室内造型统一设计，外观协调美观。

图 4-39 所示为某方舱风道布置图。舱内设置两套独立的供风风道。一台空调向操控区送风，供人员和显控终端使用，另一台向设备区送风，供机柜使用。两台空调独立工作，工作模式选择、送风温度设置均互不影响。

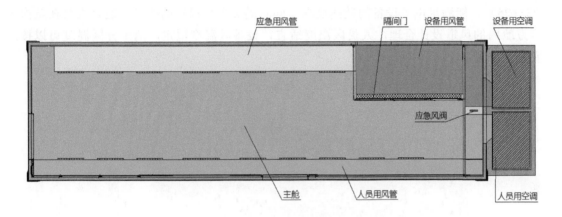

图 4-39　某方舱风道布置图

根据人体的温度状态，工作舱室温度环境的医学要求分为舒适（适中、维持）、代偿（有效代偿、轻度失代偿）和耐受三档五级，各级要求下的人体温度状态如表 4-2 所示。

表 4-2　工作舱室温度环境医学要求的分级与人体温度状态的关系

档级		人体温度状态		体温调节特点	主观感觉	工作能力
舒适	适中	舒适		人体处于热平衡状态，无温度生理性代偿反应	不冷不热	正常
	维持			人体保持热平衡状态，局部温度紧张和不舒适	局部稍热或稍凉	
代偿	有效代偿	全身性温度紧张	Ⅰ度紧张	体温调节机能完全补偿温度负荷，身体仍处于热平衡	较热或较冷	基本正常
	轻度失代偿		Ⅱ度紧张	温度负荷超过生理调节能力，热平衡破坏	热或冷	轻度下降
耐受			Ⅲ度紧张	体内严重热积或热债，体温急剧变化，但未出现生理危象或生理功能受损	很热或很冷	显著下降

根据雷达舱室人—机—环境系统的作业特点（如作业暴露时间 ≥ 8h、值勤率 ≥ 8h/天、作业类型需要智力和协调、操作难度较高），雷达舱室温度环境应满足舒适档适中级的档级要求。雷达舱室的温度要求按夏、春（秋）、冬三个季节及相应的作业服装隔热值分为 3 个温度区，如表 4-3 所示。

表 4-3　工作舱室温度环境舒适档适中级要求的环境参数允许范围与限制

环境参数	夏	春（秋）	冬
服装隔热值 /clo	0.5	0.9	1.3
气温 /℃	24～28	21～25	19～22
风速 /（m/s）	≤ 0.50	≤ 0.25	≤ 0.15

舱内温度场迹线图如图 4-40 所示。显控区的环境温度为 24～26℃，设备区的环境温度为 23～25℃，能满足电子设备的散热要求，同时满足主舱温控的要求，适合人员在舱内工作。方舱内的风道设计合理，人员区温度适宜，设备区温度恒定，两个分区温度可以按照需要分开控制。

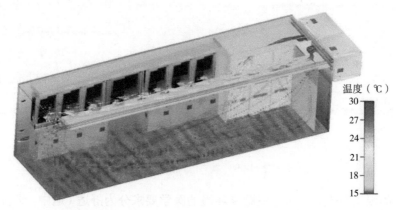

图 4-40　舱内温度场迹线图

4.3.5　舱室降噪设计

随着方舱内电子设备的热耗越来越高，风冷散热对风机的要求不断提高，方舱内的噪声问题也越来越突出。同时，随着以用户为中心设计要求的不断提升，设备噪声逐渐成为影响用户体验的重要因素之一，方舱噪声设计不再仅以满足标准为要求，而是以提升人员舒适性为目标。雷达方舱的主要设备为电子设备机柜、显控终端和空调，噪声源主要为舱内设备风机的气动噪声，如图 4-41 所示。

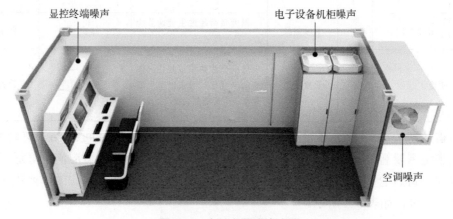

图 4-41　方舱主要噪声来源

为使人员远离噪声源，应在方舱布局时考虑合理分区。舱内人员大部分时间是在显控区进行作业，可将电子设备机柜放在设备区，减少噪声对人员影响。空调外机应放置于靠近设备区的方舱端面，并进行减振隔声设计。

方舱内装的降噪设计也十分重要。方舱内壁应采用吸、隔声材料，减少声音通过舱壁的反射。同时将舱内进、出风口位置进行合理布局，并在风道内增加消声措施。

4.4 雷达整机人机工程设计

4.4.1 雷达架撤人机工程设计

机动式地面雷达需要在尽量少的操作人员及资源条件下，实现随时机动部署和转移，并具备越野能力。优良的人机工程设计可以有效优化雷达架撤流程、提高架撤效率、提升用户操作体验，有利于增强雷达的使用效能。

1. 一般架撤流程

为了直观展示雷达的架设撤收流程，虚拟了一部机动式地面雷达，如图 4-42 所示。该雷达由天线车、电站车、操控车 3 个运输单元组成。

图 4-42　单元组成图

该雷达架设流程包括以下步骤（图 4-43）。

（1）天线车进入预定位置。

（2）展开抗倾覆腿，液压调平腿完成整车调平，同步寻北。

（3）天线边块展开。

（4）天线举升，同步连接电缆。

（5）天线旋转，进入工作状态。

雷达撤收流程是展开的逆过程。

（a）进入预定位置

（b）调平／同步寻北

（c）天线边块展开

（d）天线举升／同步连接电缆

图 4-43　雷达架设流程

2. 架设流程人机工程分析

雷达架设流程具有一定的逻辑性和复杂性，需从全阶段、全流程进行分析，定位和描述操作员与雷达、环境之间的复杂交互体验过程，挖掘雷达架设提升的设计机会点，为雷达的交互设计提供新的人机工程视角。

以下是对架设流程每个步骤的分析，从操作员需求的角度出发，提取痛点和机会点以指导雷达架设的优化设计。

1）各单元就位

各单元在指挥员的引导下进入阵地的预定位置。该步骤操作人员的期望为驾驶人员视线清晰、预定位置准确、快速就位。

2）启动取力泵

挂取力，开启取力泵，获取液压驱动力。该步骤操作人员的期望为操纵开关位置符合人体工学设计，操作流程简单、快捷。

3）抗倾覆腿展开

打开伺服控制盒，操作抗倾覆腿展开至设定角度。该步骤操作人员的期望为伺服控制盒显示清晰、按键手感佳、操作逻辑简单快捷，抗倾覆腿展开过程安全可靠，抗倾覆腿展开动作范围内不得有障碍物／人。

4）天线车调平

进行天线车调平。该步骤操作人员的期望为：调平过程操作简单，人员工作量小，调平过程确保安全可靠，观察视线无遮挡，能及时观测到天线车各部分状况，如调平腿、抗倾覆腿、车平台等。

5）连接液压油管、电缆

取出天线车内电缆、油管等，按要求连接供电、控制电缆、液压管路等。该步骤操作人员的期望为电缆和管路展开轻便快速，接头互联易于操作，位置可达，操作快速简便。

6）边块解锁展开／寻北

使用伺服控制盒操作天线边块展开。该步骤操作人员的期望是边块展开过程没有障碍，周围环境可视，有效规避误操作风险，确保安全可靠。

7）天线举升转动

使用伺服控制盒操作天线阵面举升，举升后转动天线。该步骤操作人员的期望为：天线举升和旋转过程无障碍，周围环境可视，有效规避误操作风险，确保安全可靠。

3. 架设流程人机工程优化设计

依据上述对雷达架设过程人机工程分析中提炼出的操作员体验需求，雷达架设设计应通过自动化设计、集成设计、并行设计、安全设计、人机交互设计和环境适应性设计 6 个方面来提升架设的用户体验。

1）自动化设计

综合利用机电和液压系统完成雷达架设过程的各个动作，杜绝或减少人员搬运、移动等重体力操作，有利于提升人员舒适性，提高架设效率。

（1）自动调平。图 4-44 所示为天线车的水平仪和液压调平腿布置。利用伺服液压系统驱动抗倾覆腿展开和调平腿自动升降，并通过设置在车平台上的传感器反馈状态信号给伺服液压系统，从而实现雷达自动调平。在整个过程中，操作人员只需要操作伺服控制盒便可实现高精度、快速调平，极大减轻了操作人员的工作负荷。

图 4-44　调平系统

（2）自动展开。图 4-45 所示为天线阵面的自动展收液压系统。利用伺服液压系统驱动油缸收缩，并自动读取传感器数据反馈给伺服系统，实现天线阵面的自动展开和折叠（运输和工作状态的切换）。在操作过程中，操作人员只需要操作伺服控制盒，便可实现阵面快速展收，极大降低了操作难度。

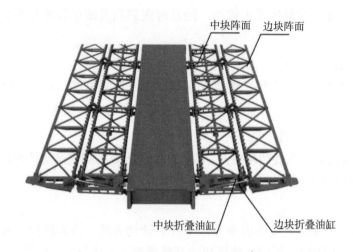

图 4-45　阵面自动展收液压系统

（3）电缆自动互联。天线车、电站车和操控车之间需通过供电电缆、信号电缆互联。架设过程中需将供电电缆从电站车内取出，连接到天线车上。可采用电动电缆盘作为布线装置，利用电机驱动自动收放电缆，减轻人员操作强度、提高收放电缆效率，如图 4-46 所示。

（4）自动寻北。利用动态寻北仪，使系统具备自动定向寻北功能，并且可以实现天线车调平、天线展开和寻北的同步动作，操作人员只需操作伺服控制盒，即可一键完成自动寻北。

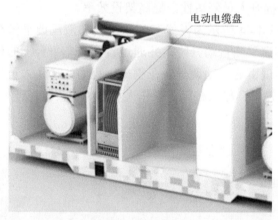

图 4-46　电动电缆盘

2）集成设计

对各单元进行集成化设计，减少单元数量和单元间互联。对于必要的单元互联如供电电缆、液冷管路等，要合理设计接头连接方式，简化操作，提高效率。如图 4-47 所示，经过集成化设计，该雷达的天线阵面、冷却机组集成在一辆载车上，减少了单元互联，简化了架设步骤，大大提高了机动性和架设效率。

雷达的天线阵面通过分块折叠突破尺寸限制，实现了大型天线阵面的单车集成运输。如图 4-48 所示，雷达天线经过多次折叠，省去了不必要的阵面拼装，减轻了人员工作强度，实现了单车公路运输，大幅提高了雷达机动性。

图 4-47 天线车布局图

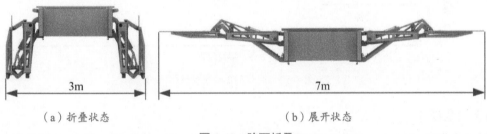

（a）折叠状态　　　　　　　　　　　（b）展开状态

图 4-48 阵面折叠

3）并行设计

雷达的架设流程往往比较复杂，需要合理安排操作步骤，通过并行设计，实现雷达高机动性和快速架设。

图 4-49 给出了优化前的架设流程，整个操作流程串行，约需要 16 分钟 /4 人才能架设完成。显然，操作人员在架设流程中没有得到充分利用，不符合机动式地面雷达快速架设的设计要求。

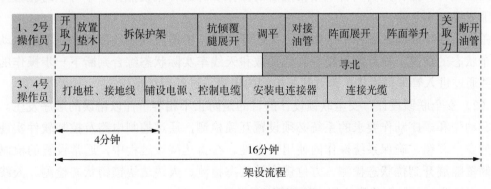

图 4-49 优化前的架设流程

图 4-50 给出了该雷达优化后的架设流程，经过优化，8 分钟 /4 人即可完成整个架设流程。可以看出，操作人员分工明确，各操作人员工作强度均衡，同步执行，操作步骤清晰。铺设电缆，天线车调平举升，打地桩、接地线等步骤均同步进行，简化了流程，缩短了关键路径，提高了架设效率。

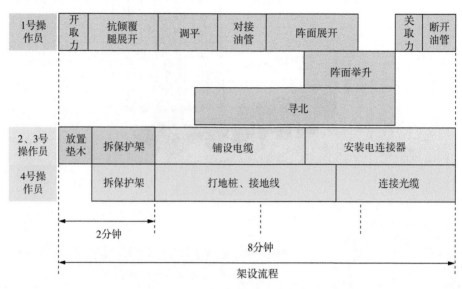

图 4-50 优化后的架设流程

4）安全设计

雷达是集成了机械、通信、液压等多系统的大型设备，模块化、信息化程度高，其架设流程需要按照严格的步骤要求，每个步骤都需要考虑安全性设计。

如图 4-51 所示，按照雷达架设顺序，对雷达架设流程的安全性进行分析，评估每个步骤的风险，得到架设过程安全逻辑分析图。根据架设过程风险评估的结果，可采取最小授权设计、安全联锁设计、故障隔离、提示性安全设计、重点保护设计等安全性设计要求和措施，确保雷达架设过程的安全。

（1）最小授权设计。在架设雷达时，不同的操作人员的操作权限是不同的，一般按照最小授权设计。操作人员只可以根据规定的操作步骤进行架设操作，不可以跨流程操作，最大限度提高安全性。

在排除故障或调试过程中，如遇上接近开关等传感器失效导致伺服系统不能自动判断天线车状态的情况，设计师可结合其他参数和天线车实际状态综合判断下一步操作的可行性，并通过进入管理员模式，跨过开关检测的步骤，进行后续操作。

（2）安全联锁设计。安全联锁设计的目的是防止不相容事件以错误的顺序发生。对于有关联动作和顺序动作要求的系统必须设置互锁检测，通过控制电路及控制软件实现机构动作的安全联锁，确保系统操作的使用安全性。在雷达架设过程中，通常设置的检测点包括抗倾覆腿展开到位状态检测、方位锁定销状态检测、天线边块锁销状态检测、天线折叠到位状态检测、天线倒伏到位状态检测等。

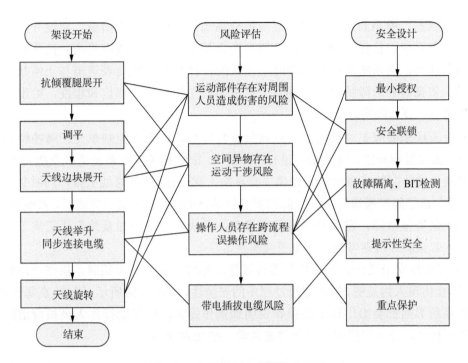

图 4-51　架设过程安全逻辑分析图

　　如图 4-52 所示，在天线旋转之前，系统会检测方位锁定销状态，若处于锁定状态，则联锁启动，禁止天线旋转，杜绝了误操作造成的结构损伤。

　　如图 4-53 所示，当阵面处于运输状态时，锁钩将阵面锁紧，阵面与车平台固定在一起。阵面举升前，锁钩上的传感器会自动检测阵面状态，若处于未解锁状态下，则系统判定不能举升，无法操作阵面举升动作，从而避免把阵面拉坏。

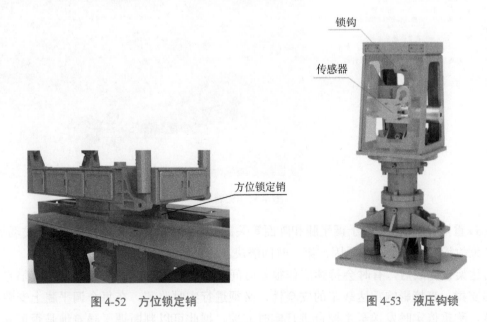

图 4-52　方位锁定销　　　　　　　　　　　　　图 4-53　液压钩锁

　　（3）故障隔离，BIT 检测。故障隔离是指在系统工作环境下，对系统各部分分别判定其正常工作状态，缩小到最后判定有故障的分系统或部分的技术措施。架设开始前应进行系统自检，若系统自检报故障，通过传感器融合技术，可实现故障隔离，快速定位故障位置和原因。此外，当系统自检报故障时，系统的各种 BIT 参数会表现出与正常状态不同的特性差异，依据这些故障特征描述逐步分析故障产生的原因、部位和程度，给出相应对策并对故障进行恢复或隔离。

在架设天线车前应先对整机的架设系统进行自检，检测各控制单元、阀控模块和传感器的状态，如果发现异常，对其功能进行"冻结"，限制相关操作避免造成次生灾害。例如，自检时发现天线阵面的折叠油缸阀控模块有异常，就通过 CAN 总线上报，同时禁止阵面折叠操作，避免由于阀控模块异常导致阵面折叠拉坏阵面；天线车架设完成后，系统开机自检，如漏液检测装置报故障，发现系统冷却液渗漏，系统会判定冷却系统无法正常工作，系统存在风险，若强制开机则可能烧坏电子元器件。

（4）提示性安全设计。应分层分类设置警示铭牌、安全标志铭牌、操作指示铭牌等识别标记，防止出现人为差错，提高架设过程中的安全性，如图 4-54 所示。同时，在每步操作时，伺服操作系统界面都会给出详细的操作说明和操作提示，以帮助操作人员按规定的步骤进行架设流程操作，并给出提示，有效规避风险，防止误操作。

图 4-54　铭牌

（5）重点保护设计。对于调平腿和阵面等关键部位，要尤其关注其状态，及时发现故障，准确定位故障发生的位置和原因，第一时间解决，避免对雷达系统造成损失。

雷达架设完成后，有时会持续工作很长时间，若地基偏软，则可能因地基沉陷导致调平腿虚支撑，直接影响雷达载车的安全性，必须进行实时监测。在每个调平腿上安装称重传感器，称重值实时发送至主控台进行实时监控，据此可以判断调平腿着地是否可靠、载荷是否均匀。当雷达工作时，通过监测调平腿承载力的变化情况，可以及时发现由于外部环境扰动（如基础沉降、风载荷）引起的虚支撑、调平破坏等问题，如图 4-55 所示。

图 4-55　称重传感器

当天线开始旋转和开启发射时，声光报警器会自动报警，提示周围人员远离运动部件可能达到的区域，远离辐射区，保护人员安全，如图 4-56 所示。

图 4-56　声光报警器

5）人机交互设计

人机交互设计是雷达架设过程中的重要部分，需满足雷达架设的"可视、可达"要求。"可视、可达"是指人员在进行操作时既要在视觉上容易看到，又要在触觉上便于操作，并有足够的操作空间。

图 4-57 所示为人员操作伺服控制柜示意图。伺服控制柜的布置位置应适合操作员站姿操作，实现操作人员可以直视操作屏，也可以方便触摸控制按钮，舒适地完成打开机柜、操作设备等步骤。

图 4-58 所示为人员连接天线车电连接器示意图。电连接器距离地面约 1.1m，操作人员手持连接器插头端，按照标记对准连接器的插座端，用力对接即可完成连接，实现了单人操作下的快速对接。

图 4-57　人员操作伺服控制柜示意图　　　　图 4-58　人员连接天线车电连接器示意图

6）环境适应性设计

参照《装备环境工程通用要求》（GJB 4239—2001），针对雷达架设过程中的环境试验性要求，分析架设流程，从人机工程的角度进行环境适应性设计。

（1）恶劣天气架设适应性设计。机动式地面雷达通常在室外使用，因此要确保雷达能够在恶劣天气正常架设和工作。图 4-59 所示为电站舱转接板门，雨雪天气在室外架设时，门板翻转向上可有效防止雨雪对电缆连接的影响，从而提升人员操作的安全性。

雷达活动部分（如油缸）应采用专用护套进行包裹防护，避免设备直接暴露在沙尘环境中，影响其使用寿命，如图 4-60 所示。

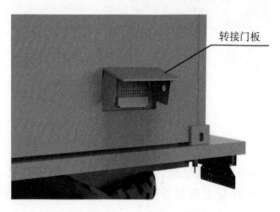

转接门板

油缸护套

图 4-59　电站舱转接板门　　　　　　　　图 4-60　油缸护套

（2）夜间架设设计。驾驶室外顶部应安装可调姿态的防空照明灯，为夜间雷达野外阵地操作提供照明，便于夜间架设及隐蔽工作，如图 4-61 所示。

为了在夜间不开车灯的情况下隐蔽行进，在驾驶室顶部安装红外摄像头，驾驶室内配置夜视仪，便于夜间隐蔽行车，如图 4-62 所示。

图 4-61 红外夜视仪显示组合

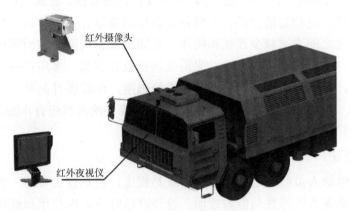

图 4-62 防空照明灯

4.4.2 雷达维修人机工程设计

维修性人机工程设计应是维修性设计的一个重要部分,因为任何维修作业都离不开人的直接参与,人的因素理应成为维修性设计的中心问题。维修性人机工程设计是指考虑维护作业过程中人的生理、心理因素的限制,使得维修工作能够在人的正常生理、心理约束下完成。

1. 雷达维修性设计基本要求

为了保证雷达装备能够满足研制任务书规定的可维修性指标要求,在雷达研制、生产的各阶段,装备承研单位均应完成系统、分系统的可维修性设计,维修性符合《装备维修性工作通用要求》(GJB 368B—2009)相关要求。

雷达一般采用两级维修体制,即基层级维修和基地级维修。基层级维修由雷达站承担,基地级维修一般由雷达修理厂和研制厂共同承担。同时采用预防性维修和修复性维修两种维修方式,预防性维修定期进行,设备发生故障时,进行修复性维修。

为实现方便快捷的维修,雷达维修性设计一般遵循一定的原则,包括尽量采用成熟产品，提高整机可靠性，降低维修保障难度；简化设计，减少设备品种，缩减维修项目；通过预防性维修和定期维护，降低系统故障率；通过密闭设计、润滑设计，尽可能做到免维护；具有良好的可视可达性；具有良好的人机工程设计，降低维修人员的操作强度。

2. 雷达维修性人机工程设计的准则

依据《装备维修性工作通用要求》（GJB 368B—2009）的相关要求，开展维修性设计时，应遵循以下准则。

1）简化设计

简化设计，是指在满足功能要求和使用要求的前提下，尽可能简化维修程序，降低对维修人员的技能要求，缩短维修时间并减少后勤保障资源及费用。应考虑维修操作中举起、推拉、提起及转动时人的体力限度，考虑使维修人员的工作负荷和难度适当。

简化设计主要包括提高自动化程度，通过改进测试性设计，提高雷达系统故障自动诊断水平，简化维修人员的排故工作量；尽可能简化产品的功能，在满足使用需求的前提下，去掉不必要的功能。进行功能分析、合理划分系统功能单元，把雷达各分系统相似功能尽量集中，功能单元之间力求减少连接和跨接，从通信和结构两个方面简化系统构成；最大限度地简化结构件的组装形式和方法，采用模块化设计思想，多用插拔式和快锁结构，采用"盲插"结构，以便维修快速拆装及减轻维修强度；压缩硬件品种，尤其是在结构尺寸上做到尽量统一；简化维修程序，在使用手册中有关维修的内容应有详细维修指导示意图，便于维修人员掌握维修技能。

2）可达性设计

可达性是指维修人员能接近维修部位的难易程度，包括视觉可达、实体可达和有足够的操作空间。在满足人的特性与能力方面，设计产品时应考虑使用和维修时人员所处的位置与使用状态，并根据人体的度量，提供适当的操作空间，使维修人员有个比较合理的状态；应保证90%的人群可以操作和维修，极限尺度应设计为保证5%和95%百分位的人群水准。

统筹安排、合理布局，将故障率高、维修空间需求大的部件安排在外部或容易接近的部位；电气连接设计在易接近部位，紧固件留有足够空间供拆装，焊接点留有足够空间供烙铁焊接；各分机检查口、测试口、日常维护点、故障报警点安排在易接近部位，并有醒目标志；结构设计做到确保维修通道畅通，并适合人的生理特点，使维修人员容易接近故障件。

在可达性方面，所有硬件的维护、维修、更换可达；所有LRU在外场现场可达、可拆装；所有SRU在内场维修可达、可拆装、可检测；尽量做到检查或维修任一部分时，不拆卸、不移动或少拆卸、少移动其他部分；需要维修和拆装的机件，其周围要留有足够的空间，以便进行测试或拆装。

3）标准化、模块化与互换性设计

维修的标准化与互换性设计是指在设计中应优先选用符合国际标准、国家标准或专业标准的硬件和软件，尽量减少元器件、零部件的品种和规格，采用模块化设计，提高维修的方便性。

设计中最大限度地采用标准件、通用件，压缩部件品种和规格；雷达中功能、性能相同的单元、部件具有安装和功能的互换性；尽量使用常规工具、仪器、仪表进行检查和维修；大幅度提高模块化的比例，模块的体积、重量确保便于携带、搬运和拆装；相同功能性能的模块能够互换；优选符合标准的元器件；应选用雷达优选清单中的元器件，控制雷达装备中元器件的品种和规格的数量；各组件、模块的结构与尺寸应符合标准化、系列化的要求；同系列装备中功能相同的零部件，应具有实体和功能方面的互换性，并尽量采用相同的标准件；改进前后的相同功能的零部件应保持实体的互换性和功能的兼容性。

4）防错设计

在维修工作中，难免会发生漏装、错装或其他操作差错，轻则延误工作，重则危及安全；因此，应当从设备结构上采取措施消除发生维修差错的可能性，或者使其具有容许差错的能力。

所有电缆走线标明来去向，标记清晰醒目、经久耐用、不脱落、不掉色，标记符合国家标准；接点、插头、插座、测试点、调整点、控制器等标出编号，根据需要标出名称、用途和数据，导线标号用不同颜色区分；外形相似功能不同的零部件在结构上保证不能互换，并做出标记；对维修时容易危及人身安全的部位，设置警告标记，并在电路图上标出；装备上的所有零件的安装处都有与电路图一致的符号和代号，难以标记的在电路图上标注；所有控制器标明作用和方向，用于调试和维修的通道口标有用途或所调元件的标记；对于拆装中关键步骤应有防错措施，操作顺序做到合理，适合人的习惯；对需要进行保养的部位设置永久性标记，必要时应设置标牌。

5）维修安全设计

维修活动的安全在一定意义上比使用、运行时的安全更复杂，涉及的问题更多。在维修对象处于部分分解状态又带故障的情况下，必须保证维修人员不会遭受电击、机械损伤或有害气体、辐射、燃烧、爆炸等伤害，保证设备不会被破坏，环境不会受危害，维修人员才能消除顾虑放心大胆地进行故障排查和维修工作。此外，应采取积极措施，减少振动，避免维修人员在超过标准规定的振动条件下工作，且噪声不允许超过规定标准。

天线转台应采用联锁设计，确保天线处于维修状态下禁止转动、开发射；登高维修区必须设置安全警示，必要时安装围栏防护；维修时，维修人员所能接触到的区域，电子设备必须断电，必要时采取放电措施。超过36V的电线、电路设备不得裸露，机柜、机壳应接地；天线阵面的工作状态和温升情况有实时检测手段，并将检测信号送至主控台进行实时监控，避免设备状态异常时发生二次损坏。

3. 雷达维修性人机工程设计的典型应用

雷达的维修主要包括天线阵面、伺服传动设备、电子设备及冷却设备的维修。

1）天线阵面

天线阵面的维修包括前部设备维修和后部设备维修两部分。

天线阵面前部设备维修的主要对象为天线单元等设备，如图4-63所示。维修时，人员依托专用维修平台，到达指定位置后，利用维修工具对天线单元进行修复或更换。维修平台一般采用电动方式，为维修人员提供维修通道、实现可达性的同时，降低维修人员的劳动强度，确保维修人员的安全性。

天线阵面后部设备维修的主要对象为各类 LRU 模块,如图 4-64 所示。维修时,维修人员通过专用维修梯,到达指定维修位置,开启维修门,利用螺丝刀等简单工具,即可实现阵面内 LRU 设备的更换。天线阵面附近应配备维修梯或维修平台,考虑维修人员在操作时的可达性和可视性,应提供维修人员足够的站立空间。阵面后部应预留维修部位门板的开合空间,保证人员的通过性。模块应采用插拔式结构,减少维修的工作量和时间。模块面板选用快速锁紧机构或松不脱螺钉,内部机架上安装导轨。拆卸时松开锁紧机构或面板紧固螺钉即可拔下;安装时沿导轨推入,拧紧锁紧机构或面板螺钉,即可实现阵面后舱设备的维修。

图 4-63　阵面前端设备的维修示意图

图 4-64　阵面后端设备的维修示意图

机动式地面雷达一般在阵面后方安装有升降维修梯,通过维修梯实现对阵面设备的维修,如图 4-65 所示。阵面前方的天线单元安装在阵面骨架上,一般为免维护的无源器件,如图 4-66 所示。

图 4-65　阵面后端设备的维修示意图

图 4-66　阵面内 LRU 更换示意图

2)伺服传动设备

伺服传动设备的维修主要包括传动系统、综合铰链、调平系统、控制系统等。

(1)传动系统装置的维修。传动系统一般包括方位传动系统和俯仰传动系统,在维修或更换方位传动系统装置时,需要两名操作人员协同工作,其中一名操作人员从平台底部钻入，另一名操作人员位于平台顶部，如图 4-67 所示。

传动装置一般由制动器、电机、减速机、末级齿轮组成，如图 4-68 所示。电机与减速机、减速机与齿轮均采用直连方式，只需要简单的工具即可完成电机、减速机的拆卸和更换工作。

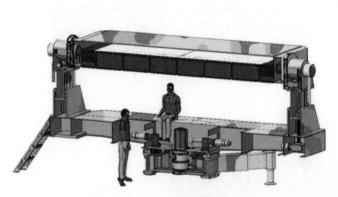

图 4-67　方位部分维修示意图

小齿轮

托盘

减速机

电机

图 4-68　方位传动系统拆解示意图

（2）综合铰链的维修。综合铰链一般由水铰链与汇流环组成，分为方位铰链和俯仰铰链。方位铰链一般布置在天线座内部，固定在转台下方，维修和更换时需将其从底座下方取出，如图 4-69 所示；俯仰铰链一般布置在俯仰轴承座内靠外的位置，可直接进行维修和取下更换，如图 4-70 所示。

（3）控制系统的维修。控制系统的维修包括机柜内模块维修和天线座上模块维修，所有模块都采用通用化、系列化、模块化结构，模块安装均是螺钉固定，拆卸时只需拧下螺钉，更换新的备件，紧固螺钉。

图 4-69　方位部分综合铰链维修示意图

图 4-70　俯仰部分综合铰链维修示意图

3）冷却设备

冷却设备一般安装在方舱、机房或载车上，方舱或室内一般留有维修通道，供冷却设备维修时使用，如图 4-71 和图 4-72 所示。冷却设备的维修主要包括水泵、风机、电控设备等。

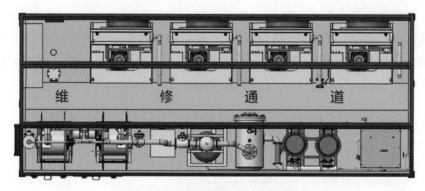

图 4-71　冷却设备维修通道示意图

图 4-72　冷却设备维修示意图

（1）水泵的维修。冷却设备中的水泵是较易发生故障的设备，维修水泵时应提前将其进出水口的阀门关闭，切断水路，保障人员维修时的安全。控保机柜检测到水泵有故障后，自动切换到备份水泵，以保证冷却系统正常运行。故障水泵处于停机状态（水泵出水口装有止回阀，防止冷却介质回流），将其进出水口的阀门关闭，切断水路，就可以对其进行维修或更换，不影响其他水路的工作。

（2）压缩机的维修。控保机柜检测到制冷模块内的压缩机有故障后，自动切换到备份制冷模块，以保证冷却系统正常运行。故障制冷模块的压缩机处于停机状态，将压缩机卸下，就可以对故障压缩机进行维修或更换。

（3）风机的维修。风机应独立可拆，避免出现更换风机需提前拆卸周边其余设备的情况，安装位置应考虑维修人员的可视性和可达性。控保机柜检测到制冷模块内的风机有故障后，自动切换到备份制冷模块，以保证冷却系统正常运行。故障制冷模块的两台风机都处于停机状态，将风机拆下，就可以对故障风机进行维修或更换。

（4）过滤器的维修。过滤器一般为双筒可切换设计，当过滤器的进出口压差过大报警时，可通过转阀快速切换到另一个筒体工作，保证系统正常运行，同时，可以将报警的滤芯拆下进行清洗或更换，以确保过滤器两个筒体都处于正常状态。

（5）控保单元的维修。如果控保单元出现故障，在将故障定位到具体单元后，直接用备件更换下故障单元即可。

4）电子设备

电子设备的维修主要涉及机柜、显控终端及其内部插箱的维修。以机柜为例，机柜维修的人机设计应考虑维修空间的大小和通过性，如机柜后方和两侧是否有遮挡、是否有足够的人员操作空间。对于机柜后方无维修空间的情况，可采用转架结构将插箱转出，便于检修插箱后部的插件和线缆（图4-73）。插箱安装应采用前插形式，插箱内的插件及风机考虑"通用化、系列化、模块化"的结构，面板优先选用松不脱螺钉，提升人员拆装设备的效率。机柜转接板的排布应考虑人员可视性，确保线缆的位置和名称标识在维修时能清晰可见。

图 4-73　机柜维修示意图

第5章

雷达装备 CMF 设计

本章导读

CMF 在工业设计过程中扮演着至关重要的角色，主要包括色彩（Color）、材料（Material）、工艺（Finishing）。CMF 设计不仅对产品呈现起到锦上添花的作用，还对产品的最终生产变现与呈现结果起到决定作用。新材料、新工艺给雷达装备工业设计带来了更多的选择性与创造性，大大拓展了工业设计师的想象空间，使其有了更多的方法来实现想要表达的效果。雷达产品不只更新迭代设计，更注重全方位的体验，以满足用户更高的品质追求，CMF 设计已成为雷达产品设计中的重要的环节。本章从材料、工艺、表面处理的多样性方面入手，结合雷达产品典型构件进行实例分析，重点阐述先进制造工艺技术和新材料的应用。

本章知识要点

- CMF 设计概述
- 雷达典型结构材料
- 雷达典型制造加工工艺
- 雷达典型表面处理工艺

5.1.1 CMF 的基本概念

CMF 是英文单词 Color、Material、Finishing 首字母所组成的，字面上的直观定义是色彩、材料和表面处理工艺或表面装饰工艺，在某些文献中，F 也被广义地定义为加工工艺。

CMF 是我们日常生活中随处可见的概念。我们身边的任何物体都是由材料（M）构成的，物体形态的形成是材料在外力作用下的结果，外力作用其实就是加工工艺（F）。而物体形态之所以被我们看到（视觉感知到），是因为不同材料在光的照射下所出现的"反射差"现象，也就是色彩（C）。因此，色彩、材料和工艺是构成人类所能感知到这个物质世界的三大基本要素。色彩主要对产品形态的视觉体验产生影响，材料主要对产品形态的感官体验产生影响，工艺的应用会直接关系到色彩与材料是否能完美地传达设计师的设计意图。三个元素之间有着微妙的关系，产品中元素之间不同的组合方式会带来千差万别的体验。

国外最早提出 CMF 的整体概念，我国是在近些年才开始引入 CMF 设计理念的，但无论国内还是国外，CMF 都没有确切的定义和体系研究。通常把 CMF 设计认为是一种以艺术学、设计学、工程学、社会学等交叉学科知识为背景的，融合趋势研究，立足产品 CMF 创新理念、依托消费者心灵情感认知，追求产品人性化表情的设计方法。在设计领域，不只是简单地将三者罗列出来，更重要的是利用色彩、材料和工艺三者之间的关系来优化最终完成效果。

5.1.2 CMF 的发展历史

从目前的研究资料来看，尚不清楚是谁首次提出 CMF 概念。最初的 CMF 并不是今天作为产品竞争中"从产品色彩、材料和加工工艺出发，全面提升产品竞争优势"的一种专业化技能，而是设计教学过程中基础训练的内容。

在第二次世界大战后，英国艺术设计预科教学中就出现了相关内容，特别是在面料设计、时尚珠宝设计、产品设计、陶瓷设计、室内设计等专业方向的预科教育中。

更为商业化的 CMF 概念与 20 世纪 60 年代时尚界对流行色的关注有关，并率先在时装业应用。1963 年由英国、奥地利、比利时、保加利亚、法国、匈牙利、波兰、罗马尼亚、瑞士、捷克、荷兰、西班牙、德国、日本等十多个国家联合成立了国际流行色委员会，时尚界的流行色导向为商家提供了巨大的商机，通过流行色引领市场的营销设计方法非常成功，成为设计机构、生产厂家和消费者对未来市场趋势走向预测的重要依据。直到现在，流行色依然发挥着重要作用。

20 世纪 80 年代，日本千叶大学工学部工业设计科青木弘行、铃木迈等学者针对不同材料（如纸张、皮革、塑料、金属、木材等）的感觉性能及其物理性能的相互关系展开了定量化的研究和设计应用，并探讨在不同环境条件下不同光源照明时的视触觉印象。而这个时期，随着电子工业和制造业的快速发展，各类家用电器、汽车和电子产品成为人类生活中的重要组成部分，CMF 的商业化概念开始在大型制造企业中酝酿，并成为产品外观设计竞争力的重要触点。

2000 年，CMF 概念开始在亚洲的一些大型企业（如韩国三星、日本索尼）中正式提出。21 世纪初，随着跨国大企业将制造业大规模迁入中国，CMF 技术也随之开始发展。从 2004 年 CMF 开始在中国生根，三星、诺基亚、海尔、联想、广汽、美的、小天鹅、博士、海信和格力等企业纷纷正式设立 CMF 设计师岗位，组建 CMF 专业团队，成立 CMF 部门。与此同时，涂料、材料加工制造等企业也开始大力开设各类 CMF 服务。杨明洁设计顾问机构于 2004 年在中国率先引入国际领先的设计策略研究方法与工具，并在 2005 年创建了 YANG DESIGN CMF 实验室，常年跟踪、研究并积累 CMF 趋势研究的相关资料。

企业对人才的需求也影响到高等院校。目前，清华大学、华中科技大学、江南大学、湖南大学等国内多所高校已经针对 CMF 设计进行了相关研究，部分高校还建立了 CMF 实验室，开设了 CMF 设计课程。

每年一次的国际 CMF 设计大会和国际 CMF 设计奖的举办，为中国专业化发展 CMF 设计建立了可持续的交流空间。在中国深圳建设的 CMF 综合馆，为 CMF 设计知识的传播和推广提供了资源共享的合作平台。

5.1.3　CMF 的主要应用

目前，CMF 设计的核心行业是汽车、家电、手机三大行业，泛核心行业则包括消费电子、家居、服装、包装、化妆品、医疗器械、箱包、鞋帽、材料、设备等行业。

因为不同行业的设计在产品结构、尺度、功能、美学、人机交互等方面会有差异，所使用的材料类别和加工工艺也会有所不同，因此其相应的产品在 CMF 设计上可能各有特色。例如，珠宝设计的 CMF，可能更注重材料的纯度、色泽、光泽、手感、观赏性和价值等，其微观精致度和品质要求极高，任何细微的瑕疵都可能会被关注到；而重型机器的 CMF 设计则可能更注重宏观的色彩、材质及表面纹理，以及其对人机界面操作舒适性、可靠性和安全性的影响。当然，不同行业之间都有可能互相启发和借鉴。例如，电子产品外观 CMF、汽车内饰 CMF 的设计，或许会参考服装行业及时尚产品 CMF 流行趋势的某些元素。所以，在产品 CMF 设计中，既要保持行业性 CMF 研究与设计的独特个性，也应保持各行业之间 CMF 的某些共性。

CMF 设计的价值是赋予产品外表"美"的品质，创造产品功能之外的与消费者对话的产品灵魂。CMF 设计的基础所依托的是艺术设计学科，但由于 CMF 设计所涉及的行业大多与大工业批量化生产有关，因此 CMF 设计的知识体系还涉及材料科学和工程制造学。只有这样，CMF 设计才能更好地实现产品转化。

除此之外，CMF 设计所对接的是市场化和商业化产品，所以 CMF 设计的知识体系还包含社会形态和市场趋势研究领域。CMF 设计只有根植在全球政治、经济、文化、产业、竞争对手的信息场和数据库中，时刻把握产品的市场导向、消费者的心理流变，才能找到准确的市场定位，在企业现有的产业链平台上，通过 CMF 设计的创新触点，以最合理的成本体现最大的设计竞争力。这正是 CMF 设计的精髓所在。

当前的产品消费市场面临着一个现实，即同类产品的基本构造大体相同。因此，无论是个人还是企业，若想使产品脱颖而出，就需要有针对性地选择适当的色彩、材料和工艺，以实现不同的产品效果。这不仅有助于区分不同品牌、不同产品系列，更决定了产品的价值、生命周期以及升值空间。CMF 设计并不仅仅是通过色彩、材料、工艺为产品呈现增色添彩，而是对产品设计最终的生产实现过程和结果起着决定性作用。

雷达装备种类繁多，形态各异，组成复杂，涉及的色彩、材料和工艺要素更是丰富多样。产品最终效果的呈现往往是多方面因素综合作用的结果。考虑到产品色彩通常与材料属性、加工工艺密切相关，并最终通过表面镀覆、油漆等表面处理技术呈现效果，下面将主要从雷达典型材质、加工工艺和表面处理工艺三个方面来深入介绍雷达的 CMF 设计。

5.2　雷达典型结构材料

5.2.1　金属材料

随着雷达不断向着多功能化、轻量化、小型化、高性能方向发展，雷达产品中使用的金属材料也日益多样化，对所用关键材料的性能及零部件制造技术提出了更高的要求。高强高韧材料、轻量化材料及部分具有特殊性能的功能金属材料，在雷达产品中已经有了广泛的应用。

考虑到雷达产品的高可靠性、长寿命的特点，雷达产品中选用的材料必须是在国标或国军标中已经定型的牌号，雷达产品用的金属材料主要涉及的标准有 GB/T 3880、GB/T 3191、GB/T 5154、GB/T 1591、GB/T 3077、GJB 2505A 等。

1. 黑色金属材料

地面雷达、测控雷达产品中的结构件大多数是黑色金属制造的，雷达产品中常用的黑色金属包括普通钢、高强钢、不锈钢及铸钢铸铁等。普通钢在雷达结构中应用广泛，常用的牌号主要包括 Q235、Q345、10#、20#、45# 等。由于雷达阵面、转台造型设计，以及冷却管路防腐性能、精密传动天线座复杂多腔结构等设计需求，高强钢、不锈钢、铸造材料等在雷达产品中的应用广泛。其中，高强钢一般按 GB/T 1591、GB/T 16270 标准中的性能和牌号选用；不锈钢一般按 GB/T 1220、GB/T 3280、GB/T 4237 标准中的性能和牌号选用；合金结构钢按 GB/T 3077 标准中的性能和牌号选用；铸钢按 GB/T 14408 标准中的性能和牌号选用。

地面、车载领域雷达产品的转台、阵面骨架等构件需采用焊接结构，对高强可焊金属材料需求迫切，对于 HG70D、Q690、Domex700 系列等高强钢，由于其具有抗拉强度高、焊接性能好等特点，常用来加工转台、阵面骨架、底座等，如图 5-1 所示。

1）不锈钢

由于雷达产品使用环境恶劣，雷达产品对防腐蚀有很高的要求。不锈钢材料由于其良好的抗腐蚀和力学性能，得到了广泛的应用。06Cr19Ni10、022Cr17Ni12Mo2、12Cr18Ni9等普通不锈钢，其固溶状态具有较好的塑性、韧性和冷加工性能，且耐蚀性良好，常用于雷达结构中的液冷管路、接头、连接件和雷达结构中其他防腐蚀零件。某些具有特殊性能的不锈钢，如沉淀硬化不锈钢05Cr17Ni4Cu4Nb，由于其焊接性能良好，易于加工制造，主要用于既有耐蚀性要求，又有高强度要求的零部件，如舰载雷达管路、箱体、综合铰链等。双相不锈钢022Cr22Ni5Mo3N具有高强度、良好的冲击韧性以及良好的整体和局部的抗应力腐蚀能力，常用来生产轴套、滚轮等零件。雷达中常见的不锈钢制件如图5-2所示。

（a）转台 （b）阵面骨架

图 5-1 高强钢在地面雷达中的应用

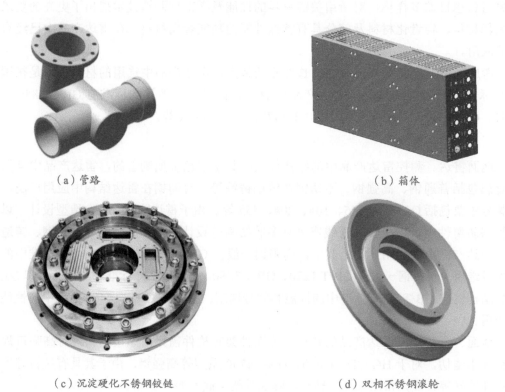

（a）管路 （b）箱体

（c）沉淀硬化不锈钢铰链 （d）双相不锈钢滚轮

图 5-2 雷达中常见的不锈钢制件

2）铸铁、铸钢

雷达结构件中有一部分零件对整体延伸性能要求不高，但是对强度、吸收振动的性能有一定要求，如天线座转盘底座、轴承支座等，这类零件常用到铸铁、铸钢，如ZG340640、QT600、QT900 等。球墨铸铁有较高的强度、耐磨性和一定的韧性，常用于要求较高强度和耐磨性的动载荷零件，如壳体、连杆、曲轴、底座等。雷达中典型的铸铁、铸钢制件如图 5-3 所示。

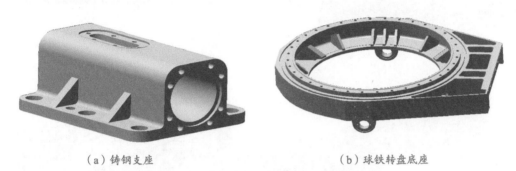

（a）铸钢支座　　　　　　　　　　（b）球铁转盘底座

图 5-3　雷达中典型的铸铁、铸钢制件

2. 有色金属材料

舰载雷达受使用环境的影响，对轻质、耐腐蚀的材料应用需求增加；机载、星载雷达受空间尺寸、质量等因素影响，对金属材料提出了轻量化需求。机载雷达中已大量应用普通 6 系铝合金，对力学性能更高的 7 系铝合金材料也有了越来越多的需求。其中，常用铝合金一般按 GB/T 3880、GB/T 3191 标准中的性能和牌号选用，高强铝合金按 GB/T 29503标准中的性能和牌号选用，铜合金一般按 GB/T 2040、GB/T 4423 标准中的性能和牌号选用。

1）铝及铝合金

铝及铝合金密度小，可强化，易加工，常采用铸造、压力加工、机械加工等工艺方法成型，并且导电、导热性能好，仅次于金、银、铜，表面形成致密氧化膜而耐腐蚀，冲击不产生活化，因此在雷达中是使用率非常高的金属材料。

5A05/5A06 等铝合金，强度、塑性、耐腐蚀性高，可切削性能良好，焊接性能良好，常用于雷达产品的机箱、机壳、面板、门板、冷板等常用功能件。6061/6063 等 6 系铝合金，具有良好的加工、焊接、抗腐蚀性能，韧性高，加工后不易变形，在雷达产品中常用来作为面板、散热器、冷板等零件。机载、星载等雷达产品减重需求迫切，因此常用到7075/7050 等 7 系铝合金，其具有强度高、切削性能好等特点，常用于雷达产品的承重支架。近年来，由于有源相控阵雷达的发展，批量生产的零件数量逐渐增多，ZL101、ZL102 等铸造铝合金由于其铸造性能良好，流动性高，有相当高的耐腐蚀性能，塑性和强度也较高，常用作压铸组件机壳、铸造机柜框架等。雷达中常见的铝合金制件如图 5-4 所示。

2）铜及铜合金

铜及铜合金不仅具有优良的导电、导热、耐蚀性能，还具有优良的冷热加工性能，在雷达构件中应用广泛。铜及铜合金常用于雷达系统中的波导、内导体、外导体、导电环、汇流条、滤波器等构件，也常用于轴套、导轨等耐磨零件，常用牌号包括 H62、T2 等。雷达中常见的铜合金制件如图 5-5 所示。

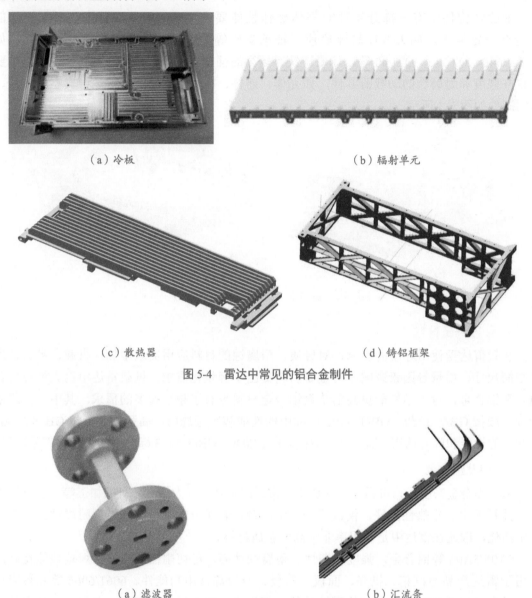

（a）冷板

（b）辐射单元

（c）散热器

（d）铸铝框架

图 5-4　雷达中常见的铝合金制件

（a）滤波器

（b）汇流条

图 5-5　雷达中常见的铜合金制件

3. 新型金属材料

随着雷达技术的不断发展，对产品材料性能提出了许多新的要求，除了常规金属材料，一些具备特殊性能的新型金属材料也逐渐在雷达中得到应用。

钛合金密度小、比强度和比刚度高，有优良的耐腐蚀性能，在雷达中也有一定应用，如机载雷达的紧固件、支臂、铰链等。除了力学性能，钛合金由于其热膨胀系数和电子元器件相似，还常用作 T/R 组件的封装壳体及盖板。雷达中常见的钛合金制件如图 5-6 所示。

ZK61M 镁合金具有较高的强度和良好的塑性及耐蚀性，是目前应用较多的变形镁合金，已经在辐射单元、波导网络、星载雷达的机壳类产品中得到应用。雷达中常见的镁合金制件如图 5-7 所示。

（a）钛合金铰链　　　　　（b）钛合金支臂　　　　　（c）T/R 组件壳体

图 5-6　雷达中常见的钛合金制件

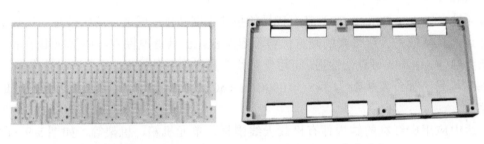

（a）波导网络　　　　　　　　　　　　（b）壳体

图 5-7　雷达中常见的镁合金制件

铝基碳化硅复合材料具有轻量化、高导热的特点，且与电子元器件有相似的线膨胀系数，已经成功应用于雷达的组件壳体，如图 5-8 所示。

图 5-8　高导热铝基碳化硅组件壳体

5.2.2　非金属材料

非金属材料在轻量化、复合功能化方面具有独特的优势，国外在机载、星载等电子装备上已广泛应用。例如，美国海盗号宇宙飞船上的碳纤维复合材料天线；英国海浪花直升机上的碳纤维复合材料天线反射面等。而在国际通信卫星 5 号上，包括天线、馈源、波导、天线支架、多路调节器等，上千个零部件都采用非金属材料制造。提高非金属材料尤其是先进复合材料在电子装备领域中的应用比例和范围，可更好地保障装备的生存力，提高装备的机动性、便携性、宽频透波、吸波、隐身等能力，助推电子装备综合性能再上新台阶。

1. 先进树脂基复合材料

先进复合材料（Advanced Composite Materials，ACM）是指由两种或两种以上不同物质以不同方式组合而成的材料，专指可用于主承力结构或次承力结构、刚度和强度性能相当于或超过铝合金的复合材料。其中，树脂基复合材料（Resin Matrix Composite）也称为纤维增强塑料（Fiber Reinforced Plastics），是目前技术比较成熟且应用最为广泛的一类复合材料。

根据组成的原材料不同，树脂基复合材料种类很多，其中应用较为广泛的有碳纤维复合材料、玻璃纤维增强复合材料等。

1）碳纤维复合材料

碳纤维（Carbon Fiber，CF）具有优异的拉伸强度和压缩强度、高比模量、尺寸稳定性好等特点，且其低密度所带来的减重优势不容忽视，但其透波性差，通常应用于承受高载荷的承力部件。由于其可设计性强，可用于替代金属成型各种异形、复杂形状结构件。其中，沥青基高模量石墨纤维模量为 $345\sim1000\mathrm{GPa}$（$50\sim145\mathrm{Msi}$），常用在要求高刚性的空间结构件上。

雷达中应用碳纤维的结构件有机载天线围框、单元机箱、机架等，如图 5-9～图 5-12 所示。

图 5-9　碳纤维机载天线围框和面板

图 5-10　碳纤维机架　　　　　　　图 5-11　碳纤维单元机箱

图 5-12 纤维转接铰链

2）玻璃纤维增强复合材料

玻璃纤维（Glass Fiber，GF）增强复合材料具有良好的力学性能，在高频作用下仍能保持良好的介电性能，又具有电磁波穿透性，适用于制作雷达天线罩。其中，以普通 E 玻璃纤维、SW 玻璃纤维增强的复合材料适用于低频雷达；而以石英玻璃纤维增强的复合材料则用于高频雷达。采用玻纤增强复合材料的各种雷达罩如图 5-13～图 5-16 所示。

图 5-13 车载球头天线罩

图 5-14 16 米雷达罩

图 5-15 28 米雷达罩

图 5-16 预警机雷达旋罩

2. 高性能特种工程塑料材料

塑料是以高分子化合物或合成树脂为基础原料，加入（或不加）各种塑料助剂和填料，在一定温度和压力下，加工成型或交联固化成型得到的固体材料或制品。聚苯硫醚（PPS）、聚酰亚胺（PI）、聚醚酰亚胺（PEI）、聚醚砜（PES）、聚醚醚酮（PEEK）等高强、耐高温的高性能特种塑料在军事电子装备的应用也极为广泛，可用于电气绝缘、部件、结构件和功能件等，且随着电子装备日益增加的轻量化、机动化要求，高性能特种塑料成为解决结构件更轻、生产更高效的必然选择。

雷达中的工程塑料制件如图 5-17～图 5-19 所示。

图 5-17 特种工程塑料壳体

图 5-18 特种塑料 PEEK 辐射单元

图 5-19 特种塑料 PI 导轨

3. 特种陶瓷材料

特种陶瓷是指具有特殊力学、物理或化学性能的陶瓷，应用于各种现代工业和尖端科学技术中。其中电工电子功能陶瓷是在陶瓷坯料中加入特种配方的无机材料，通过高温烧结、加工形成特殊高强、高硬、高韧性、绝缘、半导体、压电、电光、磁光等特性的特种陶瓷材料，如碳化硅陶瓷、氮化硅陶瓷等，在电子装配上发挥高压绝缘、压电和高温密封等作用。雷达中的高压陶瓷绝缘子、水铰链陶瓷环如图 5-20 和图 5-21 所示。

图 5-20 高压陶瓷绝缘子

图 5-21 水铰链陶瓷环

4. 特种橡胶材料

密封和防护是在电子装备中的基本功能需求，而实现电子装备密封和防护通常有橡胶材料的密封圈、密封垫、油封和护套等，如图 5-22 所示。

随着电子装备集成度越来越高，对密封和防护也提出更高、更长效的要求，密封介质也从常见的水溶液、油介质逐步向特种冷却媒介和特殊功能溶液转变，如耐低温 −65℃、高温 95℃ 的冷却液，高比热容、高热交换氟利昂介质，低导电润滑油脂等。所以，橡胶材料对密封介质的相容性要求更高，对耐温度幅度要求更宽，对使用长寿命要求延长 15 年以上。因此，需要使用特种橡胶材料制备相应的橡胶零件，如氟硅橡胶、氟醚橡胶、氢化丁腈橡胶等替代常规的丁腈橡胶、硅橡胶、乙丙橡胶。

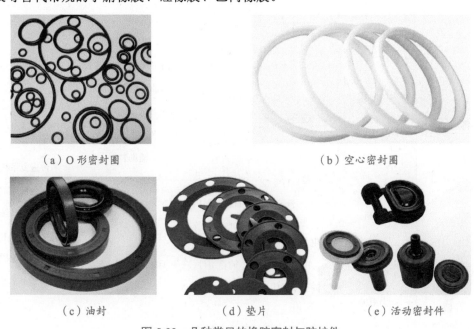

（a）O 形密封圈　　　　　　　　　　　（b）空心密封圈

（c）油封　　　　　　（d）垫片　　　　　　（e）活动密封件

图 5-22　几种常见的橡胶密封与防护件

5.3 雷达典型制造加工工艺

5.3.1　雷达装备制造技术概述

加工工艺是实现产品设计、保证产品质量、节约能源、降低消耗的重要手段。从工与艺的本义和引申之义，以及其发生与发展的过程可以发现，人类设计的规律从舒适到美目怡神，从实用到注重审美，逐步形成灿烂辉煌的工艺及其特有的文化。同样，工业设计作为一种文化，作为人的价值观念的体现，其结果应当与潜于深处的消费心理相吻合。而一个时代的价值观念是这个时代经济基础、社会意识、文化艺术的集中反映，是传统的必然延续。

　　雷达装备主要组成包括天线、接收机/发射机、信号处理、显示控制、供电系统等，组成这些系统的结构件，从大中型的"天线阵面类构件、天线座类构件、承载平台"，到中小精密的"高频元件、铰链类构件、高效冷却构件、伺服传动构件、电子设备构件"等。雷达装备典型结构组成如图 5-23 所示。其加工成型方法几乎应用了所有常规的加工技术。同时，随着新材料和新技术的发展，增材制造、虚拟制造、智能制造、微系统制造等前沿颠覆性技术和核心系统性技术应用也发展迅猛。

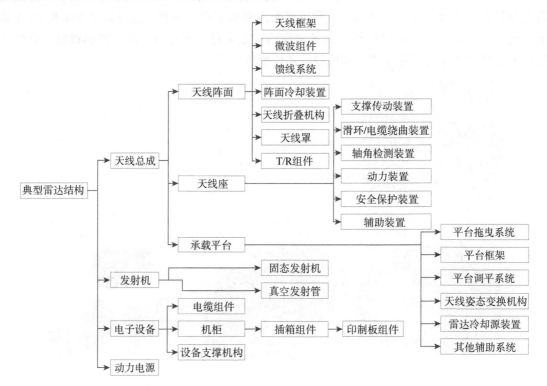

图 5-23　雷达装备典型结构组成

5.3.2　典型构件常规加工工艺

　　电子装备构件精密加工及成型是高端制造的代表，在复杂金属构件制造技术发展中，通过应用现代化机械设备、生产技术、加工工艺等，减少资源消耗与提高生产效率，并确保产品的精密和高质量。

　　本节结合雷达典型构件，梳理了精密加工及精密成型、先进连接、特种加工、先进制造技术等制造方法的特点、工艺流程和典型应用等，为雷达装备工业设计研究提供参考。雷达典型构件的主要加工方法如表 5-1 所示。

1. 精密加工及精密成型技术

　　加工技术向高精度发展是制造技术的一个重要发展方向。精密加工和超精密加工、微细和超微细加工等精密工程是未来制造技术的基础。精密成型技术是指零件成型后，仅需少量加工或不加工（近净成型技术或净成型技术）就可用作机械构件的一种成型技术，改造了传统的毛坯成型技术，使之由粗糙成型变为优质、高效、高精度、轻量化、低成本、无公害的成型技术。精密加工及精密成型技术分类如表 5-2 所示。

表 5-1 雷达典型构件的主要加工方法

制件分类	典型对象	主要加工方法
大、中型结构类制件	天线阵面类构件	大件加工 熔化焊接 铆接 大件油漆 大件热处理
	天线座类构件	
	承载平台	
中、小精密结构类制件	高频元件	精密加工与成型 钣金加工 精密焊接 精密件热处理 表面处理
	铰链类构件	
	高效冷却构件	
	伺服传动构件	
	电子设备结构件	

表 5-2 精密加工及精密成型技术分类

技术分类	加工技术	具体技术方法
精密加工技术	精密加工技术	精密切削（车削、铣削、镗削、微孔钻削）、精密磨削、精密研磨
	超精密加工技术	超精密切削、超精密磨削、超精密研磨
	纳米加工技术	纳米材料制备加工、纳米级微细加工、纳米级超精密加工
	微细加工技术	基于超精密加工的微细加工技术和电加工技术、基于硅微细加工技术、基于 LIGA 加工的微细加工技术
精密成型技术	精密铸造技术	熔模铸造、精密砂型铸造、消失模铸造、挤压铸造、半固态铸造、压力铸造、陶瓷型铸造、壳型铸造
	粉末冶金技术	模压成型、特殊成型（等静压成型、粉末锻造、粉末连续成型、粉末注射成型、爆炸成型）
	塑性成型技术	体积成型：锻造、轧制、挤压、特种体积成型
		钣金成型：弯曲成型、拉伸成型、胀型、软（半）模成型、加热成型
		冲击力成型：高能率成型、落压（锤）成型
		特种板材成型：喷丸成型、电磁成型、多点成型、数字化增量成型

1）精密构件加工技术

精密机械加工技术在雷达构件中的应用，主要包括精密天馈部件、精密伺服传动结构件、高精度微波印制板、精密 T/R 组件壳体、高效冷却构件等精密磨削、数控高速铣削、车削、镗削技术，其尺寸精度、形位精度和表面粗糙度接近精密切削加工的标准要求。雷达中典型的精密加工制件如图 5-24 所示。

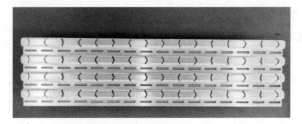

（a）星载天线复杂多腔铝合金波导铣削加工 　　　　（b）太赫兹波天馈线微细构件成型

（c）薄壁抛物面铝硅天线精密车削加工　　　（d）钛合金齿轮磨削加工　　　（e）大型集成面板镗铣削加工

图 5-24　雷达中典型的精密加工制件

2）精密构件成型技术

（1）钣金成型工艺

钣金成型工艺应用于电子产品结构件制造中，结合力学与美学，在确保强度的同时体现工业美感。雷达产品的天线、方舱、显控柜、机柜等的成型几乎覆盖了钣金成型技术所有方法，如天线反射面的拉伸、旋压成型，纵横向筋板的胀型、软（半）模成型，方舱、机柜面板的弯曲成型、加热成型等。

天线部件是雷达产品的核心构件，反射面天线、阵列天线和相控阵天线构件成型都离不开钣金成型技术。本节重点介绍反射面天线的钣金成型技术。

①旋压成型工艺。旋压成型的典型产品涉及轮毂、家具、灯具、交通工具、餐具、珠宝首饰等各个领域。在雷达产品中，该工艺主要应用于直径小于 2m 的抛物面天线、电缆盘、放飞用的铝合金球等成型，如图 5-25 所示。

（a）副反射面　　　　　　　（b）电缆盘　　　　　　　（c）铝半球

图 5-25　旋压成型构件

②拉伸（蒙皮）成型。拉伸成型的原理是将板材的两端固定在用于蒙皮拉伸设备的机夹头上，拉型模胎固定在工作台上，通过工作台顶升的拉型模胎与板材接触，产生不均匀

的平面拉应变,使板材与拉型模胎贴合成型。小口径的天线反射面面板可以整体拉伸成型;大、中型天线反射面面板可分块拉伸成型,再通过模胎上的定位孔或成型标识线画出边缘的裁切线。采用拉伸成型的抛物面天线蒙皮如图 5-26 所示。

图 5-26　采用拉伸成型的抛物面天线蒙皮

③软(半)模成型。反射面天线背面骨架,是由纵向、横向、环向筋板铆接(焊接)而成的。筋板的成型精度决定了反射体整体精度,筋板的位置、方向、连接等要求,使筋板的形状呈异型结构,必须用模具成型才能保证其形状精度。

反射面天线背面骨架筋板,通常采用软(半)模成型方法。根据筋板的内侧腔体形状,做成凸模,筋板与凸模固定,采用液压橡皮囊成型,如图 5-27 所示。

图 5-27　反射面天线背面骨架

（2）精密铸造成型工艺

随着现代航空航天技术的发展,机载和星载产品中结构件的要求越来越高,为获得质量更轻、整体结构性更好、可靠性更高、制造成本更低、加工周期更短的结构件,无(少)余量精密铸造成型工艺发挥了越来越重要的作用。雷达中常用的精密铸造成型工艺包括熔模铸造成型、压铸成型等,如图 5-28 和图 5-29 所示。

图 5-28　熔模铸造天线座

图 5-28　熔模铸造天线座（续）

（a）喇叭　　　　　（b）通信基站结构腔体　　　　　（c）5G 微型滤波器腔体

（d）盲插柱　　　　　　　　　　　（e）导轨

图 5-29　压铸成型制件

（3）挤压成型工艺

挤压是将金属坯料在模具内通过压力机强大的压力并在一定速度作用下，迫使金属从模口挤出，从而获得所需形状、尺寸以及具有一定力学性能的挤压制品。这种加工方法材料利用率高，材料的组织和机械性能得到改善，操作简单，生产效率高，可制作异型多腔壳体、薄壁零件等，是重要的少（无）切削加工工艺。挤压成型的典型制件如图 5-30 所示。

（a）微型滤波壳体　　　　（b）服务器主机散热器　　　　（c）散热翅片

图 5-30　挤压成型的典型制件

（4）粉末冶金工艺

粉末冶金是以金属粉末（非金属粉末）作为原料，经成型和烧结制取具有所需形状和性能的金属材料与制品的一种冶金方法。粉末冶金成品件可达到相当高的精度，可以不经过任何加工直接应用，也可以进行一定的精加工。

在雷达结构件中，小型复杂结构批量件、新型难加工材料批量件，如把手等五金件、辐射单元等，可采用粉末冶金成型工艺，如图 5-31 所示。

（a）把手　　　　　　　　　　　　　　　　（b）辐射单元

图 5-31　采用粉末冶金工艺制作的把手和辐射单元

2. 先进连接技术

连接技术主要包括焊接、机械连接和胶接技术，连接技术是航空关键制造技术之一。先进的焊接技术是降低材料消耗、减轻结构重量的有效途径；机械连接主要是铆接和螺接，铆接结构质量轻、成本低、工艺简便，比螺接更有优势；胶接是提高机体结构、获得破损安全结构的先进连接技术。先进连接技术及具体方法如表 5-3 所示。

表 5-3　先进连接技术及具体方法

技术分类	加工技术	具体方法
连接技术	焊接技术	熔焊：电弧焊、气体保护焊、等离子弧焊、真空电子束焊、激光焊、电渣焊
		固相焊：搅拌摩擦焊、扩散焊、爆炸焊、电阻焊、超声波焊
		钎焊：真空钎焊、氮气保护焊、火焰钎焊、盐浴钎焊
		复合焊技术：铝合金钎焊＋铝合金固相焊、铝合金高温钎焊＋铝合金中温钎焊
	机械连接技术	普通铆接技术：冲击铆接、压铆、密封铆接
		特种铆接技术：钛合金铆钉铆接、环槽铆钉铆接、干涉配合铆、抽芯铆接、电磁铆接等
	胶接技术	密封胶接技术
		结构连接胶接、胶粘修补
		高性能导电胶粘和导热胶粘

1）精密焊接工艺

精密焊接技术的发展已非常成熟，其特点是技术先进、可靠性高，许多品种已标准化。精密焊接已成为精密构件成型的核心制造工艺技术，制造对象由小构件发展到大型复杂结构件。在雷达制造领域，欧美发达国家采用真空钎焊、电子束焊作为主要手段，技术成熟，质量稳定。

精密焊接技术在国内获得了一定的发展，尤其是在对构件质量要求非常苛刻的航空、航天领域，研究及应用较多。在电子行业，部分高精度要求的产品上获得了较多的应用，结合雷达精密构件的成型需求，盐浴钎焊、氮气保护焊、搅拌摩擦焊、感应钎焊、真空电子束焊、高能束精密熔焊等技术已具备产品批量生产的能力。

（1）盐浴钎焊技术。盐浴钎焊适用于波导、平板天线、馈线系统等的精密焊接，因为熔盐温度均衡，所以工件受热均匀，表面去膜彻底，钎缝成型质量好，工件变形较小。为保证工件尺寸精度及焊缝间隙要求，必须依靠严格的工装定位，适用于大批量生产规模。雷达中常用于馈线类的结构件如图 5-32 所示。

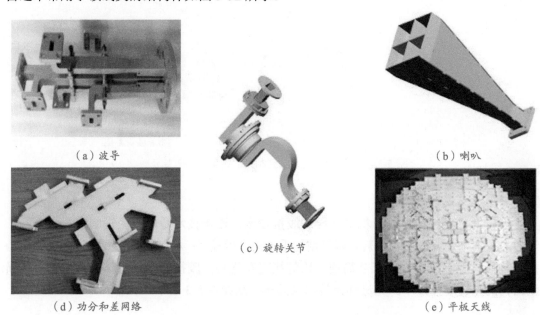

（a）波导　　　　　　　　　　　　　　　　　　　　　（b）喇叭

（c）旋转关节

（d）功分和差网络　　　　　　　　　　　　　　　　　（e）平板天线

图 5-32　雷达中常用于馈线类的结构件

（2）氮气保护焊技术。氮气保护焊适用于冷却系统中冷板、机箱的精密焊接，如图 5-33 所示。该工艺方法设备要求简单、维护方便、生产效率高。焊接过程中工件受热均匀，即使厚薄壁尺寸悬殊较大也可通过保温使温度均衡。焊接后通过控制冷却速度避免工件出现大的变形，几乎不需整形。对工装要求不高，可依靠榫头、孔自夹紧及焊前点焊对工件进行定位。

（a）大面积对接冷板　　　　　　　　　　　　　（b）风冷机箱

图 5-33　冷却系统中典型的钎焊构件

（c）风冷冷板

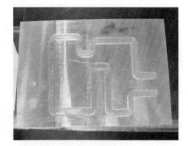
（d）液冷冷板

图 5-33　冷却系统中典型的钎焊构件（续）

（3）真空电子束焊接技术。真空电子束焊适用于液冷系统中冷板、底座和机箱的精密焊接，如图 5-34 所示。该工艺方法由于能量密度高，因此缝深宽比大，热影响区小，焊接过程中焊接参数均由电参数控制，自动化程度、控制精度及可重复性高，且在真空下焊接，所以焊缝质量高。

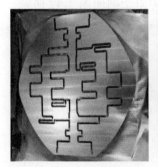

图 5-34　雷达中的真空电子束焊构件

（4）搅拌摩擦焊接技术。搅拌摩擦焊是在热 - 机联合作用下材料扩散连接形成致密金属的一种固相连接方法，因此焊缝质量好，强度基本与母材相同，且焊缝可进行机加工，适用于天线阵面的大面板、液冷冷板和机箱等构件，如图 5-35 所示。

（5）复合焊接技术。对于结构组成较为复杂的机箱构件，需采用复合焊接技术，典型构件有冷板（钎焊 + 搅拌摩擦焊）、机箱（高温氮气保护钎焊）等。图 5-36 所示为复合焊接机箱。在机箱整体的成型过程中，需采用钎焊和搅拌摩擦焊进行冷板与机箱的连接成型，用氮气保护焊进行机箱其他零部件的连接成型。

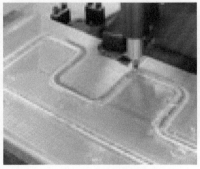

图 5-35　雷达中的搅拌摩擦焊构件

图 5-36　复合焊接机箱

2）精密铆接工艺

铆接技术分为普通铆接和特种铆接。普通铆接工艺过程较简单，方法成熟，连接强度稳定可靠，广泛应用于机体各种组件和部件。其中，半圆头、平锥头铆钉连接用于机体内部机构及气动外形要求低的外蒙皮；沉头铆接主要用于气动外形要求高的外蒙皮；大扁圆头铆钉连接用于气动外形要求低的蒙皮及油箱仓等部位，具体应用实例如图 5-37 所示。

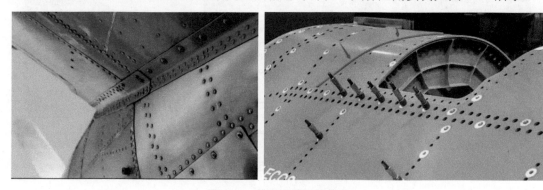

图 5-37　普通铆接机体蒙皮

特种铆接能适应结构的特殊要求，但其铆钉结构较复杂，制造成本高，应用范围较窄，铆接故障不易排出，主要应用于结构有特殊要求的部位。常用的特种铆接有钛合金铆钉铆接、环槽铆钉铆接、干涉配合铆接、抽芯铆接、电磁铆接等。图 5-38 所示为抽芯铆接和电磁铆接示意。

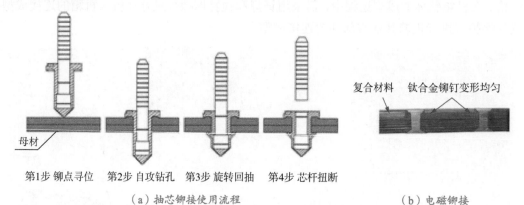

第1步 铆点寻位　第2步 自攻钻孔　第3步 旋转回抽　第4步 芯杆扭断

（a）抽芯铆接使用流程　　　　　　　　　　　（b）电磁铆接

图 5-38　抽芯铆接和电磁铆接示意

精密铆接作为一种轻型连接技术，是雷达结构成型过程中不可缺少的重要方法，随着现代雷达对结构轻型化、小型化的要求日益提高，其应用日益广泛，尤其是在一些以复合材料、轻质有色金属为主要构件的相控阵雷达箱体结构成型过程中，此类连接方法更是占据主导地位。雷达产品铆接类的结构件主要为天线骨架、机箱框架、印制板及其他小部件。

（1）印制板类铆接构件。印制板类铆接构件材料通常为环氧板或聚四氟乙烯板，对于连接强度的要求不高，此类部件中通常使用圆头实心、半空心、空心铆钉，铆钉的直径小于 3mm，如图 5-39 所示。

图 5-39 印制板类半空心铆钉

（2）骨架类实体金属材料铆接构件。实体金属材料铆接构件是应用最为广泛的铆接结构形式，在雷达天线骨架和机箱类部件中主要承力部位通常使用这种连接形式，此类部件中通常使用实心铆钉、抽芯铆钉。抽芯铆接过程如图 5-40 所示。

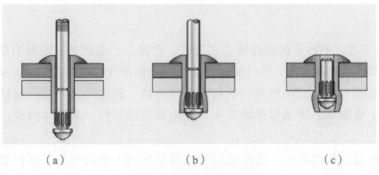

（a）   （b）   （c）

图 5-40 抽芯铆接过程

（3）夹芯板类铆接构件。夹芯板类铆接构件包括铝蜂窝、泡沫板等，主要用于天线骨架类部件中的隔板、外壳。此类构件连接通常使用铆接作业时对板材压力较小的抽芯铆钉，防止对夹芯板的挤压破坏。当夹芯板中安放金属预埋件时，按照实体金属材料构件进行考虑。骨架类隔板、外壳铆接如图 5-41 所示。

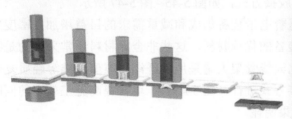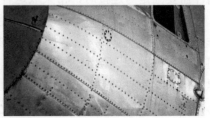

图 5-41 骨架类隔板、外壳铆接

（4）碳纤维材料铆接构件。碳纤维材料铆接构件用于星载雷达天线骨架和机箱类部件，通常采用钛合金或不锈钢材料的实心铆钉、环槽铆钉进行连接。使用铆钉及铆接示意图如图 5-42 所示。

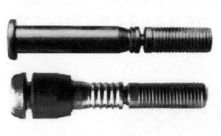

（a）环槽铆钉　　　　　　　　　　　　　　　　（b）干涉紧固件环槽铆钉

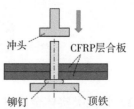

（c）碳纤维复合材料铆接

图 5-42　使用铆钉及铆接示意

3）胶接技术

（1）胶接工艺。不同于机械连接工艺方式，胶接工艺通常是采用强力结构胶将需要承载载荷的两个零件粘接在一起，通过胶黏剂在粘接表面形成牢固的黏结力，从而传递载荷，一般适用于传递均布载荷或承接剪切载荷部位的连接。胶接工艺不会引起钻孔等机械连接应力集中，施工效率高、增加零件数量少、无电偶腐蚀，但一般不可拆卸，因此胶接工艺属于永久连接。

①金属件与金属件的胶接。这种胶接方式通常应用于承载较小、不需要或不适合钻孔等机械施工，或无法实现高温焊接的区域或场合，在雷达上应用比较普遍。例如，在星载天线阵面上固定射频电缆的铝合金线扣（图 5-43），胶接固定辅助定位的支耳、风机等，以及地面雷达的裂缝波导托架胶接（图 5-44）。通常这些金属件胶接施工需要进行表面处理，如表面打磨或表面氧化处理，以提高胶接强度。

②金属与非金属件的胶接。在一些非金属零件（如塑料件、陶瓷件、复合材料件）与金属件需要固定与连接时，常采取这种胶接方式，如图 5-45~ 图 5-47 所示。

③非金属件与非金属件的胶接。随着电子装备集成和减重需求的日益增加，密度更小的非金属材料成为一些机载电子雷达装备的优选材料，这些非金属材料通常采用的是纤维增强树脂复合材料。例如，机载轻量化天线骨架大量采用碳纤维、玻璃纤维等轻质复合材料零件，这些零件的连接通常采取胶接方式进行（图 5-48），可在提高施工效率的同时，大幅减少连接的零件数量，减重增益效果明显。

图 5-43 星载天线阵面上胶接的铝合金线扣

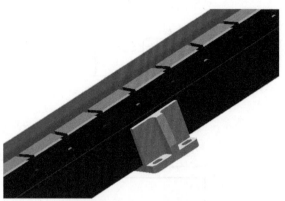

图 5-44 金属波导胶接的金属托架

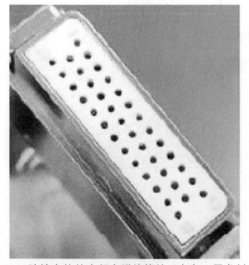

图 5-45 胶接定位的高频电缆绝缘块（白色，尼龙材质）

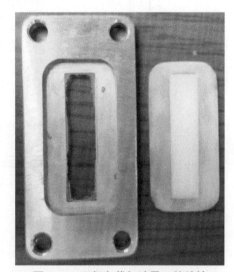

图 5-46 四氟负载与波导口的胶接

图 5-47 金属围框与碳纤维复材围框胶接

图 5-48 碳纤维天线骨架胶接

（2）连接密封工艺。为了提高电子装备装配的可靠性，无论是机械连接还是胶接连接，连接处都需要做相应的密封处理。密封胶接是用一种密封材料涂覆在两个结合面处，使之粘接在一起，堵住缝隙。雷达产品构件的高可靠精密连接要求越来越高，所需的密封防护应用面也越来越广，具体方法主要包括可拆随形平面密封垫密封、可拆套接密封、套接多层密封等。各种密封方法适用于不同结构和场合中，如图 5-49 所示。

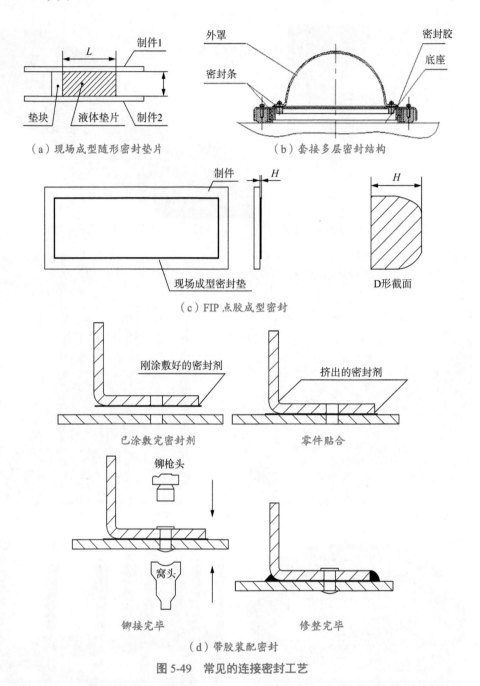

（a）现场成型随形密封垫片　　　　　（b）套接多层密封结构

（c）FIP 点胶成型密封

（d）带胶装配密封

图 5-49　常见的连接密封工艺

①可拆随形平面密封垫适用于因安装面平面度和粗糙度不满足使用预制密封垫条件的安装件密封，如天线罩、口盖安装密封。

②岛礁雷达装备环境适应性设计规范中要求套接密封优先选用套接多层密封结构。

③FIP 点胶成型密封垫适用于对盖板壁薄空间有限、不便采用成品密封垫的薄壁制件密封结构。

④带胶装配密封比装配后涂胶密封具有更好的可靠性，其缺点是返工拆卸困难，适用于密封要求高、且不涉及拆卸的场合。

3. 特种加工技术

特种加工也称为"非传统加工"或"现代加工方法"，泛指用电能、热能、光能、电化学能、化学能、声能及特殊机械能等能量达到去除或增加材料的加工方法，从而实现材料被去除、变形、改变性能或被镀覆等。常用的特种加工方法如表 5-4 所示。

表 5-4 常用的特种加工方法

技术分类		特种加工方法	能量来源形式	作用原理
电火花加工		电火花成型加工	电能、热能	熔化、汽化
		电火花线切割加工	电能、热能	熔化、汽化
		电解加工	电化学能	金属离子阳极熔解
		电解磨削	电化学能、机械能	阳极熔解、磨削
电化学加工		电解研磨	电化学能、机械能	阳极熔解、研磨
		电铸	电化学能	金属离子阴极沉淀
		涂镀	电化学能	金属离子阴极沉淀
		激光切削、打孔	电能、热能	熔化、汽化
高能束加工	激光束加工	激光打标识	电能、热能	熔化、汽化
		激光处理、表面改性	电能、热能	熔化、相变
	电子束加工	切割、打孔、焊接	电能、热能	熔化、汽化
	离子束加工	蚀刻、镀覆、注入	电能、动能	原子撞击
	等离子弧加工	切割（喷镀）	电能、热能	熔化、汽化（涂覆）
超声加工		切割、打孔、雕刻	声能、机械能	腐蚀
		化学铣削	化学能	腐蚀
化学加工		化学抛光	化学能	腐蚀
		光刻	化学能	光化学腐蚀

1）电火花加工

电火花加工（又称为放电加工、电蚀加工，简称 EDM）是一种利用脉冲放电对导电材料电蚀去除多余材料的工艺方法。雷达中多采用电火花工艺加工复杂表面形状、薄壁、小孔等结构，如图 5-50 所示。

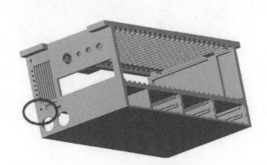 

（a）电火花加工机箱型腔　　　　　　（b）电火花加工组件壳体的孔、螺纹

图 5-50 雷达典型构件电火花成型加工

（c）电火花清角支座安装面　　　（d）精密波导腔电火花加工成型

图 5-50　雷达典型构件电火花成型加工（续）

2）电火花线切割加工

电火花线切割加工简称线切割加工，它是用一根运动的细金属丝（$\Phi0.02 \sim 0.3$mm 的钼丝或铜丝）作为工具电极，在工件与金属丝间靠火花放电对工件进行切割加工。雷达中许多高频元件的结构常采用电火花加工，如图 5-51 所示。

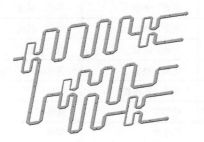 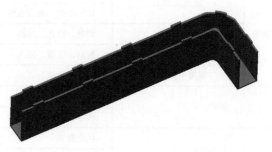

（a）快/慢走丝线切割加工内导体　　　（b）快走丝线切割加工波导外形

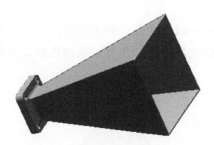 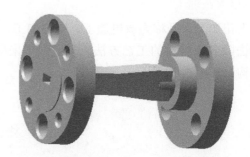

（c）慢走丝线切割加工波导喇叭　　　（d）慢走丝线切割加工电铸波导型芯

图 5-51　雷达典型高频元件线切割加工

3）电化学加工（电铸）

电化学加工（简称 ECM）是利用金属在电解液中产生阳极溶解的电化学原理来进行加工的一种方法。在雷达制造中，常用电铸工艺来加工喇叭、波导等高频元件，如图 5-52 所示。

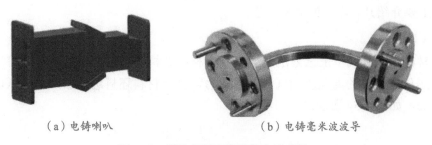

（a）电铸喇叭　　　　　　　　　（b）电铸毫米波波导

图 5-52　雷达典型高频元件电铸成型

5.3.3　先进制造技术

1. 复合材料成型

复合材料成型工艺是复合材料工业的发展基础和条件。随着复合材料应用领域的拓宽，复合材料工业得到迅速发展。老的成型工艺日臻完善，同时新的成型方法不断涌现。目前，聚合物基复合材料的成型方法已有 20 多种，并成功地应用于工业生产。复合材料成型工艺分类如图 5-53 所示。

与其他材料加工工艺相比，复合材料成型工艺具有以下特点。

（1）材料制造与制品成型同时完成。在一般情况下，复合材料的生产过程，也就是制品的成型过程。材料的性能必须根据制品的使用要求进行设计，因此在选用材料、设计配比、确定纤维铺层和成型方法时，都必须满足制品的物化性能、结构形状和外观质量等要求。

（2）制品成型比较简便。一般热固性复合材料的树脂基体成型前是流动液体，增强材料是柔软纤维或织物，因此用这些材料生产复合材料制品，所需工序及设备要比其他材料简单得多，对于某些制品仅需一套模具便能生产。

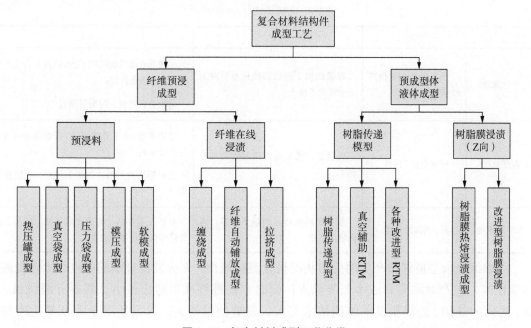

图 5-53　复合材料成型工艺分类

以下主要介绍几种常用的成型工艺。

1）热压罐成型工艺

复合材料热压罐成型工艺方法是航空复合材料结构制造过程中应用较为广泛的方法。它是利用热压罐内部的高温压缩气体产生压力对复合材料坯料进行加热、加压以完成固化成型的方法，如图5-54所示。

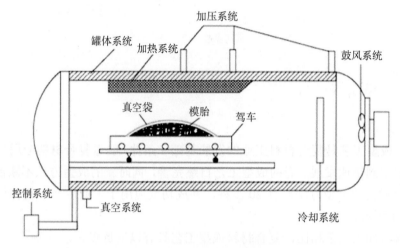

图 5-54 热压罐设备与成型示意

2）缠绕成型工艺

缠绕成型工艺是将浸过树脂胶液的连续纤维（或布带、预浸纱）按照一定规律缠绕到芯模上，然后经固化、脱模获得制品，主要方法有干法缠绕、湿法缠绕和半干法缠绕三种，各有优缺点，如表5-5所示。

表 5-5 缠绕成型方法的特点

成型方法	材料	工艺	优缺点
干法缠绕	预浸胶处理的预浸纱或带	在缠绕机上经加热软化至粘流态后缠绕到芯模上	①树脂含量精确控制（2%以内）；生产效率高、劳动条件好；②设备价格贵、层剪强度低
湿法缠绕	纤维集束/纱带	先浸胶，通过张力控制缠绕到芯模上	①成本低、体积孔隙率低、纤维排布准确、生产效率高；②树脂浪费严重、工作条件差、含胶量不均
半干法缠绕	纤维集束/纱带	预浸胶后先通过预烘干设备，再缠绕上芯模	体积孔隙率低、树脂含量可控，适用于高性能和高精度零件成型

纤维缠绕成型能够按产品的受力状况设计缠绕规律，充分发挥纤维的强度、比强度高、可靠性高、生产效率高和成本低等优点；同时存在缠绕成型适应性小、需要有缠绕机/芯模/固化加热炉/脱模机及熟练的技术工人、需要的投资大，以及适用于大批量生产等缺点。图5-55是某星载雷达上采用缠绕成型的碳纤维构架。

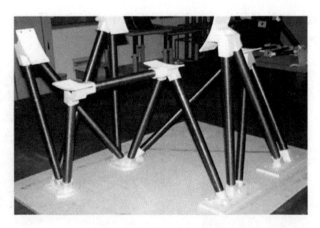

图 5-55　某星载雷达上采用缠绕成型的碳纤维构架

3）模压成型工艺

模压成型工艺是将一定量的预混料或预浸料加入金属对模内，经加热、加压固化成型的方法。

模压成型工艺有生产效率高、产品尺寸精度高 / 重复性好、表面光洁、能一次成型结构复杂的制品、价格相对低廉等优点；但模具制造复杂、投资较大，再加上受压机限制，最适用于批量生产中小型复合材料制品。

4）真空辅助成型工艺

真空辅助成型工艺（Vacuum Assisted Resin Infusion，VARI），即真空灌注工艺（VIP）或真空辅助树脂转移模塑（VARTM），是一种新型、低成本制作复合材料大型制件的成型技术，它是在真空状态下排除纤维增强体中的气体，利用树脂的流动、渗透，实现对纤维及其织物的浸渍，并在一定的温度条件下固化，形成一定树脂 / 纤维比例的工艺方法。

与传统的工艺相比，真空辅助成型技术不需要热压罐，仅需要一个单面的刚性模具（其上模为柔性的真空袋薄膜），简化了模具制造工序，节省了费用，而且仅在真空压力下成型，成本明显降低。因此，它适用于制造成本低、产品孔隙率低、性能与热压罐工艺接近等大型制件。

5）RTM 成型工艺

RTM（Resin Transfer Molding）是将树脂注入闭合模具中浸润增强材料并固化成型的工艺方法，适用于多品种、中批量、高质量先进复合材料成型。

与传统的热压罐成型技术相比，RTM 成型工艺适用于制造高质量、复杂形状的制品，且纤维含量高、成型过程中挥发成分少、对环境污染小、生产自动化适应性强、投资少、生产效率高，比手糊成型工艺更具优越性，能在低温、低压条件下一次成型带有夹芯、加筋、预埋件的大型结构功能件。

6）真空引流立体成型工艺

真空引流立体成型工艺主要针对纤维中空织物立体编织结构的成型技术，是借助成型袋与模具之间抽真空形成负压和（或）袋外施加压力，将预先配置好的树脂沿立体编织纤维流动、浸渍和包敷，卸除负压后通过限位浮板将中空织物绒经竖立到设计高度、加热固化的工艺方法。真空引流立体编织毛坯实物如图 5-56 所示。

（a）2D 编织　　　　　　　　　　　　（b）3D 编织

图 5-56　真空引流立体编织毛坯实物

2. 增材制造技术

增材制造是以三维模型数据为基础，通过材料堆积的方式制造零件或实物的工艺。增材制造技术包含多种工艺类型，标准 ISO/ASTM 52900 和 GB/T 35021 根据成型原理，定义了 7 种基本的增材制造工艺，分别为立体光固化、材料喷射、黏结剂喷射、粉末床熔融、材料挤出、定向能量沉积、薄材叠层，如表 5-6 所示。

表 5-6　增材制造基本工艺分类

基本工艺分类	定义	典型材料	典型技术
立体光固化	通过光致聚合作用选择性地固化液态光敏聚合物的增材制造工艺	光敏树脂	立体光固化成型（SLA） 连续液体界面生产（CLIP） 数字光处理（DLP）
材料喷射	将材料以微滴的形式按需喷射沉积的增材制造工艺	尼龙、树脂、蜡	Polyjet 技术 纳米粒子喷射技术（NPJ）
黏结剂喷射	选择性喷射沉积液态黏结剂的增材制造工艺	塑料粉末、金属粉末、陶瓷粉末、砂子	三维打印（3DP）
粉末床熔融	通过热能选择性地熔化/烧结粉末床区域的增材制造工艺	塑料粉末、金属粉末、陶瓷粉末、砂子	激光选区烧结（SLS） 激光选区熔化（SLM） 电子束熔化（EBM）
材料挤出	将材料通过喷嘴或孔口挤出的增材制造工艺	热塑性和结构陶瓷材料（线材或膏体）	熔融沉积成型（FDM）
定向能量沉积	利用聚焦热将材料同步熔化沉积的增材制造工艺	金属丝材、金属粉末	激光近净成型（LENS） 电子束自由制造（EBF3） 电弧增材制造（WAAM）
薄材叠层	将薄层材料逐层粘接以形成实物的增材制造工艺	纸张、金属箔、聚合物片材	分层实体制造（LOM） 选择性沉积层压（SDL） 超声增材制造（UAM）

高性能金属构件直接制造是增材制造技术的重要发展方向之一，目前国内外技术相对成熟、应用较广的金属增材制造技术有激光近净成型（LENS）、激光选区熔化（SLM）、电弧增材制造（WAAM）等。

1）激光近净成型（LENS）

激光近净成型利用激光高能束在基体材料表面形成熔池，金属粉末同步送入熔池融化，熔池按预先规划的路径运动，材料逐层凝固堆积形成致密的冶金结合，直至堆积出零件。LENS 技术的优势在于能够成型大型零件，原则上无尺寸限制，成型效率高，同时所制作的零件具有较高的力学性能，优于锻件标准。该工艺的缺点在于成型过程中容易产生较大内应力，尚未研发出边打印边退火的方法；不能直接成型结构复杂的零件（复杂内腔、中空点阵等），在尺寸精度与表面质量方面不佳，需要后续较多的机加工。LENS 可成型的材料有钛合金、高强钢、不锈钢、高温合金等。

2）激光选区熔化（SLM）

激光选区熔化是在选择性激光烧结的基础上发展起来的直接制备金属件的增材制造技术，其成型过程和选择性激光烧结相同，但是使用的激光功率更大。SLM 的技术优势在于能够成型高度复杂的结构、成型精度高；缺点是成型效率低、可成型零件尺寸范围小。SLM 可成型材料有钛合金 TC4、铝合金 AlSi10Mg、不锈钢 316、高温合金 In718 等。

SLM 主要用于成型高精度复杂结构中小零件，在航空航天、雷达等多个行业得到广泛应用。国内某研究所基于 SLM 技术研制了雷达冷却构件，如图 5-57 所示。该冷却构件内部集成随形水道、翅片和晶格结构的相变材料填充腔，显著提升了冷却效率。

图 5-57 SLM 成型雷达冷却构件

IMSAR 公司开发了一种小尺寸、质量轻、功耗低的高空雷达设备，采用了 SLM 成型的铝制天线阵列，如图 5-58 所示。该阵列集成了多个喇叭、波导组合器、安装结构和热特征，集成化的设计使天线阵列所需零件数量减少了 94%，并减少了高空雷达系统所需的空间和重量，使该雷达能够集成到以往无法携带雷达传感器的 HALE 平台中。低损耗的 3D 打印天线阵列还可以进一步降低雷达系统的功率要求，延长使用寿命。

3）电弧增材制造（WAAM）

电弧增材制造技术是一种利用逐层熔覆原理，采用电弧为热源，通过丝材的添加，在软件程序的控制下，根据三维数字模型由"线—面—体"逐渐成型出金属零件的先进数字化制造技术。WAAM 不仅具有沉积效率高、丝材利用率高、整体制造周期短、成本低、对零件尺寸限制少、易于修复零件等优点，还具有原位复合制造及成型大尺寸零件的能力，主要用于成型中大型毛坯件。

国内某研究所利用 WAAM 技术成型某雷达中空轴（图 5-59），其材质为沉淀硬化不锈钢 17-4PH，长度约为 1.3m，质量为 430kg，结构包含内圆筒、外圆筒、内外圆筒连接筋板分割形成若干异型腔，中空轴腔体是光缆、电缆、冷却液体的传输通道。与传统工艺相比，WAAM 制造周期缩短 50% 以上，成本降低 15% 以上，成型材料化学成分均匀、组织晶粒尺寸小，未出现铸件存在的宏观偏析和缩孔缩松等冶金缺陷，整体性能优于铸件。

图 5-58　IMSAR 高空雷达中的天线阵列

图 5-59　WAAM 成型大型中空轴（粗加工后）

5.4　雷达典型表面处理工艺

5.4.1　雷达表面处理作用

现代产品，无论是工业产品还是日常生活用品，都很少直接使用基材，而是通过一系列的表面处理技术来改变材料的表面状态。常规表面处理技术通常是为了满足产品的腐蚀防护需求、提高产品的耐用性，但随着科技的发展，表面处理技术已从基本的防护需求逐步演变为满足工业设计的人机交互需求、感官审美需求以及用户情感需求。

1. 保护作用

雷达的使用环境较为复杂，经常受到盐雾、湿热、太阳辐射等自然环境因素的影响。此外，雷达还会受到配装的飞机、舰船、车辆平台所产生的腐蚀气体、局部高湿热等环境因素以及自身产生的微波、电磁辐射、热等工作因素的影响。多种腐蚀因素加剧了雷达使用的各种金属材料和非金属材料的腐蚀、老化，因此，必须通过表面处理技术提高产品的环境适应性和可靠性。

2. 装饰作用

表面处理技术可以美化产品外观，即通过表面处理可以改善产品表面的色彩、亮度和肌理等，使产品具有所需的视觉效果、触觉效果以及伪装效果。

3. 特殊作用

表面处理技术还可以赋予基材或构件一些特殊功能，如提高材料表面硬度、改变摩擦特性，以及具有导电、绝缘、疏水、亲水、吸热、散热等特殊功能。

5.4.2 表面处理类型

表面处理工艺涉及化学、物理、电化学等多种学科。由于不同的产品功能和效果对表面处理的要求不同，因此衍生出各种各样的表面处理工艺。表 5-7 是雷达常用的表面处理工艺。

表 5-7 雷达常用的表面处理工艺

类型	特点	目的	常用方法
表面镀覆与化学处理	在材料表面上形成、增加新的金属层；改变材料表面性质或渗入新物质成分	通过新增加的金属层起到相应作用，如耐腐蚀、装饰作用等；改善材料表面性能，提高耐腐蚀性、耐磨性，或者作为着色装饰处理的底层	镀层（镀金、镀银、镀铬等）化学方法（化学处理、表面硬化）、电化学方法（阳极氧化）
表面涂覆	在材料表面增加有机涂层	通过涂层起到相应作用，如耐腐蚀、装饰作用等	涂层（油漆、上油等）

5.4.3 表面镀覆处理

镀覆与化学处理，简称镀覆，通常是指通过电镀、化学镀、化学或电化学转化等工艺或方法在零件表面形成的金属镀层和金属化合物膜层。雷达装备中应用的镀覆层，按其用途不同，可分为防护性镀覆层、防护装饰性镀覆层和功能性镀覆层。防护性镀覆层能够保护零件在规定的条件下、一定期限内不发生腐蚀，如锌及锌合金镀层、镉镀层、热浸锌层等。防护装饰性镀覆层能够在保护零件在一定期限内不发生腐蚀的同时，使零件具有装饰性外观，如铜镀层、镍镀层、铬镀层等。功能性镀覆层是指能够赋予零件某些特性的镀覆层，如提高导电性能的银及银合金镀层、金及金合金镀层；提高耐磨性能的化学镀镍层、硬铬镀层，改善钎焊性能的锡及锡合金镀层等。

1. 防护性镀覆层

1）锌及锌合金镀层

锌及锌合金镀层是采用电镀工艺沉积得到的金属层，常用于钢铁、铜及铜合金等金属基体电镀，属于阳极性镀层，具有电化学保护作用，主要依靠自身的腐蚀来保护基体免遭腐蚀。

采取不同钝化工艺处理的锌及锌镍合金镀层可呈现彩虹色、军绿色、蓝白色等外观差异，其耐蚀性也有差异。图 5-60 和图 5-61 所示为不同颜色的镀锌零件。

图 5-60　彩虹色镀锌零件　　　　　　　图 5-61　蓝白色镀锌零件

2）镉镀层

镉镀层外观呈银白色，在空气中，其表面易氧化。

在电子设备中，镉镀层常用于电连接器的外壳、高温高湿环境下与铝相接触的钢制精密零部件等特定场合。

2. 防护装饰性镀覆层

1）铜镀层

通常情况下，铜镀层可用于提高其他材料的导电性，常用作装饰性或防护装饰性镀层的底镀层、局部渗碳零件的保护层以及润滑减摩层。如图 5-62 所示为镀铜散热器。

2）镍镀层

镍镀层外观为略带淡黄色的银白色，其结晶细致且具有光亮的装饰性，但随时间的增长，镍镀层会逐渐变暗。因此，镍镀层往往和很薄的铬镀层（厚度为 $0.3 \sim 0.5\mu m$）配合使用，以防止表面光泽变暗。

镍镀层主要用作钢铁、铜及铜合金零件的防护装饰性镀层。如图 5-63 所示为雷达镀镍结构件。

3）铬镀层

铬镀层外观为略带蓝色的银白色，在大气中能长久保持原有光泽，反光能力和外观装饰性好，具有很高的硬度、较好的耐热性和优异的耐磨性。

铬镀层按其用途可分为装饰性铬镀层、耐磨铬（硬铬）镀层两类。装饰性铬镀层主要用于要求装饰性外观的零件，如插件、机柜把手等；硬铬镀层主要用于要求抗磨损的零件。图 5-64、图 5-65 所示分别为装饰性镀铬制件和镀硬铬制件。

图 5-62　镀铜散热器

图 5-63　雷达镀镍结构件

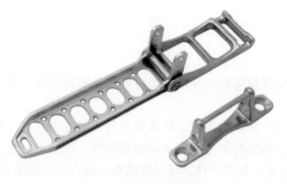

图 5-64　装饰性镀铬制件

图 5-65　镀硬铬制件

3. 功能性镀覆层

1）锡及锡合金镀层

锡及绝大多数锡合金镀层主要用作电子设备的可焊性镀层，钝化处理的锡锌合金镀层常被用作海洋环境结构件的防护性镀层。图 5-66 是采用镀锡的天线辐射单元。

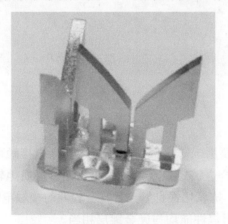

图 5-66　采用镀锡的天线辐射单元

2）银镀层

银镀层质地较软，能承受弯曲和冲击，其导电性、导热性、可焊性和抗氧化性良好，并且具有较高的反光能力，主要用于要求较高导电性、稳定接触电阻或高反射率的场合，也可用于防止高温下工作的零件相互黏结。图 5-67 是采用铜镀银工艺的五金结构件。

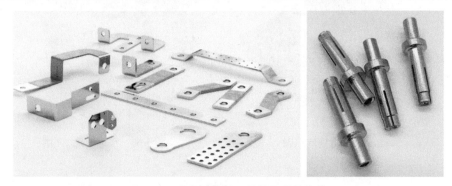

图 5-67　采用铜镀银工艺的五金结构件

3）金及金合金镀层

金及金合金镀层具有优异的化学稳定性、导电性、可焊性及耐高温性，在大气中能长期保持其光泽和低接触电阻。

在电子工业中，金镀层主要用于要求耐高温、热压焊并具有高导电性的零件，如半导体器件的基柱、底座，集成电路的引线框架、触点及微波器件等。硬金镀层主要用于要求耐磨和高稳定性的电接触性能的零件，如接插件、印制板插头、触点等，如图 5-68 所示。

图 5-68　镀金构件

4）钯及钯镍合金镀层

钯及钯镍合金镀层主要用于防止银镀层变色、提高电接触可靠性及耐磨性等场合。钯镀层外观呈银灰色，钯镍合金镀层外观为亮白色。钯镀层质地较软，但比金镀层硬，能承受弯曲和延展，其耐磨性、抗氧化性良好，且具有较低的接触电阻。钯镍合金镀层的硬度、耐磨性、可焊性和接触电阻等性能均与硬金镀层相当。

为进一步提高钯镍合金镀层的质量，可在钯镍合金上镀硬金，以减少孔隙率，改进耐磨和接触电阻，镀层外观呈金黄色。该工艺常用于耐磨性、接触电阻要求高的部件上，如图 5-69 所示的雷达汇流环中的导电环。

5）铑镀层

铑镀层硬度较高，且具有较高的反射性、耐磨性和导电性，主要用于提高电接触可靠性及耐磨性或要求长期保持高反射率等场合。

铑镀层外观为略带浅蓝色的银白色，它在大气中具有极高的稳定性，能够长期保持其外观光泽而不变色，如图 5-70 所示。

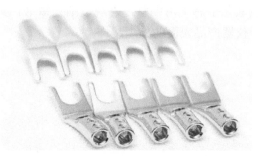

图 5-69　镀钯镍合金的导电环　　　　　　图 5-70　铑镀层构件

4. 化学转化层

1）化学转化膜

铝及铝合金化学氧化膜厚度一般为 $0.5 \sim 3\mu m$，可呈现出彩虹色、金黄色及铝本色的不同外观状态。铝及铝合金化学氧化膜一般不用于装饰性制件，常用作室内使用的铝及铝合金零件的防护层或油漆底层。图 5-71 所示为铝合金化学氧化冷板。

铜及铜合金氧化膜外观一般呈黑色或褐色，膜层薄（厚度不超过 $2\mu m$），不耐磨、质脆，不能承受冲击和变形，常用于精密仪器、仪表内部零件、工艺品等的防护装饰或散热。

不锈钢钝化膜层可提高不锈钢零件在大气环境下的抗点蚀能力。根据不锈钢牌号的不同，不锈钢钝化膜外观通常呈现出金属本色、灰白色或灰黑色。

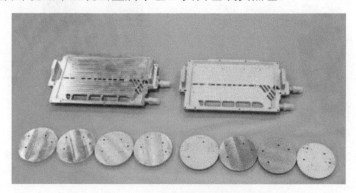

图 5-71　铝合金化学氧化冷板

2）电化学转化膜

电化学转化膜是利用电化学原理，将铝合金、钛合金、镁合金等金属作为阳极，铂、铅或不锈钢作为阴极，同时放置于电解质溶液中，通以合适的电压、电流，在金属表面生成一层氧化薄膜的过程。这层膜除了具有耐腐蚀性和耐磨性，还可以利用它的多孔性填充染料着色，以满足装饰性需求。

（1）铝合金阳极氧化膜。铝合金阳极氧化膜不仅可以保护金属，还可以对膜层进行染色处理，染色（电解着色）后可呈现多种颜色外观，如图 5-72 和图 5-73 所示。铝及铝合金抛光后进行硫酸阳极氧化再着色，可得到光亮的装饰性外观。机械抛光后阳极氧化膜表面光滑、手感好，但光泽较差；电抛光后阳极氧化膜表面光泽较好，但不够平整光滑；缎面阳极氧化手感平滑细腻，外观似细光绒缎，具有独特的光学性质和较高装饰性，主要用于光学仪器产品表面的外观装饰。

图 5-72　铝合金阳极氧化零件　　　　图 5-73　铝合金阳极氧化着色零件

（2）钛合金阳极氧化膜。钛及钛合金阳极氧化膜外观按阳极氧化电压的不同呈褐色、紫色、蓝色、黄色、金黄色、绿色等，其中蓝色膜层应用较广泛。钛合金阳极氧化制件如图 5-74 和图 5-75 所示。

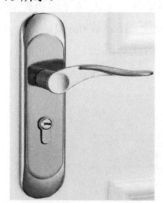

图 5-74　阳极氧化钛合金门把手　　图 5-75　蓝色膜层钛合金阳极氧化制件

3）微弧氧化膜

微弧氧化膜外观一般为灰白色或灰色，膜层厚度为 $10 \sim 300 \mu m$；膜层结构致密且有韧性，硬度高，具有优良的耐磨性、耐蚀性、耐热性和电绝缘性。

微弧氧化膜主要用于对耐磨、耐蚀、耐热冲击、绝缘等性能有特殊要求的铝、镁、钛及其合金零部件的表面强化处理。图 5-76 所示为镁合金微弧氧化制件。

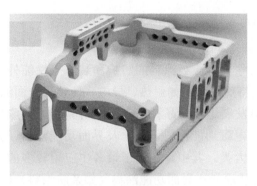

图 5-76　镁合金微弧氧化制件

5.4.4　表面涂覆处理

表面涂覆处理是在表面形成以有机物为主的涂层，工业上通常称为涂装。涂层主要是防止制件基材遭受腐蚀、划伤、脏污，从而提高制件的耐久性。表面涂层也可通过不同的涂料及工艺手段获得需要的色彩、光泽、纹理。

1. 装饰防护性涂覆层

高分子涂层保护金属的原理大致有以下几种：①屏蔽阻隔，防止氧气、水等腐蚀介质对金属的腐蚀；②涂料中防锈颜料的保护；③涂料中富含牺牲阳极，如锌粉；④与金属上的基团反应，由于金属表面一般带有大量 OH^-，容易与涂料中的基团反应，形成稳固的化学键。

1）底漆

底漆用于保护金属的最底层，除需具有良好的防护能力外，还需提供良好的附着力，以防止涂层破损、脱落。在当前的雷达产品中，常用的底漆主要是环氧聚酰胺底漆、丙烯酸聚氨酯底漆和富锌底漆，也有部分产品仍使用环氧酯底漆，但预计在未来会被前三种底漆所取代。

2）面漆

面漆作为制件的最外层，主要作用是装饰，因此面漆的色彩和光泽需要能够维持相当长的一段时间。

聚氨酯类树脂面漆是装饰性涂料中重要的类型。其中，芳香涂层较易吸收紫外线，通常用作内部装饰涂层；脂肪族涂层由于具有良好的耐候性、保光性而被广泛用作户外防腐面涂层。

聚氨酯涂料中还有一类不容忽视的是含氟聚氨酯，其通过引入高键能的 C—F 键，使得含氟聚氨酯既具有含氟化合物的低表面能、低摩擦系数，又具有优于脂肪族涂层的耐候性，多用于长期暴露的户外构件面涂层。

3）水性涂料

水性涂料用水作为稀释剂，不含有机溶剂，无毒、无刺激气味，对比溶剂型涂料，对人体无害，不污染环境，常用的水性涂料有丙烯酸水性漆、聚氨酯水性漆等。因其具有很好的环保性，在建筑、汽车、家具、家电等行业应用广泛。

2. 功能性涂料

功能性涂料通常是指除具有一般涂料的防护和装饰等性能外，还具有一些特殊功能的专用涂料，以满足不同的特殊需求，如耐热、导电、伪装等表面涂装用的涂料。

近年来，功能性涂料发展迅速，品种繁多。按所具有的特殊功能的属性不同，功能性涂料可分为热功能涂料、电磁功能涂料、力学及界面功能涂料、光学功能涂料、生物学功能涂料、化学功能涂料六大类。其中，在电子设备中应用较多的是电磁屏蔽涂料（如导电涂料）、可见光及红外伪装涂料、界面功能涂料（如亲肤涂料）以及低表面能涂料等。

1）导电涂料

导电涂料是一种赋予物体以导电能力及排除积累静电荷能力的功能性涂料。在雷达装备中，导电涂料被广泛应用于电站方舱、显控台、机箱机柜等的电磁屏蔽和防静电表面涂覆，起到对易腐蚀金属材料表面导电防护，或非金属材料表面导电改性作用。常用于导电涂料的填料可分为碳系导电填料、金属系导电填料、金属氧化物导电填料、新型纳米导电填料等。

2）可见光及红外伪装涂料

可见光及红外伪装涂料通常被称为"迷彩"，涂覆在装备表面，用以减少、改变装备和背景之间波谱反射与辐射特性差异，缩小装备与背景之间的亮度差别以及色度差别，改变装备的视觉外形。目前采用较多的是以过氯乙烯树脂、丙烯酸树脂、醇酸树脂、聚氨酯有机硅树脂等为基料，加入各色颜料、填料、消光剂、溶剂等制成的涂料。

图 5-77 所示为采用林地北方型迷彩的雷达效果图，图 5-78 所示为采用数码迷彩的雷达效果图。

伪装涂料漆膜颜色分为绿色、土色、中性色三大类，包括深绿、中绿、褐土、黄土等30 个颜色，相关颜色数据可查阅《伪装涂料漆膜颜色》（GJB 798）。

图 5-77　采用林地北方型迷彩的雷达效果图

图 5-78　采用数码迷彩的雷达效果图

3）调湿涂料

湿度是工作方舱内环境质量的重要参数之一，对操作者的健康及舱内设备的安全可靠运行具有重要的影响。如果舱内湿度过高，会使人产生潮湿、胸闷等不适感，会加速微生物繁殖，人极易感染疾病。

调湿涂层是一种被动控湿技术，完全依靠自身的吸湿和放湿性能自动调节空间内的相对湿度。当密封舱内空气相对湿度高于某个设定值时，它可以吸收空气中大量的水分，使密封舱内的空气湿度降低；当密封舱内空气相对湿度低于某个设定值时，它又慢慢放出吸收的水分，使密封舱内的空气湿度保持在一定范围内。另外，调湿涂料涂在舱壁和物体表面，还可以防止结露。

4）亲肤涂料

特殊的材料或涂层会让用户在操纵终端设备过程中体会到温润、细腻的触感，如同人的肌肤一般，避免了金属的冰冷感与塑料的滑腻感。此类涂层常用于需要频繁与人体接触的部位，如鼠标、显控台操作台面、键盘托等。

5）降噪涂料

雷达机柜工作时产生的噪声长期会对舱内操作者的听觉造成伤害，使用吸声材料，如降噪涂料，是实现操控舱内噪声控制的有效手段之一。其中，涂层型吸声材料具有厚度小、不含宏观几何结构、施工工艺简便等特点。

6）低表面能涂料

低表面能涂料使材料表面具有较低的表面能，像荷叶一样，物质在其表面附着力会变小，其接触角和滚动角是较为直观的衡量标准。低表面能涂料指固体涂膜的静态水接触角大于90°，部分经修饰后的低表面能涂层水接触角可超过150°。这种涂料通常由氟碳树脂、硅溶胶、碳纳米管等特种改性材料构成，具有防水、防雾、防雪、防污染、抗粘连、防腐蚀、自清洁以及减阻等重要特点。采用此涂料产品，使用多年后涂层依然如新。图 5-79 是使用低表面能涂料的某地面雷达天线单元罩。

图 5-79　使用低表面能涂料的某地面雷达天线单元罩

第6章

雷达装备工业设计典型案例

本章导读

　　本章通过选取国内外工业设计方面具有较高水准和代表性的典型雷达案例，从产品形象、人机工程、CMF 等方面阐述雷达装备的设计特点和设计流程，是第 3 ~ 5 章内容在实际产品案例中的综合性映射。其中，国内雷达案例按照不同的载体平台，选取了设计覆盖面较广的两类雷达——机动式地面雷达和固定式地面雷达。通过剖析其结构组成及特点，分别虚构出具有代表性和示范性的典型案例。根据设计要点和设计流程，从不同维度展开论述，进一步验证了该领域雷达设计成果。国外雷达案例放在最后一节进行介绍，分别从产品形象、人机、CMF 等方面进行简要的点评式分析。

本章知识要点

- 典型机动式地面雷达
- 典型固定式地面雷达
- 国外优秀雷达案例赏析

6.1 典型机动式地面雷达

6.1.1 雷达主要组成

机动式地面雷达的设备集成化程度较高。以虚构的典型雷达为例，综合考虑其功能和外观上的差异和特点，可将机动式地面雷达分为天线阵面、天线转台、电站舱、方舱、户外柜、载车平台6个主要组成部分，如图6-1所示。

图6-1 机动式地面雷达主要组成

6.1.2 设计原则

首先，利用视觉层次划分法，结合雷达的主要组成部分对三个视觉层所涉及的结构单元进行划分和梳理，从而明确设计对象和设计重点。其次，遵循机动式地面雷达产品形象识别体系，结合产品族DNA表现形式的差异化特点，统筹规划不同视觉层设计对象的形态。同时，该设计方案呼应了该领域雷达的形象定位，在科技感、整体感和坚固感上分别进行了设计体现，如表6-1所示。

此外，可以通过外部形态轮廓线、内部形态辅助线的应用，对整车布局进行设计，从而实现第一视觉层整体形态的规整，第二视觉层结构单元线、面、体等外观要素的秩序性组合及外观形态要素的统一呈现。

表 6-1 视觉层级划分表

视觉分层	图例	相关结构单元	设计风格			产品族基因
			科技感	整体感	坚固感	
第一层 整体布局与形态		载车平台、车头、方舱、天线阵面等	锐利、简约的整体形态和轮廓	简洁平整的整体形态	厚重、大体量感的整体形态与观感	整体形态与轮廓特征的识别性
第二层 线、面、体		户外柜、天线转台、天线座、支撑机构、外置空调、扶梯等	直线形造型的线、面、体，避免曲线和有机形体的出现	结构单元之间的形态呼应，增强关联感	具有一定视觉体量感的形体设计	产品族基因在相关结构单元中的统一运用
第三层 点、细节		沉降装饰、紧固件、铭牌、加强筋、门把手、通风孔槽、锁、线缆等	多采用直线形细节，表现锐利感	简洁、细腻且风格统一的结构和工艺细节	加强体现稳固感的设计细节	产品族基因在各局部细节中的统一运用

6.1.3 整车形象设计

1. 形态轮廓线优化

首先，将天线阵面、方舱、户外柜等安装在载车平台上与雷达整机外观密切相关的雷达系统设备的外形轮廓线归纳形成外部形态轮廓线。外部形态轮廓线应用前与应用后效果对比示意如图 6-2 和图 6-3 所示。在设计中，通过方舱前置、增加空调室外机装饰罩，以及载车设备形态尺寸的调整，提高了外部形态轮廓的连续性，增强了系统设备的整体性，同时将整车视觉中心调整至整车中部，加强了整车形态的视觉稳定性。

图 6-2 优化前外部形态轮廓线

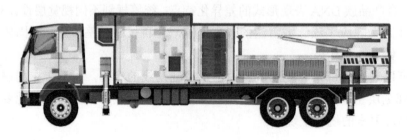

图 6-3 优化后外部形态轮廓线

其次，对方舱、天线、天线座、户外柜等雷达系统设备的形态轮廓进行梳理归纳，形成用于规整雷达内部轮廓的辅助线。内部形态辅助线应用前与应用后效果对比示意如图 6-4 和图 6-5 所示。在设计中，通过对系统设备中方舱、空调室外机装饰罩、电站舱、户外柜、维修窗、天线、天线座等内部部件形态轮廓进行调整，使之在水平及竖直方向具有一定的连续性，实现系统设备内部部件外观要素的秩序性组合，从而保证整车形象的简洁和统一。

图 6-4　优化前内部形态辅助线

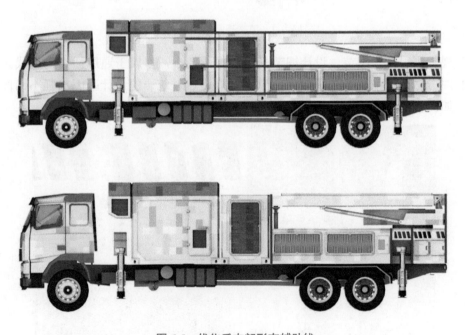

图 6-5　优化后内部形态辅助线

2. 视觉层次分析

第一视觉层：整体布局与形态。在总体布局阶段，通过三条平行形态轮廓辅助线的运用，将方舱、天线阵面和户外柜进行形态整合，确保各个单元形态轮廓的秩序性，塑造出规整的外轮廓线，使雷达整机外观呈现出整齐划一的形态特点。采用直线设计风格，硬朗的线条贯穿于整个形态设计，采用带倒角的削角舱形式，构成硬朗的棱角感，通过与科技感密切相关的风格语义运用，展现高科技产品的特点，如图 6-6 所示。

图 6-6　第一视觉层示意图

第二视觉层：雷达主要结构单元的线、面、体。户外柜门板设计为规则的、多切角组合的几何体，这种具有一定视觉体量感、棱角分明的几何形态，呈现出厚重、刚硬的风格形象，反映了装备"尖端""坚固"的特点。将舱门、户外柜门及通风窗进行系列化设计，统一采用带切边的几何体形式，使直线设计风格在局部富于变化，这种统一、呈规则性排布的几何体设计要素的扩展增强了产品的秩序性和整体效果，如图 6-7 所示。

图 6-7　第二视觉层示意图

第三视觉层：点、细节。设计细节受功能影响较小，多属于通用性结构形式。由于各细节间相对分散，产品族系列化设计的重点主要是通过统一的设计基因加强不同部件之间的联系，如图 6-8 所示。

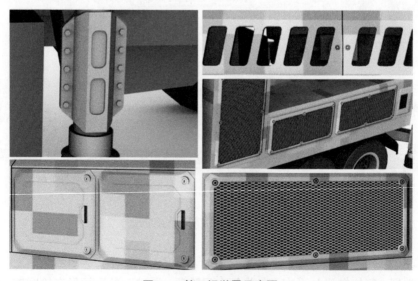

图 6-8　第三视觉层示意图

在完成上述轮廓线优化和视觉层次分析等工作的基础上，结合基于"盾牌"语义和产品族 DNA 相关形态要素，形成了整车产品形象方案，如图 6-9 和图 6-10 所示。

图 6-9　整车形象方案（运输状态）　　图 6-10　整车形象方案（工作状态）

6.1.4　天线阵面形象设计

天线阵面作为机动式地面雷达的主要结构单元，与产品技术指标和结构性能密切相关，同时是外部形态轮廓的主要组成部分，这就要求天线阵面无论是在工作状态还是在运输状态，都应具有符合该类雷达形象识别的相关特征。

在整车形象设计的基础上，从雷达整机产品形象识别系统中提取阵面的设计语言，采用规整简约的体块为主要设计元素。因为车载运输在高度和宽度上均有严苛的尺寸限制，所以在设计天线阵面时，其厚度尺寸需以整车高度尺寸和方舱尺寸为基础，采用"整体压薄、局部凸起"的设计策略，尽量减轻阵面体量，以适应雷达的整车造型并保证运输状态的可行性。

阵面局部的异型结构往往是造型设计的难点：一是异型结构通常对整体外观影响较大，且因为功能需求导致尺寸上设计空间较小；二是异型结构的形态不受控制，运用整车造型语言或元素难度较大。经过设计要点分析和筛选，确定阵面顶部两侧和阵面底部的风机部位作为设计重点。利用大斜面与倒角，形成简练大气的细节造型，打破常规产品造型上的沉闷，增加产品科技感和品质感；出风口设计与阵面、整车造型相呼应，使阵面呈现统一、简洁的设计感，如图 6-11 所示。

整体外观确定后，需要对具体细节进行细化与优化。阵面所有特征，包括出风口斜面上的凹槽、铰链、进出风口格栅等都属于造型细节优化范围。进出风口格栅统一的直线条镂空设计，既满足透风、防砂需求，又使阵面外观富于变化，如图 6-12 所示。

图 6-11　天线阵面造型方案

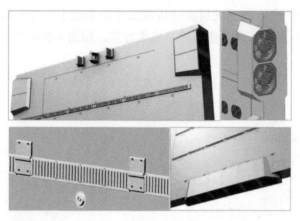

图 6-12　细节设计

6.1.5　方舱布局及环境设计

车载雷达方舱是雷达系统使用时重要的工作环境，如何使方舱更符合用户生理和心理特点，在精神高度紧张的作业过程中，感受到便捷和信赖，保证使用效率，是方舱设计的重点。本节以虚构的雷达方舱为例，从整体形象、人机、CMF 等方面阐述其设计要点及过程。

1. 方舱整体化设计

整体化设计是现代大型复杂工业产品的发展趋势，在设计过程中，将方舱内饰及所有设备视为一个整体开展设计，化繁为简，使各功能部件之间相互协调，形成一个完整有序的内部操作空间，消除不同产品设备带来的拼凑感和凌乱感。

在本案例中，整体化设计思想一直贯穿始终。在遵循产品整体视觉形象定位的基础上，借鉴轨道交通公共空间内装设计特点，将舱内各衔接边角采用圆角处理，赋予整个空间强烈的整体感，以清新素雅的色彩搭配提升操作者的心理舒适度和对设备的亲近感，打造出简洁实用、细腻柔和的方舱形象，如图 6-13 所示。

图 6-13　舱室形象设计

在方舱顶部的设计中，将空调口在舱内顶部环绕一周，提升空调效果，照明采用条状

LED 面光源，与舱内整体造型相呼应，形成整体统一的视觉感受，如图 6-14 所示。

图 6-14　方舱顶部照明设计

舱门在现有基础上增加覆盖件设计，将原有裸露的金属构件包裹在内，提升产品的安全性与整体感。功能部件整合设计，使各功能区有序布置于功能墙体之中，如图 6-15 所示。

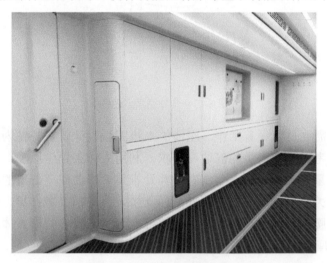

图 6-15　舱内多功能组合壁柜

为了提升舱室的使用体验，在内部空间设计时增加了很多实用的功能区域设计。针对工具箱和灭火器等安全设备，采用强化视觉效果的方法加以整合，通过不同功能的色彩分区，便于使用者在紧急状况下识别设备位置。为折叠座椅设置储物柜或储物抽屉，使舱室内部更加简洁有序，并消除了方舱在移动状态下的安全隐患，如图 6-16 所示。

图 6-16　舱内各功能区域设计

2. 人机工程设计

方舱是一个封闭的空间，在此空间内工作人员的活动范围、活动内容等都受到一定的限制，所以我们将行为研究的焦点放在工作人员的作业空间上，如图 6-17 所示。

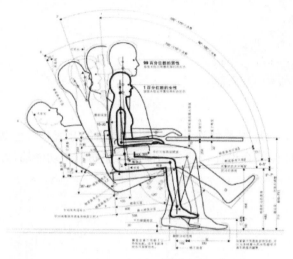

图 6-17　作业空间示意图

由于工作人员需要长期坐着工作，座椅的人机工程设计就显得尤为重要。在设计或选用座椅时，要充分考虑工作人员的舒适度要求，利用人体工程学原理，避免对工作人员造成生理性压迫，尽量保持人体在直立状态时其脊椎呈 S 形曲线。舒适的座椅应对使用者腿部轻微支撑，坐骨关节部全面支撑，腰部全面支撑，背中部轻微支撑。如果座椅的设计不合理，背部太硬，腰部太弱，腿部太硬，臀部过度下沉，就会约束人体动作，从生理上给使用者造成压力。座椅设计如图 6-18 所示。

图 6-18　座椅设计

方舱内各种不同的操作设备在设计时也需要统筹考量使用者的操作模式、操作空间、操作频率等要素，结合人体相关数据确定其外形尺寸和作业高度等重要设计边界。

3. CMF 设计

在方舱内饰设计中，CMF 的设计自由度相对较高，除了显控终端和机柜这类用户指定的设备，座椅、地板、舱壁、附件设备等大量视觉载体都可以通过选择色彩、材料、质感、纹理来满足用户对不同设计风格的需求，让舱室环境更具品质感和细节感，如图 6-19 所示。

图 6-19　舱室 CMF 设计

6.1.6　显控终端与机柜设计

1. 显控终端设计

显控终端作为重要的人机交互终端设备，是整个雷达产品中用户使用强度和频度最高的组成部分，也是直接影响用户体验和雷达使用效能的关键因素。本案例中显控终端的使用环境为空间较为有限的车载方舱，在产品形态、人机工效、CMF 等方面均有较高的设计需求。

1）产品形态

显控终端类产品的外观形态在很大程度上取决于其交互模式和人机工效学的相关参数，是用户感知雷达设计风格、设计语言的重要载体。在对其进行产品形象塑造时，既要考虑其顶层设计语言的延续，也要兼顾形态中亲和力与宜人性的体现。

首先，在本设计案例中，在塑造台体侧轮廓这个主要视觉特征时，融入了雷达整车层面基于"盾牌"语义的 DNA 形态要素与柔和的圆角特征，形成了兼具科技感和灵动感的"C"形圆角折线基因，并根据显控终端台面、支臂、底脚等部位的形态结构，对基因形态进行相应的调整并灵活应用，形成统一的造型风格和较高的识别度，如图 6-20 所示。

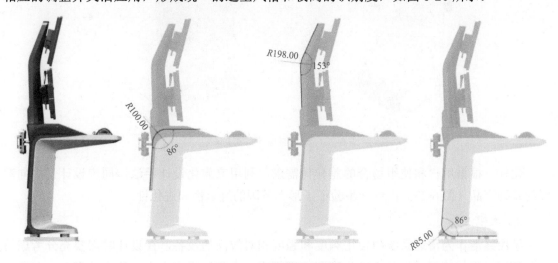

图 6-20　形态基因的表达

其次，将"C"形圆角折线基因拓展到三维层面，在台体侧面、底脚内部等部位利用锐利的"C"形斜切面开展进一步的形态塑造，形成视觉层次丰富、流畅的曲面过渡，不仅强化了侧边"C"形曲线的视觉冲击力，还使得产品整体更为轻薄、灵动，同时强化了显控终端产品形象的一致性和可识别性。"C"形斜切面示意图如图 6-21 所示。

图 6-21   "C"形斜切面示意图

在台体的基本形态确定后，通过深度挖掘分析用户和市场层面的需求，注入 LED 指示灯带、超窄边框屏幕、精致的散热缝等彰显产品品质感的外部细节特征，形成了如图 6-22 所示的产品最终形态。

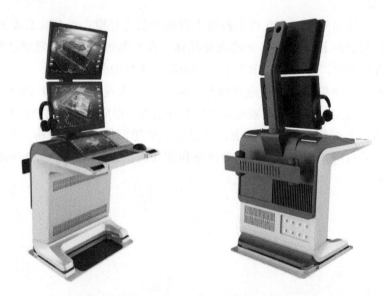

图 6-22   显控终端产品最终形态

此外，根据用户和使用场合的差异化需求，利用家族化设计手法，同步设计了横向双屏的系列产品（图 6-23），进一步验证了形态基因的继承性和进化性。

2）人机工效

显控终端作为雷达系统中使用频度和强度相对较高的设备，在设计时需要充分考虑用户在使用、维护等不同场景下的生理和心理需求。秉承以用户为中心的设计理念，在充分了解用户需求和痛点的基础上，从视觉、触觉、听觉多个维度做了如下设计。

（1）显控终端的人机关联尺寸和控件布局应严格遵循我国人体坐姿作业的相关尺寸要求和可达、可视要求（图6-24），并针对一些人机关键尺寸进行专项优化。例如，为了提升容膝空间，将台体及内部组件进行轻薄化设计，从生理层面保证了人机交互的舒适性。

图 6-23　家族化系列产品

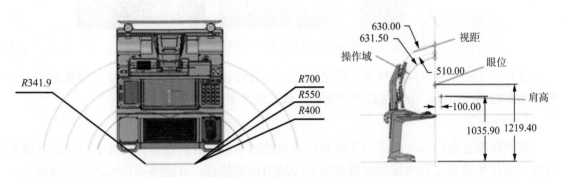

图 6-24　人机关联尺寸和控件布局（单位：mm）

（2）操控台板采用可翻转分体式设计，便于机箱维护的同时方便显控终端进出舱门，如图6-25所示；显示器支臂旋转维护和显示器角度调节均采用快锁机构，连接器采用快速插拔连接器，实现免工具维护，如图6-26所示。

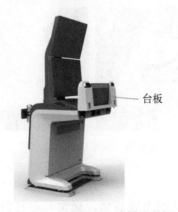

图 6-25　可翻转分体式操控台板

图 6-26　免工具维护示意

（3）键盘盒采用翻转式结构，一侧安装键盘，另一侧为平面，实现书写与操作便捷转换。键盘盒平面侧前端内嵌阅读灯，若书写时室内光线较暗，可将阅读灯翻开，提供书写照明（图 6-27），满足用户的多场景使用需求。

图 6-27　多功能翻转式键盘盒

此外，还通过独立隔声风道、优化散热风道等设计手段将显控终端噪声和发热对用户的负面影响降至最低，全方位提升产品的人机工效水平。

3）CMF

显控终端在色彩设定时采用了浅灰色 + 黑色的双色设计，在显控终端主要显示区域和操作区域使用黑色，强调操作区域和显示区域的视觉信息，并能减少长时间暗环境操作所导致的视觉疲劳。浅灰色运用于手部及腿部空间，在视觉上较为舒适宜人。

在表面处理方面，在键盘和鼠标操作台面上喷涂了一层新型亲肤涂层，进而提升了触感，如图 6-28 所示。在易显露指纹、脏污的黑色部件表面涂覆新型耐指纹涂层，通过改变表面亲疏水性，使得指纹和脏污难以附着。

图 6-28　操作台面亲肤涂层

2. 机柜设计

机柜作为雷达信息处理设备的重要载体，通常与显控终端一起放置于操控类方舱中。

在设计思路和方法上，机柜与显控终端有诸多相似之处，如形态基因的延续、噪声散热的处理等。但由于机柜的人机交互频率相对较低，且基本形态和外形尺寸受相关标准约束，设计空间较小，故下面仅简要阐述机柜在产品形态、人机工效、CMF 三个方面的设计亮点。

1）产品形态

机柜前门是整个机柜主要视觉特征的承载面，在设计时注入了产品形象 DNA 中的折线元素，打破了黑色装饰条呆板的形态，同时巧妙地确定了交互区域的位置和尺寸，与雷达整机在产品形态上保持了较高的一致度和识别度，机柜外观形态如图 6-29 所示。

2）人机工效

机柜前门右侧的交互区域集成了一体化把手、显示屏、铭牌三个功能组件，分别对应柜门操控、机柜信息读取、机柜定位识别三个交互内容。三者的集中设计不只提升了机柜前门的整体感，更从人机工效方面缩减了用户在交互过程中的学习成本和时间成本。此外，利用折线元素对显示屏区域进行了上倾的设计，更加符合用户的观察视角，进一步提升其在信息读取时的便利性。多功能交互区域如图 6-30 所示。

3）CMF

机柜的配色与显控终端一致，为进一步提升机柜的视觉观感和 CMF 的丰富度，在黑色的条形装饰板右侧设计了隐藏式 LED 灯带，使得机柜在色彩和质感上有所提升，同时强化了折线基因的表达。此外，通过灯带的颜色的变化可以直观地了解机柜的工作状态，做到了形式和功能的统一。隐藏式 LED 灯带效果如图 6-31 所示。

 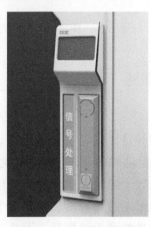 

图 6-29　机柜外观形态　　　　图 6-30　多功能交互区域　　图 6-31　隐藏式 LED 灯带效果

6.2　典型固定式地面雷达

6.2.1　雷达主要组成

典型固定式地面雷达的设备种类和数量都比较多，本节以虚构的典型雷达为例，按照功能和常规布置模式，将雷达划分为天线系统、显控大厅、电站房、冷却房及相关辅助功能模块。固定式地面雷达的设计重点一般为雷达天线系统和显控大厅，其中天线系统包括天线阵面、天线支臂及转台、天线座、天线塔基 4 个主要组成部分，如图 6-32 所示。

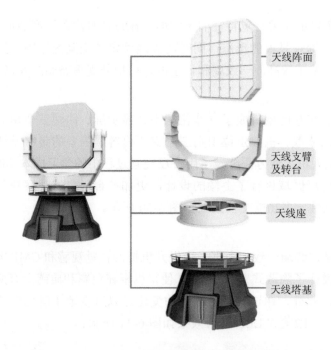

图 6-32　固定式地面雷达主要组成

6.2.2　设计输入及设计原则

1. 设计输入

在对天线系统进行造型设计之前，首先要明确设计输入，即设计过程中不可改变的制约因素。对该雷达来说，满足结构体系内优良的传力途径是造型设计的前提。

雷达的顶层载荷是重达数十吨的天线阵面，最佳传力路径是将阵面的重力通过左右俯仰转轴传到两个支臂，再传到转台天线座，最终到天线塔基。因此，该雷达支臂转台"Y"字形的结构形式已经确定，但可根据整体造型需要做细节部分的调整。此外，雷达的一些外形尺寸要保证各个单元体能实现其功能性要求，故诸如天线阵面口径、塔基直径及高度、阵面中心离地高度等尺寸是确定的。天线系统原始结构模型如图 6-33 所示。

2. 设计原则

在设计固定式地面雷达天线系统的过程中，可遵

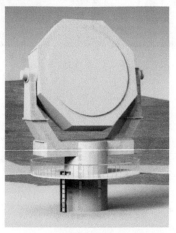

图 6-33　天线系统原始结构模型

循以下两项设计原则。

首先，在勾勒天线系统整体形态轮廓线以及确定各个视觉单元之间的体量比例时，可运用设计几何学作为设计依据及原则，确定主要结构单元的视觉比例。赋予固定式地面雷达这类体量较大、结构复杂的雷达产品更佳的视觉感受。

其次，在详细设计阶段，可以结合 6.1 节中机动式地面雷达的视觉层次分析法及相关原则，梳理天线系统三个视觉层中所涉及的结构单元，筛选出对产品整体形象影响度较高的部分作为设计切入点，利用产品族 DNA 可拓展、可优化的特点，在兼顾产品结构、形态等方面特点的前提下，融入地面雷达产品形象识别要素，塑造具有识别特征的整机产品形象。

在设计固定式地面雷达显控大厅时，应遵循室内设计、人因工效等领域的相关设计原则，并在此基础上适当融入产品族 DNA 的识别特征。

6.2.3 整体形象设计

结合设计几何学中诸如黄金分割点、黄金矩形、黄金三角形等经典原理，在开展详细设计之前规划天线阵面、转台、基座等主要视觉单元的轮廓和相对比例，营造舒适和谐的视觉观感，具体可参见 2.1.1 节内容。

应用雷达整机概念设计解决策略，遵循概念设计视觉形象定位，采用硬朗的直线设计风格，并通过不同明度的灰色系列组合，增强雷达整机的层次性和视觉稳定性，集中体现固定式雷达沉稳、时尚、大气的视觉形象。详细设计效果图如图 6-34 所示。

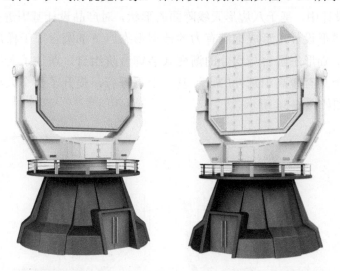

图 6-34 详细设计效果图

1. 第一视觉层：整体布局与形态

基于天线阵面单元的大块体和大块面设计，整个雷达系统选用适应性原则，通过干净简洁的块面组合设计形成基座式雷达现代、整体、稳固的视觉形象。将天线系统和天线塔基作为一个整体进行设计，天线支臂与转台提炼概括为直线的"U"形态，与天线塔基的渐变式台阶设计共同组成具有一定视觉稳定性的"X"结构，上下呼应，增加了天线系统和天线塔基在外在形态上的一致性，并形成新的视觉形态特征，整体感强。整体色系采用灰色系列，通过冰灰、浅灰、中灰、深灰及金属质感的搭配，整体搭配层次感强，具有一定的视觉整体性，同时展现了科技的沉稳、时尚、大气的外在特点。第一视觉层示意图如图6-35所示。

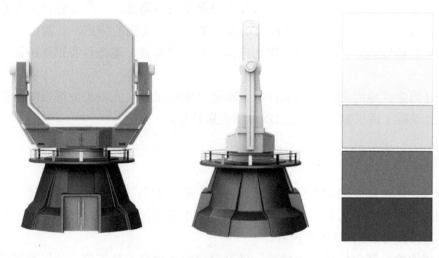

图6-35 第一视觉层示意图

2. 第二视觉层：单元结构的线、面、体

在天线系统设计中，基于八边形天线阵面的形状，对产品设计基因进行了适应性应用，运用了丰富的折线形设计，形成饱满有力的造型形态。下部圆台属于梯形基因的衍生适应性应用，塔基的基础形态圆台与均分的渐变式装饰台阶组合，增加了天线塔基适应性设计基因的运用。两个具有较高识别性的设计基因上下呼应，提升了整个天线系统的识别性。第二视觉层示意图如图6-36所示。

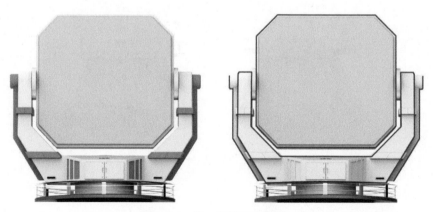

图6-36 第二视觉层示意图

3. 第三视觉层：点、细节

通过遮盖罩凹槽及倒角设计、天线阵面维修门设计、天线塔基围栏及转台沉降等细节

处理，增加了产品形象的辨识度。第三视觉层示意图如图6-37所示。

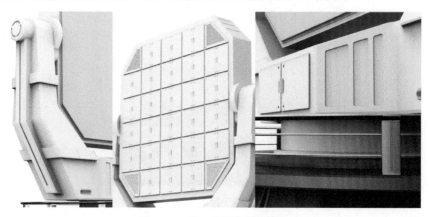

图 6-37　第三视觉层示意图

6.2.4　显控大厅设计

显控大厅属于室内设计范畴，其主要功能是满足操控人员在室内环境工作中准确高效、舒适愉悦的身心需求，因此显控大厅室内设计的重点应是展现视觉层面的稳重感、科技感和时代感，以及人机交互层面流畅度、舒适度。

1. 视觉层面设计

在显控大厅内饰空间的整体风格塑造上，利用简约大气的贯穿色带将侧面和背面三道墙面进行视觉整合设计，增强了大厅的整体感的同时突出了作为视觉中心的大屏所在墙面。大屏后方的墙面采用多层堆叠结构，利用不同材质、颜色、肌理的材料对墙面进行了纵向分割与重构，结合横向贯穿三层结构的大屏，形成了错落有致、层次分明、质感丰富的室内空间风格。顶面的吊顶融入了家族化的"U"形折线，结合富有韵律感的长条灯阵列和圆灯的点缀，不仅使整个空间照度均匀、明亮，还增强了显控大厅的科技感和时代感。显控大厅内饰设计如图6-38和图6-39所示。

地面显控终端和观摩桌的设计在延续雷达整机外观的直线设计风格的基础上，将点阵作为设计基因融入其中，增强了大厅设备视觉的一致性，如图6-40所示。

图 6-38　显控大厅内饰设计（正面）

图 6-39 显控大厅内饰设计（背面）

图 6-40 显控终端和观摩桌设计

在 CMF 设计过程中，根据大厅定位和用户需求，在白色作为主色调的基础上，选用低饱和度大地色系中的不同明度的色彩作为辅助色，在墙面、座椅、门等部位进行统一有序的表达，营造出舒适、稳重的视觉效果。灯光选用较高色温的冷白光，提高用户工作专注力的同时，适当中和了暖色调的色彩环境。显控终端侧饰板和侧墙腰线的金属材质作为点缀，突显了大厅的科技感属性。显控大厅 CMF 设计如图 6-41 所示。

图 6-41 显控大厅 CMF 设计

2. 人机工效设计

大厅环境的 CMF 设计从心理层面满足了人机工程学的相关要求，而从生理层面直接影响人机交互体验的则是交互终端的人机工程设计，具体到该案例就是显控终端和座椅。在显控终端的造型设计中，结合人体数据库，对显控终端宽度、操作面高度、屏幕高度及倾角等关键参数进行详细设计分析和论证，如图 6-42 所示。

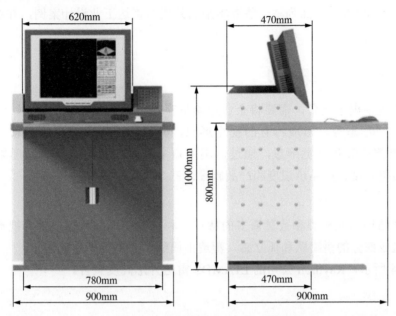

图 6-42　显控终端人机尺寸示意

座椅在选型中应充分考虑人机工程性能。根据用户类型和使用工况的不同，在选择操控人员的座椅时，要兼顾其工作时间长、工作位置不固定等特点，选用腰部支撑性能好、舒适透气且便于移动的功能取向型座椅，如图 6-43 所示。在选择观摩席位的座椅时，因其面向的用户群体多为短期使用，可选用宽大厚实、柔软亲肤的舒适型座椅。

图 6-43　操控人员使用的人机工学座椅

6.3 国外优秀雷达案例赏析

在我国雷达发展过程中，也从国外优秀雷达身上学习了许多可取之处。无论是雷达技术、雷达工作模式，还是雷达工业设计，国外优秀雷达都有很多闪光点。本节将从产品形象、人机工效和 CMF 方面列举一些近年来国外优秀雷达工业设计案例，并对其进行鉴赏学习。

6.3.1 雷达产品形象优秀案例

雷达作为复杂电子装备，需要将企业形象贯穿在雷达装备设计过程中，结合雷达装备的功能、结构、形态等，形成特有的视觉形象，并以此准确表达企业形象。本小节主要介绍国外优秀雷达装备视觉形象，通过对国外众多领域的雷达装备产品形象进行分类梳理，并从产品整合度、产品辨识度和产品族设计三个方面进行赏析。

1. 产品整合度

针对雷达结构单元种类和数量繁多的特点，利用简化形态轮廓、整合视觉单元等方法削弱产品各组成部分的拼凑感和孤立感，塑造出简约、完整的产品形态。

如图 6-44 所示，Raython 公司的 LTAMDS 雷达外形高度整合。

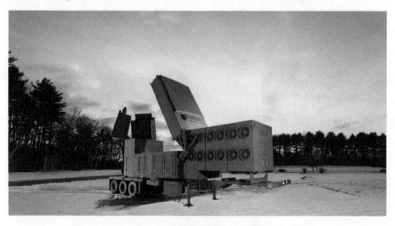

图 6-44　Raytheon 公司的 LTAMDS 雷达（美国）

LTAMDS 雷达采用三面天线阵列，雷达主体和三块阵面呈现出规则的立方体组合造型。工作状态下大阵列朝前，两个小阵列朝后；运输状态下阵面向下收起，整体组合后为长方体，如图 6-45 所示。通过块体组合、直线分割等手段将雷达的各组件模块进行区分，呈现出一种理性美和规律感。各块体间比例恰当、系统组成清晰、整体造型现代硬朗，在复杂和简约之间取得了良好的平衡，表现出这款雷达产品的科技感、先进性和整体性。

另一个整合度优秀案例如图 6-46 和图 6-47 所示，展示了 Thales 集团 GM 400 雷达天线舱的工作状态和运输状态。通过巧妙设计的折叠机构，天线阵面在折叠状态下可以成为运输舱的一部分，极大提升了雷达设备的整合度，满足了雷达的运输、隐蔽等需求。

图 6-45　LTAMDS 雷达轮廓线

图 6-46　Thales 集团的 GM 400 雷达（法国）

（a）工作状态　　　　　　　　　　　　　　（b）运输状态

图 6-47　GM 400 雷达的工作状态和运输状态

2. 产品辨识度

国外不同雷达企业会通过风格明确、辨识度高的产品视觉特征传达给用户不同的形象语义，更加直观地展现自身的企业形象。同时由于雷达的使用环境和功能差异导致不同雷达的设计各自具有鲜明的特点。

图 6-48 所示为意大利 Leonardo 公司的 KRONOS Grand Naval 雷达。

图 6-48　Leonardo 公司的 KRONOS Grand Naval 雷达（意大利）

从造型上看，KRONOS Grand Naval 雷达由一块巨大金属罩体及其基座组成。雷达天线及其他部件均被放置在金属罩体内部。雷达外部金属表面平整，通过沉降和凸起等设计语言来表示各表面功能划分，整体涂覆根据使用环境的不同而定，基本与车体或船体颜色相同或相近。因此，整个雷达都给人以一种非常"稳固坚实"的视觉效果。

同样有设计辨识度的雷达还有 Lockheed Martin 公司的 AN/TPQ-53 雷达，如图 6-49 所示。AN/TPQ-53 雷达整个阵面干净整洁，配合少量折面和切角形成稳定的视觉形象。

图 6-49　Lockheed Martin 公司的 AN/TPQ-53 雷达（美国）

图 6-50～图 6-52 所示为 AN/TPY-2 雷达及其结构示意图。与其他一些可以 360°旋转的雷达不同，AN/TPY-2 雷达转动角度较为有限，只能在有限角度向前发射。图 6-51 展示了 AN/TPY-2 多角度形态，其形态与通常机动式地面雷达造型有较大差异。由于阵面与整个运输单元一体化设计，AN/TPY-2 由运输状态切换为工作状态步骤进一步简化，整部雷达架设效率显著提升。阵面两侧的三角支臂既方便其进行运输部署，为巨大阵面提供有力支撑，也给人"突进感""棱角分明""不容侵犯"的视觉效果。

图 6-50　萨德反导系统 AN/TPY-2 雷达（美国）

　　如图 6-51 和图 6-52 所示，该款雷达运输状态被设计成直接进行运输，阵面或其他部位无须撤收，在保证雷达机动性的基础上，最大程度地实现雷达探测性能。

　　另一个案例如图 6-53 所示，Thales 集团的 NS100 雷达为 S 波段有源相控阵雷达。该雷达底座由多个三角形底面环绕形成，倒三角的轮廓和黑色透亮的阵面在视觉上给人一种"尖锐感"和"科技感"。

图 6-51　AN/TPY-2 运输状态

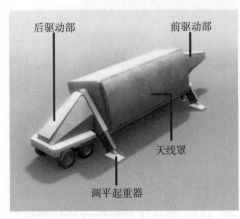

图 6-52　AN/TPY-2 结构示意图　　　　图 6-53　Thales 集团的 NS100 雷达（法国）

3. 产品族设计

在产品形象设计中提炼具有"继承性、拓展性、异他性"的产品族基因，将同一系列、同一领域内的相关产品家族化，是国外雷达企业提升产品市场竞争力和用户认可度的捷径。

瑞典 Giraffe 系列情报雷达，在雷达的设计中采用了非常明显的家族化元素，成为一个产品族系列，如图 6-54 所示。通过在设计中融入家族化元素可以提升产品形象，同时为系列化设计提供更多设计线索和设计思路。

图 6-54　SAAB 公司的 Giraffe 系列情报雷达（瑞典）

以最具有标志性的 Giraffe AMB 为例，雷达的折叠高举机构使其成为整个雷达中最醒目的特征。这一特征更好地发挥出了 Giraffe AMB 的探测功能，形成目标搜索和指示的战略优势。Giraffe AMB 雷达如图 6-55 所示。

图 6-55　Giraffe AMB 雷达

通过观察车身结合参数信息，可以看出 Giraffe AMB 在具备高机动性的同时能很好地将探测机构进行收纳。

将 Giraffe AMB 的特征延续到舰载领域后，衍生出一款 Sea Giraffe AMB 雷达。Sea Giraffe AMB 雷达是一款专供海军水面舰艇使用的有源相控阵雷达，如图 6-56 所示。

图 6-56　Sea Giraffe AMB 雷达

从 Sea Giraffe AMB 雷达的外形可以看出，其雷达阵面外形特征与 Giraffe AMB 雷达基本一致，这也反映了在一定程度上这两款雷达功能的相似性。同时 Sea Giraffe AMB 雷达的硬朗切角风格与其舰载平台形成了非常好的呼应，简洁的几何线条和对称的正面造型体现出敦实有力的坚定形象。

作为同系列的 Giraffe 1X 雷达并没有保留 Giraffe AMB 雷达修长脖子的特征，而是保留了雷达阵面和转台，并将其与载具进行更紧密的结合，增强了这款雷达的高适配性，可以安装在各类越野载具上，同时可以拆卸之后在固定地点执行探测任务，如图 6-57 所示。

Girraffe 4A 雷达具有与 Giraffe 1X 雷达类似的外形特征，如图 6-58 所示。雷达舱室也根据 Girraffe 4A 雷达特性进行了整体形象上的适配与改善，使得雷达整体性更强，同时雷达阵面与转台相比 Giraffe 1X 雷达体积、面积、高度均有所提高。

图 6-57　Giraffe 1X 雷达

图 6-57　Giraffe 1X 雷达（续）

图 6-58　Giraffe 4A 雷达

　　另一个雷达产品族是俄罗斯的"天空"系列雷达，如图 6-59~图 6-61 所示。该系列雷达在阵面体积上和其雷达工作频段相匹配，顶部部件和支撑骨架均采用相似造型，同时在相同载具上进行多雷达设计，形成家族化语言。

图 6-59　"天空 -S"雷达（俄罗斯）　　　　　图 6-60　"天空 -D"雷达（俄罗斯）

图 6-61 "天空 -M"雷达（俄罗斯）

6.3.2 雷达人机工效优秀案例

作为一种复杂电子装备，雷达的人机工效优秀与否将直接影响雷达操作者的工作效率。优秀的雷达人机工效应该在操作者使用过程中充分考虑操作者的生理和心理条件，使用过程符合其使用习惯。雷达人机工效包括雷达的架设撤收过程人机工效、雷达舱室内的人机工效、雷达维修人机工效等。

如图 6-62 和图 6-63 所示，展示的是 Thales 集团某雷达显控舱和 Altimus-Tech 公司设计的显控舱及其内部显控设备。

图 6-62 所示的显控舱内部布局采用了前后布局，终端为两台并排显控终端，后方为另一台不同型号显控终端。整舱设备布局合理，人员动线清晰。舱壁为白色，设备采用黑白配色，天花板为蓝色，可使操作人员情绪沉着冷静。风道设置、灯光设置、电话以及显控终端各操作按钮设置均符合操作人员人体尺寸及操作习惯。

图 6-62 Thales 集团某雷达显控舱

图 6-63　Altimus-Tech 公司的雷达显控舱及其内部显控设备

　　图 6-63 展示的显控终端上的设备如键盘、鼠标、电话、麦克风均在人体可视可达范围内；灯光使用采用"室内照明＋辅助台灯照明"方式，规避掉眩光的同时方便每位显控终端操作员的阅读操作需要。另外，显控终端操作台面可折叠的同时增加了圆弧，能够让操作员更加靠近屏幕，集中精力。

　　雷达作为复杂电子装备在维修性方面的人机工效需要被充分考虑。维修状态下的雷达设备需要操作人员或维修人员的充分介入，一方面要考虑到雷达设备本身的维修难易程度；另一方面要考虑操作人员或维修人员的人身安全和操作习惯。

　　如图 6-64 所示，AN-APG65 雷达被安装在战斗机上，在检修设备过程中，并不会将雷达从机身上拆卸下来，而是直接对雷达进行检修更换雷达部件。因此，雷达在设计过程中就考虑到这一方面，将需要高频更换或检修的部件设计在操作人员推拉合理的高度，把手位置和方向从人机方面设计便于抓握，极大地提高了雷达的维修性。

图 6-64　Raytheon 公司的 AN-APG65 雷达（美国）

维修先进性还体现在高集成过程中对设备的模块化。一方面,模块化组件可以保证以最小更换代价保证整机运行效率;另一方面,雷达升级可以在模块扩展和升级的基础上进行。如图 6-65 和图 6-66 所示,Raytheon 公司在 AMDR 雷达天线阵面的设计中应用了模块化技术。

图 6-65　Raytheon 公司的 AMDR 雷达(美国)

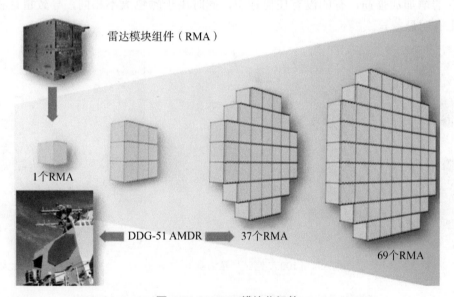

图 6-66　AMDR 模块化组件

6.3.3　雷达 CMF 优秀案例

上文提到雷达 CMF 在颜色、材料和工艺所做的工作,本小节分析国外优秀雷达在 CMF 方面值得学习借鉴的案例。雷达装备的特殊性使其并不像其他消费电子的 CMF 创作空间那么大,尤其当雷达设备被投入到非常严苛的使用环境中时,雷达的 CMF 需优先保证雷达的功能及寿命达到使用要求,在此基础上再进行 CMF 设计。

如图 6-67 所示,Thales 集团设计的 Ground Master 60 雷达虽然在整体设备上采用了黄白色的沙漠色系，但通过两种轻微差异的颜色使雷达产生了明显的边界和功能区划分。

图 6-67 Thales 集团的 Ground Master 60 雷达（法国）

如图 6-68～图 6-70 所示，不同公司生产的不同型号的机载雷达外壳有的增加 LOGO（标识），有的增加加强筋，有的没有任何标识，同时由于颜色大不相同，导致雷达在整体视觉效果上有明显差异。

图 6-68 Leonardo 公司的 Vixen 1000E 雷达（意大利）　　图 6-69 "捕手 -E" 雷达（意大利）

图 6-70 Raython 公司的 AN-APG79 雷达（美国）

此外，还有图 6-71 和图 6-72 所示的雷达天线罩，因为使用环境（陆地 / 海洋）和使用目的不同，所以选用了材质不同的天线罩。

图 6-71　J/FPS-5 雷达（日本）　　　　　　　　图 6-72　SBX 雷达（美国）

以上列举了一些国外雷达在产品形象、人机工效、CMF 等工业设计领域的优秀案例。国内外雷达各有所长，同时此部分赏析篇幅有限，若有疏漏或不当之处敬请谅解。

第 7 章
雷达装备工业设计未来展望

本章导读

世界从二元空间（物理—人类）已历经三元空间（信息—物理—人类），进入到四元空间（信息—物理—机器—人类）。随着互联网、物联网、大数据、人工智能、元宇宙等技术的深入发展，创新已不再是过去以技术变革为主导的创新，而是以技术、服务、商业、策略、管理、设计、体验等协同发展的多维聚合式创新。对于以雷达为代表的复杂电子装备设计而言，其创新设计不只局限于产品外观造物的层面，更进化到智能装备的功能层面、结构层面、形态层面、体验层面整合优化的聚合式创新。设计者需充分利用协同创新与群智设计的创新思维，在产品设计之初就提前布局大数据驱动的用户体验管理，推动交互创新过程的智能化设计，以实现现代装备的创新价值超越与高端化设计及创新全生命周期的绿色化转型。复杂电子装备设计要必须紧跟时代的发展步伐，汇集群体知识、持续创新创造，进行新技术＋新形态＋新服务＋新体验的多维创新，不断为产品价值赋能，万物更继而永续创新！

本章知识要点

- 协同创新与群智设计
- 大数据驱动的用户体验管理
- 交互创新过程中的智能化设计
- 面向创新全生命周期的绿色化转型
- 永续创新创造

7.1 协同创新与群智设计

创新是一个民族进步的灵魂,是一个国家兴旺发达的不竭动力。创新设计是实现创意创新规划的成果与途径。创新设计是在新市场、新技术、新理念、新设计、新制造产业以及与之相适应的市场支持下取得创造性成果。创新是一种空前的创造力,也是一种认知视角、设计方法或方法的创新。创新是创新设计的核心要素,其最直接的表现就是与现有的解决方案不同,从而产生更高的价值,这种价值与不断提高的产品和生活品质有着密切的联系。因此,创新设计的实质就是要创造更有价值的差异性,它可以是新的产品和特性,也可以是更好的、更有效的表现。

人类对更好生活的渴望是推动创新设计的最基本驱动力,而对更高品质生活的追求转变为用户的个性化要求,这是创新设计的先导。在新政策、新文化潮流、新价值观念的推动下,新的需求将是创新设计发展的主要推动力。这种改变促使设计者努力引入新的资源,以满足市场需要。这种资源既包括资金、厂房、设备、人力成本等物质资源,也包括知识产权、设计智力等知识资源。特别是在当今的知识互联网时代,知识资源在创意设计中的作用日益突出。通过设计流程,设计师利用自身的聪明才智,把新的知识与创意成果结合起来,从而达到由知识向创意的转变。科技的发展与进步为创新设计提供了新的知识来源。大数据、云计算、人工智能等支撑技术的引进,使得企业的知识资源得到更大程度的拓展,成为设计者的有力帮手。

设计创新采用颠覆式的创新方式,在产品内在意义的基础上,打造全链路的用户体验,最终获得商业成功。这种创新的底层思维即是设计思维。它是一种由设计行为主导的创新模式,强调的不是掌握某种独一无二的新技术,而是对于现有技术元素和社会文化元素的创造性组合和运用。在需求端超越传统的市场或顾客的范畴时,要求创新者关注整个社会文化趋势的发展,从而准确把握潜在的需求,甚至能够引导市场需求;在技术端,企业不需要通过研发获得新技术,而主要是对既有技术的应用或二次开发,从而产生新的产品功能。

在产品设计中,产品的功能与技术原理开发需综合考虑造型、材料、人机界面等方面因素,需要设计师与工程师双方同时进行协同创新的研发。在研发过程中,新技术、新材料、新工艺将得到充分应用,使新产品更好看、更好用、更具个性化。产品设计领域的创新包括以下三层含义:第一,创新是指构成产品本身的要素及要素与要素间的创新;第二,一个创新性的产品可能是多项技术创新的综合结果,是综合性的创新;第三,产品创新是一种不决定于技术的创新。产品领域常常可以将某一产业或某一产品中已经发展得很成熟的技术,应用到另一新的领域或新产品中去,即将现有的技术用新的组合形式实现创新,或者在市场细分的基础上,开发出无创新技术但受消费者欢迎的新产品,甚至只是对产品外形进行改变,使之符合消费心理或流行趋势。

细化到现代电子装备,尤其是现代雷达装备研制领域,在产品研发全生命周期中注入创新设计的指导,并从战略层面构建产品形象体系,对于提升产品附加值和竞争力、传递核心理念等方面具有重要的意义。随着雷达装备综合性能要求不断提升,雷达设计逐渐从单纯的功能至上开始向性能要求、技术水平、成本限度等多方面转变。在这一过程中,造型风格、结构设计、交互界面需要深度融合，以实现"整体感、科技感、品质感"的雷达系统设计方案。

为适应设计内容逐渐向综合化转变的发展趋势，跨自然科学和人文科学等多学科交叉的系统设计成为创新设计发展的方向。人类的创新设计方式从强调与追求个体智能，转化为重视基于网络的群体智能，群智涌现模式不断出现。群智设计是在新经济环境下聚集多学科资源、开展协同创新设计的一种活动，以创造知识为核心。群智设计不仅关注设计专家团队，还要吸引、汇聚和管理大规模参与者，以竞争和合作等自主协同方式来共同应对挑战性任务。在高新技术不断发展的背景下，群智创新应用与技术融合并对接场景，实现创新引领作用。一方面，需求将根植于场景中，而场景则对设计提出要求和目标；另一方面，技术可以为设计提供新的思路和特性，革新设计形式，提升产品性能，使其满足更多样化的需求。

由于电子装备，尤其是雷达装备本身的行业特殊性，在研制过程中难以开展广泛的社会群智协同创新设计，但仍要在其内部要素之间开展一定的群智协同创新设计，充分连接"需求方—研制方—维护方"之间的大数据平台，实现内部要素之间的数据共享、设计协同、优化迭代等协同创新方式，主要包括以下内容。

（1）雷达设计知识网络与知识图谱构建。综合研究雷达各领域的多学科设计知识，包括人机工程学数据与应用、电子信息技术、通信工程技术等，实现群智设计中不同领域的知识建模、知识融合与知识推理，充分利用数据的关联与交叉，构建雷达设计知识图谱，实现设计大数据的价值最大化。

（2）雷达数据感知与设计方案自动生成。研究群智活动中多模态雷达设计数据感知方法，实现创意方案修改、补充、完善以及迭代之间的多感知交互。研究群智知识生成机器学习模型和数据挖掘算法，解决融合想法流、数据流与知识流的设计模型求解问题，实现群体智慧方案的智能生成。

（3）雷达设计方案评价指标体系。建立多学科、多角色人群的设计方案综合评价指标体系与推理机制，并与设计知识融合，为雷达设计方案的进化方向和路径提供指导。

（4）雷达群智设计平台的开发。开发融合大数据的群智设计知识服务平台、技术与工具集、设计知识库，通过智能化技术和设计知识服务的深度集成与有机融合，为雷达装备群智设计活动提供平台支持。

在雷达装备研发设计内部要素之间进行的群智设计可以有效整合产业资源，协同设计产业网中的设计者、设计机构、军工企业、各级政府、科研院所等多层组织，多维汇聚各方资源及知识，为雷达装备设计产业开发革新式创意平台，提供设计及产业赋能工具，促进装备价值转化与价值裂变，推动产业价值在内部要素之间的共享与升维。

图 7-1 所示为雷达装备群智创新设计设想。

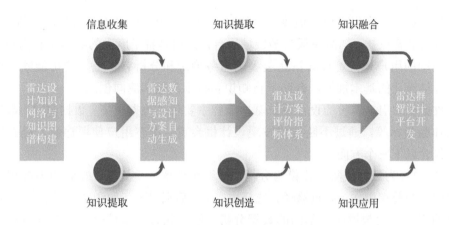

图 7-1　雷达装备群智创新设计设想

7.2　大数据驱动的用户体验管理

　　在新时代下，用户对产品的需求不单单满足于单一、基本的功能需求，而越来越注重精神和情感层面的良好体验。他们强调人机交互界面和产品使用中的情感体验，希望通过产品与服务达到人和人之间信息与情感的交流。因此，"严谨、精致、可靠"的感性意象与"高效、智能、和谐"的技术内核将成为雷达创新设计中的重要内容，用户体验设计在产品性能提升中逐渐发挥出重要的作用。

　　用户体验是用户使用产品或享受服务过程中建立起的心理感受，涉及人与产品、场景、环境或系统等交互过程的方方面面。用户体验设计是一项包含了产品设计、服务、活动与环境等多因素的综合性设计，其中的每项因素都将成为基于个体或群体需要、需求、愿望、经验和看法的考量。雷达装备在使用过程中，是否满足使用效率和舒适性，除了用户的主观使用研究和人机工程学分析，还需要通过大数据研究用户的操作行为，即大数据驱动的用户体验管理。

　　大数据技术具有 4V 特征，其应用在用户体验研究主要有以下优势。

　　（1）全量分析的体量（Volume）优势：对巨量用户数据进行细致分析，有利于对用户进行细致分层以获取子类用户的真实需求。

　　（2）多维异构数据的种类（Variety）优势：支持多维度、非结构化数据源，使用户特征提取更加全面。

　　（3）高效分析的速率（Velocity）优势：通过快速计算实现对用户体验问题进行快速甚至实时跟踪。

　　（4）真实客观的价值（Value）优势：数据真实有效，结果准确全面，分析结果更具价值，数据来源和分析过程客观可靠。

　　在技术日新月异的今天，设计师需要把握时代脉搏，洞悉用户体验的发展趋势，需要综合考虑产品、场景和服务之间的辩证关系，深入把握"人—产品—环境"系统，整合"产品、场景和服务"，为用户提供极致化的体验，为产业提供更多不可替代的价值。

现代雷达装备依托"陆海空天"多领域平台，天然具备了庞大的数据量和用户基数。因此，数据驱动的用户体验管理让雷达装备的服务溯源和分析有了更多的可能性，有利于相关设计师总结设计的基本规律，有助于将知识和技术高效率流向创新。

建立数据驱动用户体验的设计系统基本流程主要包含数据采集、数据建模、数据分析、构建评估体验指标等，通过不断迭代发现设计机会点，洞察用户使用痛点，提高用户满意度，主要包含以下三个方面。

（1）用户行为数据采集、建模与分析。通过全渠道、全设备、全触点监控用户使用雷达产品过程中的前端操作（如点路径、选择内容）、后端日志（如浏览信息、检索内容等），对所采集的用户行为数据应用不同的数据分析方法（如行为事件分析、漏斗分析、用户旅程地图分析等），有助于帮助设计师了解用户在认知、了解、获取、使用、反馈等不同的雷达装备使用阶段中的问题与痛点，以更好地定位需求并进行解决。

（2）打通内部管理闭环，持续优化体验。良好的用户体验管理，应该是以用户为中心、以用户旅程为基础，形成"体验数据采集→实时监控→及时行动→效果评估"的体验管理闭环，形成全生命周期的全触点管理和服务。在雷达装备的用户体验管理过程中，研发设计团队应打造以用户为中心、使用旅程为基础的管理体系，建立闭环联动机制，使用户反馈的问题有地方解决，提升雷达装备产品的服务效能。

（3）构建数智化体验管理平台。在完成用户行为数据采集、建模与分析之后，需要将数据与相关平台进行对接，形成集设计、行为采集、调研平台以及 BI（Business Intelligence）模块为一体的平台。旨在让装备研发设计团队内部的不同角色能够根据自身研发设计领域的特征，从不同视角来发现不同层次的体验问题，并及时解决这些问题，提高用户的装备使用体验。

图 7-2 所示为雷达装备用户体验管理。

图 7-2　雷达装备用户体验管理

7.3　交互创新过程中的智能化设计

随着信息技术和人工智能技术的发展，智能化的交互将具有更大的吸引力。

泛在智能具有普遍性、透明性和智能性。普遍性是指人们周围存在着许许多多内部互连的嵌入式系统，它们无处不在；透明性是指充斥在人们周围的嵌入式系统是不可见的，它们隐藏在日常生活中；智能性是指环境智能（Ambient Intelligence，AmI）展示其智慧的特殊形式，如通过对人的行为自学习，判断人的意图并做出合适的反应。

交互智能化的特点包括自适应或智能化用户界面的外观、功能或界面内容可以随着用户的交互而进行自适应调整。系统会包含一些典型的组件，这些组件接收从界面传来的信号或事件，根据一系列标准，通过应用规则来进行这种适应。具体包括以下内容。

（1）对操作控制的理解和整合。众多的输入设备、输入方式的出现给雷达装备的"接受能力"提出了挑战。雷达设备要对各种硬件输入设备和软件输入指令提供的大量数据进行整合、处理，并进行反馈。

（2）任务处理的智能化。雷达设备的任务处理复杂、难度大，需要经过一系列操作、运算才能完成。这其中必将要求雷达装备更加智能化，以减少人的记忆、操作、训练成本等，在软硬件设计上要保持高度的协同性和适配性。

（3）输出形式的自动化和优化。迅速、准确、美观、生动的系统反馈是一个自然交互不可缺少的方面。系统应能根据操作者操作的特点、所要输出内容的类型、当时的环境、系统本身的配置等选择适当的媒体和表现形式，自动生成相应的输出，以满足不同使用环境的需求。

随着人工智能技术的发展，智能化交互技术也越来越强大。如 ChatGPT 能够通过学习和理解人类语言进行自然对话，高效准确地帮助用户完成任务。在智能化背景下，为解决传统雷达设备交互方式操作步骤多、操控时间长、控制不灵活等问题，多模态交互技术在显控台设计中的应用已成为未来发展趋势，通过触控、语音、VR、手势、眼控等多种方式完成交互操作，将视觉、听觉、触觉、体感等多种感官融合，具有直接、快速、自然的交互特点。雷达装备智能化交互架构如图 7-3 所示。多模态智能交互将用户触控、语音、手势等输入，通过各类传感器和信息处理转化成统一的交互指令，通过任务管理模块将统一的智能交互指令应用于态势显示、雷达操控、目标干预等场景，通过显控台或 VR/AR 设备智能推送显示，实现场景-交互模式匹配，发挥多模态交互优势。

智能交互技术类型较多，应当依据雷达装备实际使用需求，选择和设计合适的应用场景和交互方式，解决雷达装备人机工效及用户体验问题。例如，舰载、车载等雷达装备，在运动场景下存在摇晃等因素，采用鼠标和键盘进行目标录取、信息上报、属性和模式设置等操作时，存在位置误差大、不能快捷完成等问题。而将常用操作改为触控菜单和语音交互能有效提高操作效率。同时雷达任务时效性强，要求能全方位同时发现、搜索、跟踪多批次目标。仅靠人工查找困难较大，可根据任务需求，从大批量信息中按需智能推送有效信息，包括告警信息、目标特性、决策建议、关键事件提示等，降低用户搜索与认知负荷。

随着元宇宙、VR/AR/MR/XR 等虚拟技术的发展，可采用 VR 多模态智能交互技术来提升雷达显控沉浸感、立体感、互动性。如图 7-4 所示，将各类传感器集成于 VR 头显，通过多传感器输入设备接收来自手势、语音、眼动等通道的信息，借助多模态信息分析融合模块，产生多模态协同对话内容，并同步输出到 VR 显示设备。在多目标多任务的雷达显控 VR 场景中，可通过手势控制场景漫游、缩放、旋转的同时，利用语音快速搜索、定位目标，并智能推送语音提示和决策信息，眼部则可以实时跟踪目标，多模态高效协同完成 VR 自然交互。

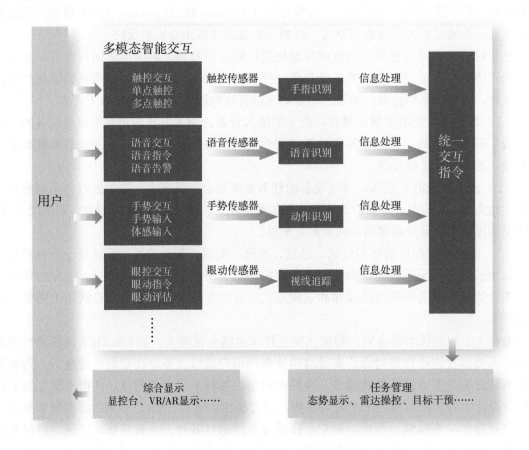

图 7-3　雷达装备智能化交互架构

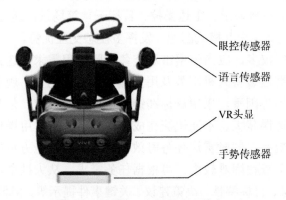

图 7-4　多模态 VR 智能交互设备

　　智能化交互技术也可用于人机工效评估与优化，通过大数据实时收集用户操控行为数据，包括操作时间、用户角色、操控元素、位置、路径、频率等。对用户行为数据进行可视化智能分析与应用，得出操作频率、时序、关联度等指标，实现显控操作热键上浮、操作流程简化、界面优化建议推荐等。

　　此外，产品在使用过程中会伴有用户情感的诱发和释放，影响用户对产品的认可度和抉择。在雷达设计时，要充分考虑用户的使用心理和操作习惯，挖掘用户的深层次心理需求，通过造型、色彩、材质等方面的技术手段，结合产品实际功能需求开展合理设计，使用户在操作雷达的同时获得精神上的愉悦和满足，充分发挥"情感化"设计的作用。

7.4 面向创新全生命周期的绿色化转型

为应对平均气温逐渐升高、极端天气愈发增多的全球气候变化趋势，我国制定了碳达峰目标与碳中和愿景。为实现"碳达峰碳中和"目标，我国把生态文明建设作为国家发展规划的重要内容，落实创新、协调、绿色、开放、共享的发展理念，通过科技创新和体制机制创新，实施优化产业结构、构建低碳能源体系等措施，形成人与自然和谐发展现代化建设新格局。向绿色化转型是我国生态文明建设的核心理念，也是制造业的必然趋势。

此外，设计创新的发展需要积极面向市场并始终注重社会效益，各国在市场经济环境下发展工业设计文化都会受到经济的影响或制约，越来越多的设计师开始节约资源、减少耗材、降低成本，追求设计过程中的最优化和设计作品经济效益的最大化，通过设计去创造更高的经济效益与市场价值，致力于使创新设计发展体现出明显的社会效益。随着人们对社会、生态问题的日益关注，生态设计或绿色设计是设计创新发展的必然选择。

绿色设计包括面向再生的设计、面向装配的设计、面向生命周期的评估设计及可持续设计等。绿色设计是绿色制造体系的重要组成部分，是按照全生命周期理念，在产品设计阶段之初就将制造过程中的环境因素和预防污染的措施纳入产品设计的前期规划之中，在产品设计和开发阶段，系统考虑原材料选用、生产、销售、使用、回收、处理等各个环节对资源环境造成的影响，将环境性能作为产品的设计目标和出发点，力求在全生命周期中使这种影响最小化。

对于电子装备产业，尤其是针对雷达装备的绿色设计而言，有三点需要关注。

一是要注重结构优化。在保证产品性能的前提下，尽可能地通过简化结构来降低产品的重量，或者通过材料的节约、空间的优化等使产品更加轻巧，继而达到降低碳排放量的目标。

二是要推行模块化继承性设计。这主要体现在产品设计时在结构上、外观上的拆分或重组，突出实用性和功能性，进而减少产品的重复设计和生产带来的资源浪费。模块化设计既可以很好地解决产品品种规格多、产品设计制造周期长和生产成本之间的矛盾，又借助简易维修、材料替换等手段延长产品生命周期和提高产品利用率，为产品的快速更新换代提供必要条件。

三是要尽可能选择低碳材料、可回收材料。规避高碳排放产生的原材料，加强清洁、环保新材料的研发和应用，充分考虑产品零部件及材料的回收的可能性，达到零部件及材料资源和能源的充分有效利用。

图 7-5 所示为面向生命周期的绿色化转型。

绿色制造的创新是实现制造业绿色化转型、推广绿色设计理念的基础保障。绿色制造

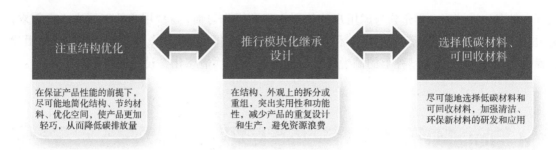

图 7-5　面向全生命周期的绿色化转型

的创新发展有以下几个方面。

一是工业模式的变革。目前工业生态对于构建绿色供应链、降低产品的回收处理成本和提高资源循环再利用效率意义重大，制造企业由原来的产品提供者转换为服务提供商，从而减少产品的无效需求及其导致的资源浪费。

二是高度重视战略规划与目标导向作用。因绿色制造具有系统性、长期性、战略性，其技术创新和产业进程是由绿色制造目标驱动的，清晰明确的目标对于引领产品全生命周期技术群创新以及产业模式变革具有重要的引导作用。

三是注重标准、法规以及评价决策工具的开发与推广。欧美国家早在 20 世纪 90 年代就已经开始进行绿色制造标准、法规和评价决策工具的研发。为打破在国际贸易中的绿色贸易壁垒，我国需逐步制定绿色制造标准和法规体系、开发产品生命周期评价与设计软件工具及基础数据库，使得绿色制造的理念快速引起社会和工业界的关注，让可持续理念融入产品开发实践中。

四是将下一代环保材料与绿色工艺技术创新作为研发重点。资源约束和环境危机必将重构现代工业，环境友好、高效低成本的下一代绿色材料及工艺技术的颠覆性创新，是绿色制造战略的必然需求和核心驱动力，也是引发工业绿色革命的技术基础。

五是加强制造系统与装备能效优化技术快速发展和推广应用。未来要实现"碳达峰碳中和"的目标，其关键路径在于加强制造系统与装备能效优化技术的研发和推广应用，大幅提高我国工业生产及其产品的综合能效，如发展制造系统能效优化与提升技术、热电多联产技术，研发高参数超临界机组、高能效内燃机、高能效机床等。

六是将循环经济制造业培育成为重大新兴产业和技术创新领域。循环经济制造业通过再使用、再制造、资源化再利用等技术，不仅提高资源循环效率，而且减少废物排放、节约能源、减少水污染和垃圾填埋等。

7.5 永续创新创造

世界从二元空间（物理—人类）到三元空间（信息—物理—人类），再进入四元空间（信息—物理—机器—人类）。在四元空间和数字经济时代，全球的产业都面临着如何转换思维，如何创造新的想象空间、新的场景体验和新的科技美学，如何借助新技术、新工具、新平台实现转型升级等共性问题。

科技和行业不断快速迭代，人工智能、元宇宙、数字孪生、5G、VR、AR 等技术飞跃式发展。工业 4.0 的发展使设计产业进入设计 4.0 时代，大量的新技术、新产业、新业态和新模式不断涌现。在多元交互场景下，信息技术的发展使产业服务的创新设计模式发生颠覆性变革。创新设计模式由产品软硬一体化的整合竞争，逐步走向服务场景整合、用户体验提升、设计生态系统构筑、社会和产业价值共创等多元化形式，设计驱动创新正引领产业高质量发展，推动制造业的转型升级，逐步推进中国产业与工业化、信息化、智能化、市场化及国际化的融合。

产品设计将越来越复杂，涉及的学科领域将越来越多，只有通过对知识、系统和学科融合，才能开发出多学科、跨领域的新产品，融合创新设计应运而生。通过对离散和多源知识的融合、对创新设计方法的融合、对不同学科的融合，融合创新设计为设计者提供新的设计知识、设计思路和设计方案。其中，知识融合创新设计方法以设计知识单元为对象，运用知识建模、知识聚类、知识融合、知识类推、知识评价等核心技术，通过融合离散及多源设计知识，为设计者提供统一的设计知识模型，并类推出新知识。系统融合创新设计是在知识融合的基础上，进一步融合各种创新设计系统，构造完整的融合创新设计体系。学科融合创新设计将创新设计从方法层面上升到更高层次的学科层面，融合如哲学、仿生学、心理学、信息学、工程学美学等基础学科，形成一门涵盖了多学科知识和方法的新学科，真正实现复杂产品的创新设计。

创新设计输出的是新产品新服务，根据设计结果的差异化和技术系统进化原理，将创新设计分为渐近性创新设计、突破性创新设计和破坏性创新设计。渐近性创新设计是通过不断地、渐近地、连续地改进已有技术系统或产品而实现的一类创新，通常表现为产品技术进化过程中在同一条 S 曲线上不断递增的过程，其核心是不断地发现冲突并解决冲突，设计结果与已有产品的差异性程度较低；突破性创新设计是以全新的产品、新型的产品生产制造方式或工艺过程产生新型的竞争形态，通常表现为原始创新或产品技术进化过程中两条 S 曲线间的自然更迭，其结果可大幅提升产品的性能和企业的生产效率，与已有设计存在显著差异性；破坏性创新是除渐近性创新和突破性创新之外的一类非常规创新类型。破坏性创新设计是用低于主流市场上定型产品性能的产品取代主流产品，是实现跨越的一类创新。

"产品常新，企业长青。"时代在不断进步，唯有创新，企业才能不断发展和进步。在创新设计方面，我们要紧跟时代和技术的步伐，通过设计引导雷达装备的创新，创造新的使用方式和人机体验，做引领型设计（Leading Design）。我们要大胆创新，永续创新（Sustainable Innovation），集成知识，整合创新，跨界探索新的技术、新的形态、新的服务和设计。通过落实创新驱动发展战略，提升中国制造的竞争力，实现从制造大国向创造强国的历史性转变。

参考文献

[1] 张晓晨，姚小玉等．工业设计方法的多维分析及其可视化 [J]．包装工程，2020，41(4)：34-42．

[2] 张磊，葛为民，李玲玲，等．工业设计定义、范畴、方法及发展趋势综述 [J]．机械设计，2013，30(8)：97-101．

[3] 张映琪，辛林岭．工业设计定义的演变与工业革命的相关性浅析 [J]．美学技术，2016(10)：293．

[4] 罗婷．设计三态：由工业设计定义变化论起 [J]．艺术百家，2017，159(6)：247-248．

[5] 简召全．工业设计方法学 [M]．北京：北京理工大学出版社，2011．

[6] 王晓洁，杜少勋．论工业设计在品牌战略中的必要性 [J]．艺术与设计（理论），2009，9：231-233．

[7] 王受之．世界现代设计史 [M]．北京：中国青年出版社，2015．

[8] 何人可．工业设计史 [M]．北京：北京理工大学出版社，2014．

[9] 霍治生．军用电子装备工业设计技术发展综述 [J]．电子机械工程，2012，28(1)：1-7．

[10] 陈尤莉．制定军用电子装备工业设计技术标准的必要性分析 [J]．工业技术与实践，2018，1：122-123．

[11] 刘宁，冷潇潇．2022 我国工业设计行业发展现状统计研究 [J]．设计，2022，8：100-106．

[12] [美] 大卫•瑞兹曼．现代设计史 [M]．北京：中国人民大学出版社，2007．

[13] 林卿．我国工业设计产业转型发展的公共政策研究 [D]．南京：东南大学，2015．

[14] 丁鹭飞，耿富禄，陈建春．雷达原理 [M]．6 版．北京：电子工业出版社，2020．

[15] 严敦善，赵玉洁．中国雷达五十年 [J]．现代雷达，1999，5：1-5．

[16] 南京电子技术研究所．世界地面雷达手册 [M]．北京：国防工业出版社，2005．

[17] 何懿．军用雷达纵横：毛二可院士访谈录 [J]．兵器知识，2017，6：16-20．

[18] 童时中，童和钦．电子设备及系统人机工程设计 [M]．北京：电子工业出版社，2022．

[19] 杜娟．船舶技术美学 [M]．哈尔滨：哈尔滨工程大学出版社，2021．

[20] 杨敏，王璟．船舶美学与舱室设计 [M]．北京：科学出版社，2021．

[21] 李丽．基于产品族 DNA 的地勘机械产品形象设计 [D]．西安：陕西科技大学，2015．

[22] 朱贵慧．基于产品族 DNA 理论的产品设计应用 [D]．济南：山东大学，2019．

[23] 程永胜，徐骁琪．基于因子分析法的汽车造型基因研究——以 BMW 产品族为例 [J]．制造业自动化，2020(4)：101-105．

[24] 杜鹤民．基于产品语义的形态仿生设计方法研究 [J]．包装工程，2015，36(10)：60-63．

[25] 卢兆麟，Fritz Frenkler．基于产品语义分析的新能源汽车造型设计研究 [J]．机械设计，2017，34(3)：111-116．

[26] 罗仕鉴，李文杰．产品族设计 DNA[M]．北京：中国建筑工业出版社，2016．

[27] 卢兆麟，张悦．面向工业设计的产品设计 DNA 理论研究 [J]．包装工程，2008，1：133-136．

[28] 戴立农．设计心理学 [M]．北京：电子工业出版社，2022．

[29] 李阳，吴旻．基于产品族 DNA 的雷达产品形象识别设计 [J]．电子机械工程，2017，33(4)：10-13．

[30] 盖伟．虚拟现实中的实时交互方法研究 [D]．济南：山东大学，2017．

[31] 曹祥哲．产品造型设计 [M]．北京：清华大学出版社，2021．

[32] 孙颖莹，熊文湖．产品基础设计——造型文法 [M]．北京：高等教育出版社，2019．

[33] 韩巍．形态 [M]．南京：东南大学出版社，2006．

[34] 吴翔．设计形态学 [M]．重庆：重庆大学出版社，2008．

[35] 徐帅东．基于色彩心理学的幼儿园景观设计研究 [D]．济南：山东建筑大学，2020．

[36] 张润逵，戚仁欣等．雷达结构与工艺 [M]．北京：电子工业出版社，2007．

[37] 吴旻，陈然．设备方舱的人机舒适性提升技术研究 [J]．电子机械工程，2021，37(6)：33-35+9．

[38] 罗仕鉴，朱上上，冯骋．面向工业设计的产品族设计 DNA[J]．机械工程学报，2008，44(7)：123-128．

[39] 刘春荣．人机工程学应用 [M]．上海：上海人民美术出版社，2008．

[40] 冯理明．基于设计心理学的农业观光园情感化空间表达研究 [D]．郑州：河南农业大学，2020．

[41] 张攀娜．基于产品语义学的机械产品形态创新设计研究 [D]．哈尔滨：哈尔滨工程大学，2019．

[42] 黄嘉乐．计算机辅助工业设计的现状与前景 [J]．科技传播，2018，18：116-117．

[43] 代明远，王明江，肖立伟，等．工程机械产品虚拟设计应用综述 [J]．机械设计，2020，37(3)：128-134．

[44] 花景勇，马超群，何人可．企业产品战略的基本内容与方法工具 [J]．包装工程，2015，36(10)：72-84．

[45] 任立昭，何人可．设计语义学探讨 [J]．广西工学院学报，2003，14(4)：39-51．

[46] 毛栌浠，操卫忠，等．基于产品识别的车载雷达形象设计 [C]．工业建筑，2019，49：69-74．

[47] 李阳，毛栌浠，钟智楠．面向复杂电子装备的产品形象设计研究 [J]．电子机械工程，2022，38(1)：5-13．

[48] 杨颖，雷田，潘云鹤．产品识别——一种以用户为中心的设计方法 [J]．中国机械工程，2006，17(11)：1105-1109．

[49] 马超民，何人可．基于空间需求的大型客机座椅造型风格设计研究 [J]．艺术与设计（理论），2014，8：99-101．

[50] 杨建明，李洒，巩超．军用特种车辆工业设计研究综述 [J]．包装工程，2021，42(20)：29-48．

[51] 罗仕鉴，朱上上．用户的产品造型风格感性认知研究 [J]．包装工程，2005，26(3)：

179-182.

[52] 穆荣兵. 产品形象设计及评价系统研究 [J]. 桂林电子工业学院学报，2000，20(2)：82-86.

[53] 杨颖，周立钢，雷田. 产品识别在品牌策略中的应用 [J]. 包装工程，2006，27(2)：163-1166.

[54] 姜斌，魏琳. 雷达主控台及机柜造型设计研究 [J]. 电子机械工程，2002，18(3)：17-20.

[55] 乐万德，余隋怀，王可，等. 支持工业设计的产品族结构模型研究 [J]. 计算机集成制造系统，2020，26(10)：1062-1066.

[56] 杨晓迪. 产品语义学在军用车辆中的应用及探究 [D]. 北京：北京理工大学，2015.

[57] 李良. 工程机械产品识别设计策略研究 [D]. 长沙：湖南大学，2013.

[58] 张俊虹. 基于产品形象的工程机械工业设计研究 [D]. 南京：南京航空航天大学，2013.

[59] 赵雍骞. 面向工程机械行业的 PI 手册及 PI 设计 [D]. 湖南：湖南大学，2009.

[60] 周睿，方方. 企业文化在产品形象系统中的战略性构建 [J]. 郑州轻工业学院学报，2005，6：66-71.

[61] 顾金良，李敬东. 舰艇多功能显控终端的未来发展展望 [J]. 仪表技术，2011，11：60-63.

[62] 于钊，林迅. 工业设计中显控终端的人体工效学方法研究 [J]. 浙江理工大学学报（社会科学版），2019，42(2)：171-177.

[63] 李文志，于扬. 基于人机工程学的机载显控终端结构设计 [J]. 电子机械工程，2010，26(4)：28-30.

[64] 何红妮，王钊，孙海军. 电子操作员显控终端人机工效设计方法 [J]. 航空科学技术，2016，27(1)：53-56.

[65] 唐明，薛澄歧. 雷达显控终端的人机工程与造型设计研究 [J]. 包装工程，2009，30(9)：123-125.

[66] 罗先培. 军用电子设备的硬件人机界面设计研究 [D]. 上海：上海交通大学，2018.

[67] GJB/Z131—2002 军事装备和设施的人机工程设计手册 [S]. 北京：总装备部军标出版发行部，2002.

[68] 伽略特，范晓燕. 用户体验要素：以用户为中心的产品设计 [M]. 北京：机械工业出版社，2011.

[69] 刘岗，陈超，赵轶男，等. 作战指挥控制系统人机交互设计流程研究 [J]. 包装工程，2020，41(14)：85-91.

[70] 薛澄歧. 人机界面系统设计中的人因工程 [M]. 北京：国防工业出版社，2021.

[71] 秦沛阳. 基于 CATIA 的舰载显控终端人机工程研究 [J]. 机械设计，2017，34(10)：105-109.

[72] 张梁娟，胡长明，江帅，等. 基于人机工程的雷达显控终端设计研究 [J]. 电子机械工程，2022，38(1)：14-20.

[73] 田胜，赵立营，李维. 基于多模态的雷达显控 VR 人机交互技术研究 [J]. 现代雷达，

2022，44(7)：56-59.

[74] 田胜，李维，董沁宇. 基于用户认知的态势可视化设计研究 [J]. 中国电子科学研究院学报，2022，17(4)：392-397.

[75] 黄银园，田东雨，田胜. 人因工程在舰载态势生成系统中的应用设计 [J]. 现代雷达，2020，42(9)：8-12.

[76] 丁玉兰. 人机工程学 [M]. 北京：北京理工大学出版社，2017.

[77] 吕川. 维修性设计分析与验证 [M]. 北京：国防工业出版社，2012.

[78] 张旭晨，高世杰，李敏. 机械的维修性人机工程学设计 [J]. 黑龙江科技信息，2007，24：21.

[79] 李亦文，黄明富，刘锐. CMF 设计教程 [M]. 北京：化学工业出版社，2019.

[80] 左恒峰. CMF：从哪里来，到哪里去 [J]. 美术与设计，2020，1：97-104.

[81] 陈俊波，张莉，楚鹏. CMF 设计在产品设计中的影响与应用 [J]. 理论研究，2019，1：108-109.

[82] 闻邦椿，鄂中凯，张义民，等. 机械设计手册 [M]. 6 版. 北京：机械工业出版社，2017.

[83] 陶令桓，周尧和，柳百成，等. 铸造手册 [M]. 2 版. 北京：机械工业出版社，2003.

[84] 李亚江，王娟，刘鹏. 特种焊接技术及应用 [M]. 5 版. 北京：化学工业出版社，2018.

[85] 李亚江. 焊接技术性能与质量控制 [M]. 北京：化学工业出版社，2005.

[86] 王之康，高永华，徐宾，等. 真空电子束焊接设备及工艺 [M]. 北京：原子能出版社，1990.

[87] 齐颖. 碳纤维及其复合材料发展现状 [J]. 新材料产业，2017，12：2-6.

[88] 万顺生，郭静，王文涛. 飞行器雷达天线罩透波性能研究与测试 [J]. 南京航空航天大学学报，2009(S1).

[89] 何烨，肖建文，姚烛威，等. 碳纤维表面物理结构对复合材料界面剪切强度的影响［J］. 材料工程，2019，47(2)：146-152.

[90] 方芳. 先进复合材料在雷达上的应用 [J]. 电子机械工程，2013，29(1)：28-29.

[91] 邢丽英. 先进树脂基复合材料发展现状和面临的挑战 [J]. 复合材料学报，2016，33(7)：1332-1334.

[92] 吕紫藤. 工业设计中的 CMF 研究 [J]. 现代商贸工业，2017(21)：178-179.

[93] 张超. 基于可拓学的产品材质感性设计方法研究 [D]. 广州：广东工业大学，2018.

[94] 高岩. 工业设计材料与表面处理 [M]. 北京：国防工业出版社，2005.

[95] 胡长明. 电子设备防腐蚀设计 [M]. 北京：电子工业出版社，2021.

[96] 安军，范劲松. 产品的个性特征分析与材料设计研究 [M]. 北京：机械工业出版社，2005.

[97] 江湘芸. 设计材料及加工工艺 [M]. 北京：北京理工大学出版社，2003.

[98] 薛瑞. 智能家居服务机器人工业设计研究 [D]. 南京：东南大学，2017.

[99] 孙慧玉. 材料技术 [M]. 北京：北京理工大学出版社，2016.

[100] 孙燕华. 先进制造技术 [M]. 北京：电子工业出版社，2009.

[101] 段斌，马德志．现代焊接工程手册 [M]．北京：化学工业出版社，2016．

[102] 杨永强，王迪，宋长辉，等．金属 3D 打印技术 [M]．武汉：华中科技大学出版社，2020．

[103] 于翘．材料工艺 [M]．北京：中国宇航出版社，1989．

[104] 杨辉．精密超精密加工技术新进展 [M]．北京：航空工业出版社，2016．

[105] 胡洁，戚进．创新设计方法之融合创新 [J]．机械设计，2019，36(11)：1-5．

[106] 檀润华，曹国忠，刘伟．创新设计概念与方法 [J]．机械设计，2019，36(9)：1-6．

[107] 邓亮．交互设计在工业设计中的应用研究 [J]．科技创新与应用，2021，29：83-85．

[108] 胥程飞．用户体验和交互设计在工业设计中的应用 [J]．包装工程，2019，40(12)：294-297．

[109] 曹华军，李洪丞，曾丹，等．绿色制造研究现状及未来发展策略 [J]．中国机械工程，2020，31(2)：135-144．

[110] 傅连伟．我国工业设计未来发展趋势思考 [J]．大众文艺，2021，15：73-74．

[111] 胡江．工业设计发展趋势 [J]．科技创新与应用，2019，26：83-85．

[112] 罗仕鉴，朱上上，沈诚仪．用户体验设计 [M]．北京：高等教育出版社，2022．

[113] 路甬祥．创新设计与中国创造 [J]．全球化，2015，4：5-11+24+131．

[114] 李万，常静，王敏杰，等．创新 3．0 与创新生态系统 [J]．科学学研究，2014，32(12)：1761-1770．

[115] 陈劲，曲冠楠，王璐瑶．有意义的创新：源起、内涵辨析与启示 [J]．科学学研究，2019，37(11)：2054-2063．

[116] 罗仕鉴．群智设计新思维 [J]．机械设计，2020，37(3)：121-127．

[117] 罗仕鉴，张德寅．设计产业数字化创新模式研究 [J]．装饰，2022，1：17-21．

[118] 罗仕鉴．群智创新：人工智能 2.0 时代的新兴创新范式 [J]．包装工程，2020，41(6)：50-56，66．

[119] 吴信东．从大数据到大知识：HACE+BigKE[J]．计算机科学，2016，43(7)：3-6．

[120] 郭斌，刘思聪，於志文．人机物融合智能计算 [M]．北京：机械工业出版社，2022．

[121] Landemore H，Moore A．Democratic reason：Politics，collective intelligence and the rule of the many[J]．Contemporary Political Theory，2014，13：e12-e15．

[122] 张伟，梅宏．基于互联网群体智能的软件开发：可行性、现状与挑战 [J]．中国科学：信息科学，2017，47(12)：1601-1622．

[123] Legg S，Hutter M．Universal intelligence：A definition of machine intelligence[J]．Minds and machines，2007，17(4)：391-444．

[124] 谭浩，尤作，彭盛兰．大数据驱动的用户体验设计综述 [J]．包装工程，2020，41(2)：7-12+56．

[125] Tian Q,Yin Q,Meng Y.Swarm Intelligence Technique for Supply Chain Market in Logistic Analytics Management[J].International Journal of Information Systems and Supply Chain Management (IJISSCM)，2022，15(4)：1-20．